石墨烯及碳材料的化学合成与应用

Chemical Synthesis and Applications of Graphene and Carbon Materials

[德] 马库斯·安东尼提 (Markus Antonietti)
克劳斯·米伦 (Klaus Müllen) 编

郝思嘉 杨 程 译

机械工业出版社

本书主要立足于化学研究方法，重点介绍了石墨烯及其他碳材料的前沿化学制备方法与应用，涵盖了从多环芳烃到石墨烯纳米带，再到石墨烯片等不同尺寸的石墨烯材料，以及量子点、纳米结构颗粒和纤维、管状和块状结构等在内的不同形式的碳材料。本书为读者展现了最优的合成方法，其中包括热解法、化学气相沉积、模板法、表面介导合成法、自组装法、表面接枝法和改性法等。本书提供了石墨烯研究的独特思路，可开阔读者的视野。在化学范畴下重新审视了石墨烯的制备方法及优异特性，而且书中含有大量先进、前沿的分析表征手段及结果分析，可用于指导石墨烯的具体研究工作。

本书可供从事石墨烯研究和生产的技术人员参考，也可供相关专业的在校师生使用。

图书在版编目（CIP）数据

石墨烯及碳材料的化学合成与应用/（德）马库斯·安东尼提（Markus Antonietti），（德）克劳斯·米伦（Klaus Müllen）编；郝思嘉，杨程译. —北京：机械工业出版社，2019.7
（国际制造业先进技术译丛）
书名原文：Chemical Synthesis and Applications of Graphene and Carbon Materials
ISBN 978-7-111-63663-2

Ⅰ.①石…　Ⅱ.①马…②克…③郝…④杨…　Ⅲ.①石墨-纳米材料-研究②碳-纳米材料-研究　Ⅳ.①TB383

中国版本图书馆 CIP 数据核字（2019）第 203110 号

机械工业出版社（北京市百万庄大街 22 号　邮政编码 100037）
策划编辑：陈保华　责任编辑：陈保华　王春雨
责任校对：陈　越　封面设计：鞠　杨
责任印制：李　昂
唐山三艺印务有限公司印刷
2020 年 1 月第 1 版第 1 次印刷
169mm×239mm·15.5 印张·318 千字
0001—1900 册
标准书号：ISBN 978-7-111-63663-2
定价：89.00 元

电话服务　　　　　　　网络服务
客服电话：010-88361066　机　工　官　网：www.cmpbook.com
　　　　　010-88379833　机　工　官　博：weibo.com/cmp1952
　　　　　010-68326294　金　书　网：www.golden-book.com
封底无防伪标均为盗版　机工教育服务网：www.cmpedu.com

译者序

自 2004 年起，我便与石墨烯结缘，也是我科研道路的起点。那时，全世界范围的众多科学家都在寻求这样一片足够大的石墨烯单片层材料，来证明那些神奇的理论研究结果。其中，包括我的日本导师榎敏明（Toshiaki Enoki）教授，他在纳米石墨烯带的合成工作中取得了丰硕的成果。众所周知，2005 年，曼彻斯特大学的 Andre Geim 教授和当时的博士后 Konstantin Novoselov 发表了关于石墨烯的重要文章，将石墨烯的研究从理论层面迅速地拓展到了实验层面，鼓舞了整个材料界，并启发了物理、化学、生物等各界人士。而 2010 年的诺贝尔物理学奖也正说明了石墨烯对人类的重要性（虽然对碳材料家族中另一个重要成员——碳纳米管来说有些遗憾）。

我国的石墨烯研究，大概也是在石墨烯研究获得诺贝尔奖以后开始全力发展的。由于国家对新材料的重视，经过几年的发展，很快地从基础研究延伸到了产业化。现在看来，我国的石墨烯研究人员之多，范围之广，投资之大，令世人瞩目。

在前期的科研工作基础上，我国的石墨烯产业发展也取得了长足的进步，有成百上千家企业也已开展了相当有意义的工作，为市场提供了优质的产品，也推动了石墨烯的产业发展。目前，大多数企业采用的石墨烯批量制备方法为化学液相剥离法和物理剥离法等传统方法，本书介绍了多种具有巨大生产潜力的化学合成石墨烯的方法，这些方法不仅能够克服传统方法中能耗大、污染重、废料多等弊端，还能够通过控制工艺，合理地对石墨烯产品进行必要的掺杂和改性，制备出适合不同应用领域的改性石墨烯材料。

2016 年，机缘巧合下，我结识了机械工业出版社的陈保华老师，并将我希望翻译石墨烯著作的想法和陈老师进行了详细的交流。在陈老师的大力帮助下，我花了几个月的时间，完成了本书的翻译工作。在翻译过程中，我感觉有几个难点。首先，英语表达中有大量的从句，如果按照中文的表达顺序，句子就会变得过长，也很容易产生歧义，因此，在很多情况下，都是将其拆成短句，使其符合中文的表达习惯。其次，本书涵盖范围较广，不仅仅包括石墨烯，而且还涵盖碳纳米管和富勒烯等材料的合成与应用，我对这些领域的知识储备并不是很充足，只有在翻译的过程中学习相关文献知识，找到能够准确表达出英文原意的中文词汇。第三，发现原书中有部分错误，我在翻译的同时便修改正确。

感谢中国航发北京航空材料研究院的杨程研究员对本书翻译工作的指导和宝贵建议！他也参加了部分书稿的翻译工作；感谢中国航发北京航空材料研究院石墨烯中心全体同事的帮助！

最后感谢我的家人，感谢我的妻子葛蓓和我亲爱的儿子郝行一，他们的支持和鼓励是我拼搏和奋斗的最大动力。

由于水平有限，时间仓促，书中难免存在纰漏和不足之处，敬请广大读者指正。

郝思嘉

作者名单

Yas Fadel Al-Hadeethi
沙特阿拉伯王国，吉达 21589
阿卜杜拉国王科技大学物理系

Elena Bekyarova
美国，加利福尼亚州 92521，里弗赛德市
加州大学河滨分校，纳米科学与工程中心，皮尔斯楼附楼 104

Yongsheng Chen
中国天津市南开区卫津路 94 号，300071
南开大学化学学院高分子化学系
功能高分子材料教育部重点实验室
纳米科学与技术研究中心

Basant Chitara
印度班加罗尔，560012
印度科学理工学院材料研究中心

Barun Das
印度班加罗尔加库尔，560064
贾瓦哈拉尔·尼赫鲁高等科学研究中心，
材料化学与物理部
新化学部
材料科学国际中心，印度科学和工业研究理事会（CSIR）化学研究中心及 Sheikh
Saqr 实验室

K. Gopalakrishnan
印度班加罗尔加库尔，560064
贾瓦哈拉尔·尼赫鲁高等科学研究中心，
材料化学与物理部
新化学部

材料科学国际中心，印度科学和工业研究理事会（CSIR）化学研究中心及 Sheikh
Saqr 实验室

Fei Guo
美国，罗得岛州 02912，普罗维登斯市霍普街 182 号
布朗大学工学院分子与纳米创新研究院（IMNI）

Robert C. Haddon
美国，加利福尼亚州 92521，里弗赛德市
加州大学河滨分校，纳米科学与工程中心，皮尔斯楼附楼 104

美国，加利福尼亚州 92521，里弗赛德市
加州大学河滨分校，化学系，皮尔斯楼附楼 104

沙特阿拉伯王国，吉达 21589
阿卜杜拉国王科技大学物理系

美国，加利福尼亚州 92521，里弗赛德市
加州大学河滨分校，化学与环境工程系，皮尔斯楼附楼 104

Guang-Ping Hao
中国辽宁省大连市甘井子区凌工路 2 号，116024
大连理工大学化工与环境生命学部
化工学院及精细化工国家重点实验室

Mark C. Hersam
美国，伊利诺伊州，60208
埃文斯通市校园路 2220 号
西北大学材料科学与工程系

美国，伊利诺伊州，60208
埃文斯通市校园路 2220 号
西北大学化学与药学系

Andreas Hirsch
德国埃尔朗根市亨克大街 42 号，91054

埃尔朗根-纽伦堡大学化学与药学系

Lu Huang
中国天津市南开区卫津路 94 号，300071
南开大学化学学院
高分子化学系
功能高分子材料教育部重点实验室
纳米科学与技术研究中心

Yi Huang
中国天津市南开区卫津路 94 号，300071
南开大学化学学院
高分子化学系
功能高分子材料教育部重点实验室
纳米科学与技术研究中心

Robert Hurt
美国，罗德岛州 02912，普罗维登斯市霍普街 182 号
布朗大学工学院分子与纳米创新研究院（IMNI）

Mikhail E. Itkis
美国，加利福尼亚州 92521，里弗赛德市
加州大学河滨分校，纳米科学与工程中心，皮尔斯楼附楼 104

美国，加利福尼亚州 92521，里弗赛德市
加州大学河滨分校，化学系，皮尔斯楼附楼 104

Mietek Jaroniec
美国，俄亥俄州 44242，
肯特市威廉姆斯楼 214
肯特州立大学化学与生物化学系

Neetu Jha
美国，加利福尼亚州 92521，里弗赛德市
加州大学河滨分校，纳米科学与工程中心，皮尔斯楼附楼 104

美国，加利福尼亚州 92521，里弗赛德市
加州大学河滨分校，化学系，皮尔斯楼附楼 104

Irina Kalinina
美国，加利福尼亚州 92521，里弗赛德市
加州大学河滨分校，纳米科学与工程中心，皮尔斯楼附楼 104

美国，加利福尼亚州 92521，里弗赛德市
加州大学河滨分校，化学系，皮尔斯楼附楼 104

Eun Kyung Kim
美国，康涅狄格州 06520
纽黑文市 208286 信箱
卡耐基梅隆大学化学与环境工程系

Tomasz Kowalewski
美国，康涅狄格州 06520
纽黑文市 208286 信箱
卡耐基梅隆大学化学与环境工程系

S. B. Krupanidhi
印度班加罗尔，560012
印度科学理工学院材料研究中心

Prashant Kumar
印度班加罗尔加库尔，560064
贾瓦哈拉尔·尼赫鲁高等科学研究中心，
材料化学与物理部
新化学部
材料科学国际中心，印度科学和工业研究理事会（CSIR）化学研究中心及 Sheikh Saqr 实验室

Wen-Cui Li
中国辽宁省大连市甘井子区凌工路 2 号，116024
大连理工大学化工与环境生命学部
化工学院及精细化工国家重点实验室

Xianglong Li
中国北京市海淀区中关村北一条 11 号，100190
国家纳米科学中心

Yu Teng Liang
美国伊利诺伊州埃文斯通市校园路 2220 号，60208
西北大学材料科学与工程系

An-Hui Lu
中国辽宁省大连市甘井子区凌工路 2 号，116024
大连理工大学化工与环境生命学部化工学院
精细化工国家重点实验室

Bin Luo
中国北京市海淀区中关村北一条 11 号，100190
国家纳米科学中心

Urmimala Maitra
印度班加罗尔市加库尔，560064
贾瓦哈拉尔·尼赫鲁高等科学研究中心
材料化学与物理部
新化学部
材料科学国际中心
印度科学和工业研究理事会（CSIR）化学研究中心
Sheikh Saqr 实验室

H. S. S. Ramakrishna Matte
印度班加罗尔市加库尔，560064
贾瓦哈拉尔·尼赫鲁高等科学研究中心，
材料化学与物理部
新化学部
材料科学国际中心
印度科学和工业研究理事会（CSIR）化学研究中心
Sheikh Saqr 实验室

Krzysztof Matyjaszewski
美国康涅狄格州纽黑文市 208286 信箱，06520
卡耐基梅隆大学化学与环境工程系

John P. McGann
美国康涅狄格州纽黑文市 208286 信箱，06520
卡耐基梅隆大学化学与环境工程系

Sittichai Natesakhawat
美国宾夕法尼亚州匹兹堡市 10940 信箱，15236
美国能源部国家能源技术实验室

Sandip Niyogi
美国加利福尼亚州里弗赛德市皮尔斯楼附楼 104，92521
加州大学河滨分校纳米科学与工程中心
美国加利福尼亚州里弗赛德市皮尔斯楼附楼 104，92521
加州大学河滨分校化学系

Jens Peter Paraknowitsch
德国柏林哈登堡街 40 号，10623
柏林工业大学化学功能材料系

C. N. R. Rao
印度班加罗尔市加库尔，560064
贾瓦哈拉尔·尼赫鲁高等科学研究中心，
材料化学与物理部
新化学部
材料科学国际中心
印度科学和工业研究理事会（CSIR）化学研究中心
Sheikh Saqr 实验室

Santanu Sarkar
美国加利福尼亚州里弗赛德市皮尔斯楼附楼 104，92521
加州大学河滨分校纳米科学与工程中心
美国加利福尼亚州里弗赛德市皮尔斯楼附楼 104，92521
加州大学河滨分校化学系

K. S. Subrahmanyam
印度班加罗尔市加库尔，560064
贾瓦哈拉尔·尼赫鲁高等科学研究中心
材料化学与物理部
新化学部
材料科学国际中心
印度科学和工业研究理事会（CSIR）化学研究中心
Sheikh Saqr 实验室

Qiang Sun
中国辽宁省大连市甘井子区凌工路 2 号，116024
大连理工大学化工与环境生命学部化工学院
精细化工国家重点实验室

Arne Thomas
德国柏林市哈登堡街 40 号，10623
柏林工业大学化学功能材料系

Max von Delius
德国乌尔姆市阿尔伯特爱因斯坦大道 11 号，89081
乌尔姆大学有机化学与先进材料学院

Bin Wang
中国北京市海淀区中关村北一条 11 号，100190
国家纳米科学中心

Qingxiao Wang
沙特阿拉伯王国图沃，23955
阿卜杜拉国王科技大学
先进纳米制造，成像与表征核心实验室

Jay F. Whitacre
美国宾夕法尼亚州福布斯大街 5000 号，15213
卡耐基梅隆大学材料科学与工程系

Yanfei Xu
中国天津市南开区卫津路 94 号，300071
南开大学化学学院
高分子化学系
功能高分子材料教育部重点实验室
纳米科学与技术研究中心

Weibo Yan
中国天津市南开区卫津路 94 号，300071
南开大学化学学院
高分子化学系
功能高分子材料教育部重点实验室
纳米科学与技术研究中心

Xiang-Qian Zhang
中国辽宁省大连市甘井子区凌工路 2 号，116024
大连理工大学化工与环境生命学部化工学院
精细化工国家重点实验室

Xixiang Zhang
沙特阿拉伯王国图沃，23955
阿卜杜拉国王科技大学
先进纳米制造，成像与表征核心实验室

Linjie Zhi
中国北京市海淀区中关村北一条 11 号，100190
国家纳米科学中心

Mingjiang Zhong
美国康涅狄格州纽黑文市 208286 信箱，06520
卡耐基梅隆大学化学与环境工程系
耶鲁大学化学与环境工程系

目 录

第1章

（电）化学性能优异的富氮多孔纳米结构碳材料的嵌段共聚物模板法制备

John P. McGann, Mingjiang Zhong, Eun Kyung Kim,
Sittichai Natesakhawat, Mietek Jaroniec, Jay F. Whitacre,
Krzysztof Matyjaszewski 和 Tomasz Kowalewski

1.1 引言

一直以来，石墨化和半石墨化材料都在广泛的电气和电化学体系中发挥着重要作用。在过去的 20 多年里，先进碳材料研究领域内出现了一些非常有趣的合成和加工方法，其中包括多种 sp^2 杂化的同素异形体（富勒烯、碳纳米管、石墨烯等）的发现和分离。而且，出现了各式各样的自上而下[1-3] 和由下而上[4] 的合成方法，可用于控制结构和调控化学功能性。

这极大地推动了纳米结构碳材料在前沿应用中的发展，比如超级电容器、燃料电池、蓄电池、光解水系统、传感器以及气相化学吸附剂等[5,6]。

在过去，先进碳材料领域的焦点已经逐渐由纳米结构控制转变为化学功能性控制。在对这种"化学纳米碳"的探索当中，最重要的驱动力之一在于对石墨烯电子特性的理解日益加深。该领域内下一个突破可寄希望于进一步精细化控制石墨烯体的边缘态，包括杂原子和更为复杂的官能团的接枝[5,7]。由于氮原子的接枝相对容易，而且氮元素丰富存在于各种碳质原料中，因此是一种尤其引人注目的杂原子。简而言之，氮掺杂为碳结构引入了碱性，并且可用于多种电化学和电催化体系，但这种效应背后的详细化学机理尚不明晰。这很大程度上是由于许多被研究材料的异质特性和不明确的结构所带来的复杂性。如图 1-1 所示，可通过侧基链接（例如胺，图 1-1a）或杂原子边缘取代（图 1-1b，c）实现石墨烯边缘的功能化。石墨烯基面上的原子取代（季氮基团，图 1-1d）并不会对电化学性能产生显著影响。

接枝于石墨网络的吡啶型氮原子（图 1-1b）通常被认为最有助于提升电化学体系性能的含氮官能团[5]。氮掺杂碳材料的合成路径有很多，但要充分发挥石墨

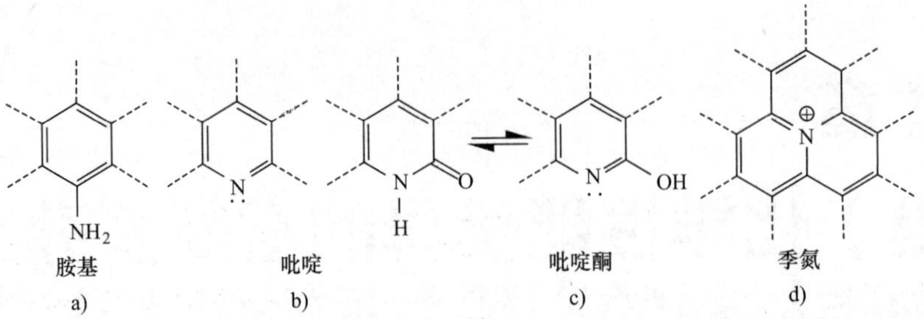

图 1-1　石墨化体系中的常见含氮官能团（文献 [8]，Wiley 许可）

边缘氮掺杂的优势，需要具备两个关键因素：（ⅰ）吡啶型氮原子的高效形成及（ⅱ）其（电）化学参与度高。后者可以通过设计吡啶选择性分布于孔壁表面的高比表面积纳米多孔结构所实现。

在本章中，将通过我们实验室近年来开发出的常规方法来证明如何同时满足这两个要求，其中，碳纳米结构是以嵌段共聚物或由一种碳源和牺牲嵌段/元素所构成的混合前驱体作为模板制备的[9-23]。在这些将被称为共聚物模板富氮碳（CTNCs）的材料中，高氮含量的聚丙烯腈（PAN）被选作碳前体，因为其碳化处理后含有高含量的吡啶型官能团[24]。对于嵌段共聚物模板，牺牲嵌段应当与碳源不发生互溶，以保证纳米尺度的相分离和模板良好形态的形成。热处理能够形成一种形貌与共聚物前体相同的氮掺杂碳材料[9,11,13]。正如下面将会讨论到，含有某些成分的共聚物模板能够形成具有高比表面积和氮在孔壁上大量分布的材料，可能是在牺牲嵌段与 PAN 链的界面处 PAN 链发生了选择性排列。

本章在进一步说明选择该种模板法的意义之后，还会讨论结构对 CTNCs 及其在超级电容器、氧还原反应（ORRs）和 CO_2 吸附等应用中性能的影响。因为本文的主旨是讨论在合成富氮电活性碳方面，CTNCs 相比其他方法的优势，所以对其他方法进行了重点评述。

1.2　石墨烯边缘的电子特性

纳米石墨烯的电子结构主要是由量子限阈效应[25] 和边缘效应[26-30] 所决定的，后者为化学改性提供了绝佳的机会。从计算角度上来讲，当石墨烯在空间上被压缩到二维的纳米尺度时（也称为纳米石墨烯），将会在费米能级处出现一个态密度（DOS）[27,31-33]。这些态（HOMO/LUMO）呈非键合状态，并且主要分布在锯齿形边缘处。这些态的存在已经在扫描隧道光谱[34,35] 和 EPR[36,37] 等实验中得到验证。锯齿形边缘态的非键合特征令纳米石墨烯具备与众不同的磁性能[38]，并且能够提升（电）化学活性。特别是，沿锯齿形边缘的 HOMO 具有高电子密度，并显示出高极化率，使其非常易于被氧化或其他功能化[29,40-42]。

到目前为止，边缘取代的纳米石墨烯的电子结构计算主要集中于 π 电子系统。

对于氮取代来说，主要结论为边缘位置是最稳定的[43]，并且边缘氮的 p_z 电子也同样具有非键合特征，氮取代位更高的电负性将会随之影响费米能级[43-45]。同时也认为，一个孤对吡啶型官能团与 π 电子系统之间的电子相互作用将会导致较高的（电）化学活性，可用于许多应用。

1.3 石墨烯边缘功能化

在石墨烯边缘上引入含氮官能团的方法主要分为两类：（i）采用碳材料与含氮气体反应的后热解过程[44,47-49] 以及（ii）富氮前体的碳化[50-58]。下面我们简要地讨论这些方法是如何控制氮功能化的位置和性质，以及如何发挥其电化学性能。

1.3.1 后热解氮掺杂

后热解氮掺杂最常见的形式是利用碳材料在高温下与氨反应[44,47,59-61]。这种方法的优点在于简单，而且不会引入任何含氧反应物。然而，氨的腐蚀性阻碍了其在使用硅胶或沸石的传统模板法中的应用。使用化学气相沉积法在石墨晶格中接枝氮时，引入的主要是季氮基团[49,62]，但采用"更温和"的技术，可优先修饰边缘和缺陷位置[44,45,63]。此类实现了后热解边缘化学的"温和"（即低温）和通用的方法之一，便是先采用叠氮碘反应[64]，再经过点击化学处理[65]，从而在石墨烯边缘上选择性引入叠氮基团。炔烃可由点击化学控制，这便让该方法在调节碳材料性能方面大有作为。

1.3.2 含氮前体的热解

制备富氮石墨化材料的另一种方法是含氮前体的热解。这类方法的常用前体材料包括三聚氰胺[54]、乙烯基吡啶树脂[66]、脲[67]、丝素[68] 和 PAN[9-11,13,14,53,58,69-77]，其中有些仅具备少许氮功能化特性。比如，如果在纳米石墨烯边缘处以分子级精度放置氮原子，需采用基于树枝形低聚苯撑的环氧脱氢反应这样一个由下而上的合成方法[4]，从而实现形态（包括座椅形和锯齿形边缘[78]）、尺寸[79] 和官能团的精确控制。这里可以通过一个简单的方式实现氮掺杂，即将苯撑替换成含氮杂环化合物，比如吡啶[80]。该种引入边缘氮原子的方法已证实能够提高杂化 Pd（II）和 Ru（II）金属盐的催化性能。

在分子尺度上精确控制富氮碳材料的另一个实例是石墨相氮化碳（g-C_3N_4），其通常由多个三嗪单元三联通而构成，也是 sp^2 杂化体系中氮掺杂的上限。尽管其聚合物衍生物是最早报道的合成聚合物之一[81]，并且有许多合成方法[82-84]，但这种良好的半导体最近才在电化学反应中用作无金属催化剂[84-91]。g-C_3N_4 的一个特别有趣的地方在于它的分子框架包含多个具有不同催化功能的点位[84]，并可用于调控电子特性[92]。此外，它非常适合进一步改性，例如掺入其他杂原子（如硼和磷）来改进[93-96]。

1.3.3 聚丙烯腈

前面两个例子说明碳前体的分子结构能够控制氮掺杂纳米石墨烯的结构。PAN 是另一类依靠分子结构元素（部分）保留的体系，也是生产碳纤维最常用的前体之一[58,97,98]。具有此用途的碳前体的关键要求是具有高度的分子取向，以及碳化后部分石墨化体域形成取向性。如示意图 1-1 所示，对于 PAN，这种结构的保留是通过稳定化实现的，其中包括在 200～300℃ 的空气中进行热处理，发生腈基环化并形成主要由相邻吡啶和吡啶酮构成的交联梯形聚合物[24]。在此步骤之后，碳化过程由惰性气氛下的热解完成，并随后经过脱氢（400～600℃）及脱氮处理（>600℃）[24]。

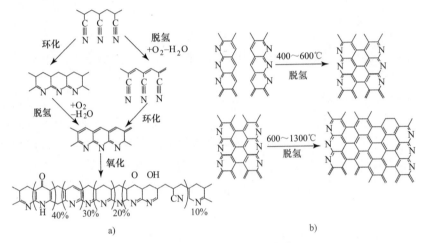

示意图 1-1　公认的 PAN 稳定化

a）稳定化　b）碳化

PAN 中碳的独到之处是仅凭 X 射线光电子能谱（XPS）研究热处理后氮官能团的变化情况，即可对残余氮进行定位。在较低的碳化温度（600～800℃）下，大部分氮官能团（70%～80%）为吡啶和吡啶酮（示意图 1-1）。进一步的热处理（>900℃）会在纳米石墨烯的基面上形成一小部分季氮基团。近年来，由 PAN 获得的碳材料中吡啶氮含量高，因此一直是氮掺杂碳材料领域的研究重心[9,10,13,16-18,53,58,73,99-102]。然而，如何充分发挥含氮官能团的（电）化学性质，却仍然是这些材料面临的主要挑战。

1.4　嵌段共聚物模板法制备含氮石墨边缘的高比表面积氮掺杂碳材料

如上所述，有必要对纳米结构和分子取向进行调控，从而最大限度地发挥含氮边缘官能团的作用。纳米结构的调控主要是为了确保材料的高比表面积，这是实现含氮边缘官能团的先决条件。但归根结底，有必要对纳米石墨域的分子取向（相对于孔壁）进行一定程度的调控，由此充分发挥其电化学性能。

能够同时引入孔隙且控制孔径分布的一种常规方法是模板法，即使用碳前体材料浸渍处理结构规整的支撑材料。模板的选择主要取决于所需纳米结构的尺寸。已有多项工作证实利用这种方法可以制备含有微孔（<2nm）、中孔（2~50nm）和大孔（>50nm）的多孔碳材料。模板主要由无机物如沸石[103-107]或二氧化硅[11,17,20,76,108-111]组成，并且在碳化后可去除，比如酸洗处理。然而，这种方法不能很好地控制碳材料内部纳米石墨烯的取向。

一个实现石墨化取向可控的过程实例是由高碳产率前体如 PAN[99,112]和中间相沥青[113]形成碳纤维。在这个体系中，石墨平面通常采取轴向排列，并可能伴有其他的有序度（例如中间相沥青形成的纤维的径向排列[114]）。虽然这种取向可能导致纤维表面上纳米石墨烯的边缘暴露在外，而且典型的纤维尺寸介于几百纳米到几微米，但大部分边缘部分仍然埋在材料内部。在本章的余下部分中，我们将介绍如何通过使用嵌段共聚物模板法同时引入孔隙率和局部的 PAN 取向来解决这一难题。

大多数纳米多孔碳的模板合成都是基于无机模板，软（有机-有机）模板法的相关研究相对比较少[9,10,13,14,16,115,116]。我们课题组在过去十年间，主要受可控自由基聚合领域进展尤其是原子转移自由基聚合[117-128]的启发，开创了使用含有 PAN 和不可混溶的牺牲嵌段（主要是聚丙烯酸正丁酯-PBA）作为嵌段共聚物的模板法，为合成各种结构聚合物（块状、星形、刷形等）的新型通用方法奠定了基础[117-121,129-133]。

这种方法的重点在于，一旦嵌段的不溶性致使 PAN-*b*-PBA 共聚物形成规整的纳米结构，PAN 相就能够被热稳定化，正如碳纤维形成的过程一样[9]。以这种方式实现的稳定化程度已被证实有助于在惰性气氛下热解时保持纳米结构，其中 PAN 结构域转化为碳质半石墨相，并且牺牲嵌段挥发，形成纳米多孔结构（图1-2）。图 1-2 指出了 PAN-*b*-PBA 共聚物碳化的另一个重要方面：鉴于它们的部分结晶性[134-136]，PAN 结构域可以与牺牲嵌段形成两种类型的界面：（ⅰ）与聚合物链方向垂直的共价键合界面和（ⅱ）由 PAN 结晶体的侧边组成的非键合界面。鉴于热稳定的 PAN 结构域的部分石墨化可以按预期沿着聚合物链方向进行（类似于碳纤维），这种界面各向异性应该保留在碳化材料中。这种各向异性的主要结果将是源于非键合界面的孔壁处优先露出了富氮锯齿形边缘。由此可以理解，露在孔壁上的富氮边缘的最大数量将强烈依赖于聚合物形态，层状结构情况下的数量会最少，而且与牺牲嵌段的界面将主要发生共价键合。

虽然所提出的 PAN-*b*-PBA 共聚物中分子取向效应与 CNTCs 形成的观点是有些简单化的，但在区域流延方法下利用层状 PAN-*b*-PBA 共聚物的有序薄膜制得高度有序 CNTCs 时，其结构分析结果可以证实这些观点[13,137]。区域流延共聚物薄膜和纳米碳（未显示）的原子力显微镜（AFM）和掠入射小角 X 射线散射

（GISAXS）结果（图 1-3a-c）表明形成了延展的、平行的窄薄层结构，并且垂直于基底[13,137]。如图 1-3a 所示，对于这种结构的共聚物来说，意味着 PAN 链的取向与基底平行。从掠入射广角 X 射线散射（GIWAXS）的结果中可以看出（图 1-3f），面外位置存在较宽的 π-π 堆叠（002）峰，可以证实由这种有序共聚物薄膜制备的纳米碳材料中的纳米石墨域具有类似的各向异性和面内取向。

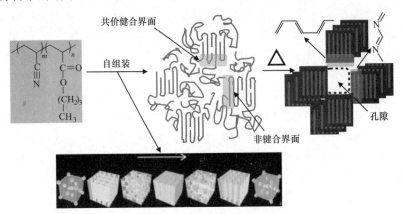

图 1-2 PAN-*b*-PBA 的纳米级自组装和转化形成纳米多孔
富氮碳材料。绿色阴影区域指出了半结晶 PAN 和牺牲嵌段之间
两种不同的类型界面（文献［8］，经 Wiley 许可）

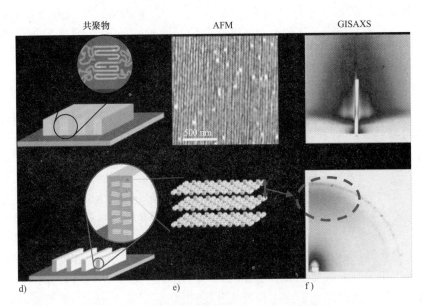

图 1-3 区域流延法制备的 PBA-*b*-PAN 薄膜和
CTNCs 薄膜的示意图及实验结果（文献［8］，Wiley 许可）

a）区域流延法制备的 PBA-*b*-PAN 薄膜的示意图　b）PBA-*b*-PAN 薄膜的 AFM 照片
c）PBA-*b*-PAN 薄膜的掠入射小角 X 射线散射（GISAXS）结果　d）制备的 CTNCs 薄膜的示意图
e）CTNCs 薄膜由纳米石墨烯堆叠构成　f）CTNC 薄膜的掠入射广角 X 射线散射（GIWAXS）结果

在最后一个实例中，可以看到支撑基底的存在有助于层状纳米结构在碳化后得以大量保留。对块体材料来说，除了一些分支双连续结构之外，大部分形貌在去除牺牲嵌段后通常会导致三维纳米结构不同程度上的塌陷。直到最近，借助于相邻PAN框架的出现，方可确定块体材料能够保留纳米尺寸形貌的共聚物成分范围。共聚物和纳米碳的小角X射线散射（SAXS）图给出了这种保留的证据（图1-4a）。通过对SAXS图和氮吸附等温线进行详细分析，确认在该组成范围内共聚物碳化时的纳米结构得到了高度保留。

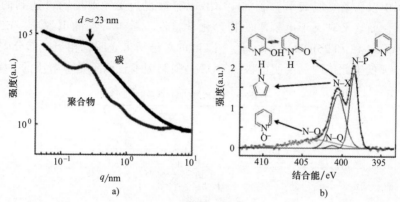

图1-4　AN$_{99}$-b-BA$_{70}$和CTNCs的小角X射线散射谱图和XPS谱图（文献［8］，Wiley许可）

a）200℃退火处理后AN$_{99}$-b-BA$_{70}$及其在700℃下热解形成的CTNC的小角X射线散射谱图

b）由AN$_{99}$-b-BA$_{70}$制备的介孔碳的XPS高分辨N1s谱图

这种方法制备的材料的XPS图谱中N1s峰的形状可证实形成了嘧啶氮，其中吡啶的谱峰尤其容易识别，反卷积后的半峰全宽（FWHM）约为1.2eV（图1-4b）。该值远远低于典型的PAN衍生碳材料，比如电纺碳纤维（FWHM约2eV）[57]或者甚至对于g-C$_3$N$_4$（FWHM为1.5~2eV）这种十分有序的体系[138]。由于XPS峰的宽度反映了任意给定元素化学环境的不均匀性[139,140]，因此这里讨论的多孔纳米碳所观察到的尤为窄的峰宽极有力地证明了含氮边缘在孔壁上暴露无遗。如后面所述，无论作为超级电容器和氧还原反应中的电极，还是用于二氧化碳吸附剂，这种材料都表现出优异的性能，看起来证实了这种在孔壁上暴露无遗的吡啶氮能够有效提高（电）化学性能。

1.5　富氮共聚物模板法制备的介孔碳电化学性能提升的实例

1.5.1　超级电容器

超级电容器是一种引人注目的能量储存装置，因为它的能量密度远远高于传统电容器[100]。由于超级电容器主要将电荷储存在电极/电解质界面形成的双电层（EDL）中[100]，所以理想的超级电容器材料应同时具有高比表面积（500～3000cm²/g）和发达的孔隙网络结构。

图 1-5 显示了高比表面积在决定超级电容器性能上的重要性，汇总了各种多孔碳材料的比电容（单位为 F/g）与比表面积（单位为 m²/g）之间关系的文献数据[141]。虽然比电容随比表面积增加而呈比例增长的整体趋势非常明显，但结果的分散性很大，大多数数据点都位于单位面积比电容（C_{sa}）在 5～25μF/cm² 的范围内，在图中以两条实线表示。通常，EDL 电容被视为受到双层内可达到的电荷密度的限制，而这又取决于电解质的物理化学特性。对于常见的电解质，EDL 电容的预测范围在 15 和 25μF/cm² 之间。图 1-5 的总结结果表明，相当一部分碳材料的 EDL 电容远低于此范围，说明电极的 DOS 是限制因素，而不是电解质的 DOS。

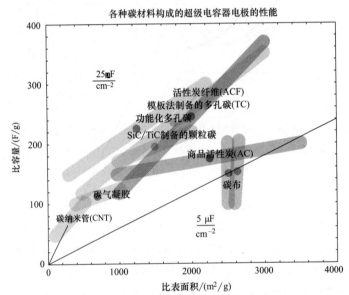

图 1-5　超级电容器常用碳材料的比电容和比表面积的
数据汇总图（文献［8］，经 Wiley 许可）

有强烈的迹象表明，这种限制与纳米石墨结构域相对于孔壁的取向有关。支持这种观点的主要证据来自于早期使用高温热解石墨（HOPG）嵌段作为电极的实验，同电极表面相比，基面取向和 C_{sa} 的联系更加紧密（基面取向为 3μF/cm²，而边缘取向为 50μF/cm²）[142]。越来越多关于石墨烯超级电容器的近期研究结果表明，基面可望成为有效工作表面，表现出较低的 C_{sa} 值[1]。应当强调的是，纳米石墨烯取向与 C_{sa} 的关系和目前对石墨烯电子结构的研究结果保持了高度的一致性，边缘（特别是锯齿形边缘）产生了特别高的 DOS[27,31-33]。

提高超级电容器电极材料中能量存储密度的常用方法，是依靠引入其他的电荷存储机制（赝电容），涉及快速且可逆的氧化还原反应。在碳材料领域中，常常通过在碳骨架中掺入杂原子（如氮或氧）来实现[55,57,58,69,71,143]。由于吡啶类氮官能团能够催生有效的法拉第过程，在酸性电解质中发生边缘吡啶官能团的质子化作用，因此特别受到追捧，如图1-6所示。

在超级电容器的实验中，双连续相 AN_{99}-b-BA_{70} 制备的 CTNCs 中有效吡啶氮增多，这一优势的主要证据在于它们酸性电解质中提供了异常高的单位面积比电容，$C_{sa}=33\mu F/cm^2$。这种增强的赝电容性质可由 700℃ 热解的碳材料的循环伏安曲线（CV）特有的畸变形状证实（图1-7a，实点）。与赝电容来自于吡啶氮的结论一致，在碱性电解质中未观察到 C_{sa} 提高或 CV 曲线畸变（图1-7a，空心圈）。在更高温度下热解的 CTNCs 可以进一步证实吡啶氮的关键作用，正如文献中常常报道的 PAN 衍生碳材料一样，随着热解温度的升高，氮含量也随之降低。如图1-7b 所示，这些材料的 C_{sa} 随着吡啶氮（N-P）含量减少而下降，直到约 $15\mu F/cm^2$ 的"常规"水平，1000℃ 下热解材料的 CV 曲线形状不再表现出明显的赝电容畸变（图1-7a，方形）。

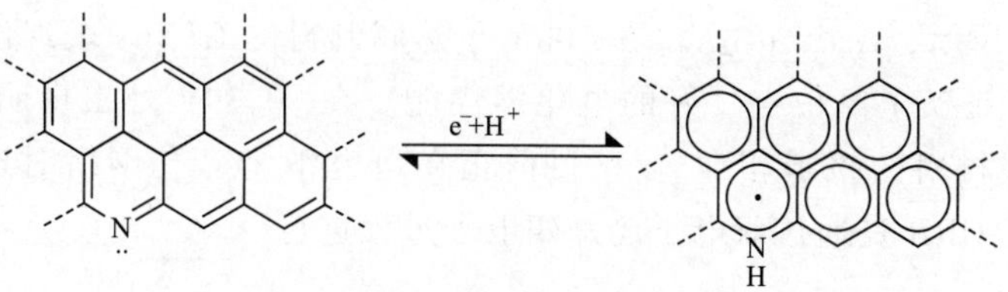

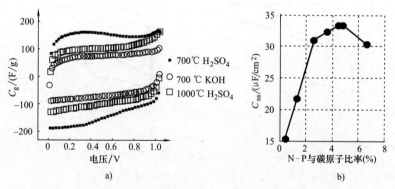

图 1-6　吡啶基在酸性介质中可能发生的
赝电容法拉第反应[144]（文献 [8]，经 Wiley 许可）

图 1-7　AN_{99}-b-BA_{70} 热解制备的 CTNCs 的循环伏安曲线及
比电容与吡啶 N-P 与碳原子比率的关系曲线（文献 [8]，Wiley 许可）

a）AN_{99}-b-BA_{70} 在不同温度下（700℃和1000℃）热解制得的 CTNCs
的循环伏安曲线，扫描速率为 2mV/s，电解质为 H_2SO_4 和 KOH

b）AN_{99}-b-BA_{70} 在 700℃ 和 1000℃ 下热解制得的 CTNCs 的比电容随
吡啶 N-P 与碳原子比率的关系曲线，电解质为 H_2SO_4

尽管其他研究者报道了氮掺杂碳材料的 C_{sa} 和氮含量具有类似的关系，但是由于其他因素，例如表面积和孔径分布随着热解条件而变化，通常无法使用表面化学来解释这种变化趋势。这种不确定性并不是我们这里讨论的纳米碳的主要关注点，因为根据 SAXS、WAXS（广角 X 射线散射）和氮吸附的研究结果，在 700~1000℃ 的热解温度范围内，它们的纳米结构对热解条件极为不敏感，并能够证实其具有稳定的双连续相。

1.5.2 无金属氧还原反应

氧还原反应（ORR）是燃料电池中关键和决定反应速率的过程[145]，相当多的工作旨在开发出 ORR 得以加快的电极体系。最近对替代阴极的研究，尤其是无金属体系的开发，已经发现许多不同的富氮碳材料具备明显的催化活性，其中包括碳氮化物[138]、氮掺杂的碳纳米管[46,146,147]、石墨烯[148-150] 以及纳米石墨烯[151,152]。尽管对富氮纳米碳材料催化活性的原因有多种解释，但一致认为石墨域的碳原子接枝（特别是吡啶或石墨氮）对电催化性能起着至关重要的作用[147,150,151,153]。

如图 1-8 所示，$AN_{99}\text{-}b\text{-}BA_{70}$ 在 700℃ 下热解制得的 CTNCs 表现出类似的 ORR 活性，进一步证实了氮位点良好的电化学性能。在 -0.39V 处出现明显的还原峰，与其他富氮碳材料的报道相似[46]。目前正在研究纳米多孔网络对还原速率的影响，以及确定 ORR 是通过双电子还是四电子过程进行。

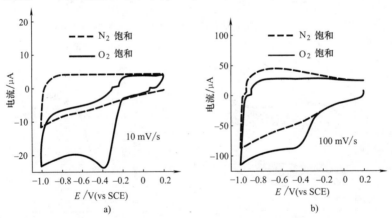

图 1-8　以 $AN_{99}\text{-}b\text{-}BA_{70}$ 为前体制备的纳米多孔碳在

0.1mol/L KOH 水溶液中 N_2 饱和和 O_2 饱和条件下的氧还原反应循环伏安曲线（文献 [8]，Wiley 许可）

a）扫描速率为 10mV/s　b）扫描速率为 100mV/s

1.6　CTNCs 作为 CO_2 吸收剂

氮掺杂碳材料非常适合选择性捕集 CO_2 气体。碱性氮提供了化学吸附点位[72,154]，这些点位已多次证实可以提高吸附能力。与传统的热解后氨处理多孔碳材料的性能相比[155-157]，由富氮前体制备的氮掺杂碳材料通过将氮以稳定的官能团形式结合到碳骨架上而获得了器件的稳定性，如吡啶，吡咯和季氮基团[158]。到目前为止，用于此应用的前体都是小分子[90]和聚合物[102,158,159]。控制设计多孔结构能够大大提高二氧化碳的捕集性能。研究结果表明，高比表面积的氮化碳球[90]和氮掺杂碳块体[158]在室温下分别表现出高达 2.9mmol/g 和 4.4mmol/g 的吸附容量。

如图 1-9 所示，尽管 AN_{99}-b-BA_{70} 制得的 CTNCs 的比表面积不高（350m²/g），但仍表现为一种较强的 CO_2 吸附剂，大气压下的吸附容量约为 2.0mmol/g，能够与其他具有更高比表面积的吸附剂相媲美。这种比表面积适中却性能优异的现象使人联想到超级电容器中类似纳米碳材料的性能提高（1.5.1 节），并且可将有效吡啶氮显著增加视为化学吸附提高的证据。

由吸附曲线计算得到的等量吸附热（q_{st}）的结果有力地证实了这一观点，能够体现给定吸附量下吸附剂与吸附物质之间的相互作用强度（图 1-9b）。文献资料表明，在从沸石到多孔碳的众多材料中，物理吸附 CO_2 的典型报道值 q_{st} 不超过 20~25kJ/mol[160,161]。值得注意的是，在吸附初期阶段（0~0.2mmol/g），CTNCs 的 q_{st} 值是两倍高，但随着吸附量的增加逐渐下降到约 25kJ/mol 的"常规"水平（图 1-9b）。这种现象有力地证实了强化学吸附活性点位（推测为吡啶氮）部分存在于表面之上，并在较高吸附量下逐渐饱和。

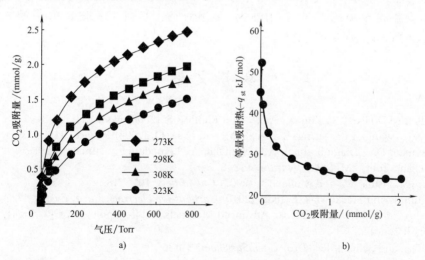

图 1-9　a）AN_{99}-b-BA_{70} 在 700℃ 下热解制得的纳米多孔碳的 CO_2 吸附等温线

穿过数据点的实线为 Langmuir-Freundlich 方程的啮合曲线[160]

b）吸附量的计算的 CO_2 等热吸附线（文献 [8]，经 Wiley 许可）

1.7　结论

　　本章呈现的研究结果表明，含有 PAN（作为富氮碳源）和一个牺牲嵌段的嵌段共聚物热解而成的 CTNCs 材料，能够在形成多孔碳材料的同时，解决氮官能团类型及活性点位的控制难题。CTNCs 的结构特征令其实现了这一目标，包括：（ⅰ）由于使用 PAN 作为碳源而形成了高含量的吡啶官能团；（ⅱ）用共聚物组成可实现稳定的纳米结构，形成稳定的双连续相；（ⅲ）纳米石墨域在纳米孔壁上存在完全暴露的含氮锯齿形边缘（由 XPS N1s 谱中较窄的吡啶线宽推断）。我们认为双连续相促使了后者的形成，与热解后转化为纳米孔壁的界面相比，PAN 前体结晶更倾向于侧向排列。这种不同寻常的吡啶氮的完全暴露似乎是这一现象的主要原因，尽管它们的比表面积适中（低于 $500\text{m}^2/\text{g}$），但 CTNCs 表现出的（电）化学性能水平与具有至少两倍比表面积的碳材料相当。我们预测 CTNCs 的电化学性能可以得到进一步优化（主要通过选择共聚物组分以实现更高的比表面积），将使其超过其他富氮碳材料的性能。CTNCs 合成方法简单，可控性高，并且生产规模易于扩大等，进一步提升了此类材料的潜力。

致　　谢

　　美国国家科学基金会（DMR-0304508 和 DMR 09-69301）、空军研究科学局和卡内基梅隆大学为本研究提供了经费支持。该工作的一部分内容是在康奈尔大学的康奈尔高能同步加速器源（CHESS）上进行的，得到了美国国家科学基金会（DMR-0936384）的部分支持。

参 考 文 献

1 Stoller, M.D., Park, S., Zhu, Y., An, J., and Ruoff, R.S. (2008) *Nano Lett.*, **8**, 3498.

2 Li, X.L., Wang, X.R., Zhang, L., Lee, S.W., and Dai, H.J. (2008) *Science*, **319**, 1229.

3 Kosynkin, D.V., Higginbotham, A.L., Sinitskii, A., Lomeda, J.R., Dimiev, A., Price, B.K., and Tour, J.M. (2009) *Nature*, **458**, 872.

4 Wu, J.S., Pisula, W., and Mullen, K. (2007) *Chem. Rev.*, **107**, 718.

5 Beguin, F. and Frackowiak, E. (eds) (2010) *Carbons for Electrochemical Energy Storage and Conversion Systems*, Advanced Materials and Technologies, CRC Press, Boca Raton, FL.

6 Su, D.S. and Schlogl, R. (2010) *ChemSusChem*, **3**, 136.

7 Ruoff, R. (2008) *Nat. Nanotechnol.*, **3**, 10.

8 McGann, J.P., Zhong, M., Kim, E.K., Natesakhawat, S., Jaroniec, M., Whitacre, J.F., Matyjaszewski, K., Kowalewski, T. (2012) *Macromol. Chem. Phys.*, **213**, 1078.

9 Kowalewski, T., Tsarevsky, N.V., and Matyjaszewski, K. (2002) *J. Am. Chem. Soc.*, **124**, 10632.

10 Tang, C., Qi, K., Wooley, K.L., Matyjaszewski, K., and Kowalewski, T. (2004) *Angew. Chem. Int. Ed.*, **43**, 2783.

11 Kruk, M., Dufour, B., Celer, E.B., Kowalewski, T., Jaroniec, M., and Matyjaszewski, K. (2005) *J. Phys. Chem. B*, **109**, 9216.

12 Tang, C.B., Tracz, A., Kruk, M., Matyjaszewski, K., and Kowalewski, T. (2005) *Polym. Prepr.*, **46**, 424.

13 Tang, C.B., Tracz, A., Kruk, M., Zhang, R., Smilgies, D.M., Matyjaszewski, K., and Kowalewski, T. (2005) *J. Am. Chem. Soc.*, **127**, 6918.

14 Kruk, M., Dufour, B., Celer, E.B., Kowalewski, T., Jaroniec, M., and Matyjaszewski, K. (2006) *Chem. Mater.*, **18**, 1417.

15 Bowles, S.E., Wu, W., Kowalewski, T., Schalnat, M.C., Davis, R.J., Pemberton, J.E., Shim, I., Korth, B.D., and Pyun, J. (2007) *J. Am. Chem. Soc.*, **129**, 8694.

16 Huang, J.Y., Tang, C.B., Lee, H., Kowalewski, T., and Matyjaszewski, K. (2007) *Macromol. Chem. Phys.*, **208**, 2312.

17 Kruk, M., Kohlhaas, K.M., Dufour, B., Celer, E.B., Jaroniec, M., Matyjaszewski, K., Ruoff, R.S., and Kowalewski, T. (2007) *Microporous Mesoporous Mater.*, **102**, 178.

18 Tang, C., Dufour, B., Kowalewski, T., and Matyjaszewski, K. (2007) *Macromolecules*, **40**, 6199.

19 Aimi, J., McCullough, L.A., McGann, J.P., Kowalewski, T., and Matyjaszewski, K. (2008) *Polym. Prepr.*, **49**, 343.

20 Tang, C., Bombalskil, L., Kruk, M., Jaroniec, M., Matyjaszewski, K., and Kowalewski, T. (2008) *Adv. Mater.*, **20**, 1516.

21 Kulkarni, R., McCullough, L.A., Kowalewski, T., and Porter, L.M. (2009) *Synth. Met.*, **159**, 177.

22 Wu, D., Dong, H., Pietrasik, J., Kim, E.K., Hui, C.M., Zhong, M., Jaroniec, M., Kowalewski, T., and Matyjaszewski, K. (2011) *Chem. Mater.*, **23**, 2024.

23 Wu, D., Hui, C.M., Dong, H., Pietrasik, J., Ryu, H.J., Li, Z., Zhong, M., He, H., Kim, E.K., Jaroniec, M., Kowalewski, T., and Matyjaszewski, K. (2011) *Macromolecules*, **44**, 5846.

24 Bajaj, P. and Roopanwal, A.K. (1997) *J. Macromol. Sci., Rev. Macromol. Chem. Phys.*, **C37**, 97.

25 Gao, X.F., Zhou, Z., Zhao, Y.L., Nagase, S., Zhang, S.B., and Chen, Z.F. (2008) *J. Phys. Chem. C*, **112**, 12677.

26 Basu, D., Gilbert, M.J., Register, L.F., Banerjee, S.K., and MacDonald, A.H. (2008) *Appl. Phys. Lett.*, **92**, 042114.

27 Fujita, M., Wakabayashi, K., Nakada, K., and Kusakabe, K. (1996) *J. Phys. Soc. Jpn.*, **65**, 1920.

28 Pollet, R. and Amara, H. (2009) *J. Chem. Theory Comput.*, **5**, 1719.

29 Radovic, L.R. and Bockrath, B. (2005) *J. Am. Chem. Soc.*, **127**, 5917.

30 Wakabayashi, K., Takane, Y., Yamamoto, M., and Sigrist, M. (2009) *Carbon*, **47**, 124.

31 Klein, D.J. (1994) *Chem. Phys. Lett.*, **217**, 261.

32 Kobayashi, K. (1993) *Phys. Rev. B*, **48**, 1757.

33 Nakada, K., Fujita, M., Dresselhaus, G., and Dresselhaus, M.S. (1996) *Phys. Rev. B*, **54**, 17954.

34 Kobayashi, Y., Fukui, K.-I., Enoki, T., Kusakabe, K., and Kaburagi, Y. (2005) *Phys. Rev. B*, **71**, 193406.

35 Niimi, Y., Matsui, T., Kambara, H., Tagami, K., Tsukada, M., and Fukuyama, H. (2006) *Phys. Rev. B*, **73**, 085421.

36 Joly, V.L.J., Kiguchi, M., Hao, S.-J., Takai, K., Enoki, T., Sumii, R., Amemiya, K., Muramatsu, H., Hayashi, T., Kim, Y.A., Endo, M., Campos-Delgado, J., Lopez-Urias, F., Botello-Mendez, A., Terrones, H., Terrones, M., and Dresselhaus, M.S. (2010) *Phys. Rev. B*, **81**, 245428.

37 Joly, V.L.J., Takahara, K., Takai, K., Sugihara, K., Enoki, T., Koshino, M., and Tanaka, H. (2010) *Phys. Rev. B*, **81**, 115408.

38 Kan, E.J., Li, Z.Y., Yang, J.L., and Hou, J.G. (2008) *J. Am. Chem. Soc.*, **130**, 4224.

39 Jaing, D., Gao, X., Nagase, S., and Chen, Z. (2010) in *Chemistry of Nanocarbons* (eds T. Akasaka, F. Wudl, and S. Nagase), John Wiley & Sons, Ltd, West Sussex.

40 Jiang, D.E., Sumpter, B.G., and Dai, S. (2006) *J. Phys. Chem. B*, **110**, 23628.

41 Jiang, D.-E., Sumpter, B.G., and Dai, S. (2007) *J. Chem. Phys.*, **126**, 134701.

42 Stein, S.E. and Brown, R.L. (1987) *J. Am. Chem. Soc.*, **109**, 3721.

43 Yu, S.S., Zheng, W.T., Wen, Q.B., and Jiang, Q. (2008) *Carbon*, **46**, 537.

44 Wang, X., Li, X., Zhang, L., Yoon, Y., Weber, P.K., Wang, H., Guo, J., and Dai, H. (2009) *Science*, **324**, 768.

45 Li, X., Wang, H., Robinson, J.T., Sanchez, H., Diankov, G., and Dai, H. (2009) *J. Am. Chem. Soc.*, **131**, 15939.

46 Tang, Y., Allen, B.L., Kauffman, D.R., and Star, A. (2009) *J. Am. Chem. Soc.*, **131**, 13200.

47 Jansen, R.J.J. and Vanbekkum, H. (1994) *Carbon*, **32**, 1507.

48 Stohr, B., Boehm, H.P., and Schlogl, R. (1991) *Carbon*, **29**, 707.

49 Wei, D., Liu, Y., Wang, Y., Zhang, H., Huang, L., and Yu, G. (2009) *Nano Lett.*, **9**, 1752.

50 Raymundo-Pinero, E., Cazorla-Amoros, D., Linares-Solano, A., Find, J., Wild, U., and Schlogl, R. (2002) *Carbon*, **40**, 597.

51 Bimer, J., Satbut, P.D., Bertozecki, S., Boudou, J.P., Broniek, E., and Siemieniewska, T. (1998) *Fuel*, **77**, 519.

52 Draper, S.M., Gregg, D.J., and Madathil, R. (2002) *J. Am. Chem. Soc.*, **124**, 3486.

53 Hou, P.X., Orikasa, H., Yamazaki, T., Matsuoka, K., Tomita, A., Setoyama, N., Fukushima, Y., and Kyotani, T. (2005) *Chem. Mater.*, **17**, 5187.

54 Hulicova, D., Yamashita, J., Soneda, Y., Hatori, H., and Kodama, M. (2005) *Chem. Mater.*, **17**, 1241.

55 Hulicova-Jurcakova, D., Kodama, M., Shiraishi, S., Hatori, H., Zhu, Z.H., and Lu, G.Q. (2009) *Adv. Funct. Mater.*, **19**, 1800.

56 Lahaye, J., Nanse, G., Bagreev, A., and Strelko, V. (1999) *Carbon*, **37**, 585.

57 Lota, G., Grzyb, B., Machnikowska, H., Machnikowski, J., and Frackowiak, E. (2005) *Chem. Phys. Lett.*, **404**, 53.

58 Ra, E.J., Raymundo-Pinero, E., Lee, Y.H., and Beguin, F. (2009) *Carbon*, **47**, 2984.

59 Biniak, S., Szymanski, G., Siedlewski, J., and Swiatkowski, A. (1997) *Carbon*, **35**, 1799.

60 Boehm, H.P., Mair, G., Stoehr, T., Derincon, A.R., and Tereczki, B. (1984) *Fuel*, **63**, 1061.

61 Grant, K.A., Zhu, Q., and Thomas, K.M. (1994) *Carbon*, **32**, 883.

62 Wang, X., Liu, Y., Zhu, D., Zhang, L., Ma, H., Yao, N., and Zhang, B. (2002) *J. Phys. Chem. B*, **106**, 2186.

63 Quintana, M., Montellano, A., Castillo, A.E.D., Van Tendeloo, G., Bittencourt, C., and Prato, M. (2011) *Chem. Commun.*, **47**, 9330.

64 Devadoss, A. and Chidsey, C.E.D. (2007) *J. Am. Chem. Soc.*, **129**, 5370.

65 Sha, C.-K. and Mohanakrishnan, A.K. (2003) *Synthetic Applications of 1,3-Dipolar Cycloaddition Chemistry Toward Heterocycles and Natural Products* (eds Albert Padwa, William H. Pearson), John Wiley & Sons, Inc., p. 623.

66 Grzyb, B., Machnikowski, J., and Weber, J.V. (2004) *J. Anal. Appl. Pyrolysis*, **72**, 121.

67 Seredych, M., Hulicova-Jurcakova, D., Lu, G.Q., and Bandosz, T.J. (2008) *Carbon*, **46**, 1475.

68 Kim, Y.J., Abe, Y., Yanaglura, T., Park, K.C., Shimizu, M., Iwazaki, T., Nakagawa, S., Endo, M., and Dresselhaus, M.S. (2007) *Carbon*, **45**, 2116.

69 Frackowiak, E., Lota, G., Machnikowski, J., Vix-Guterl, C., and Beguin, F. (2006) *Electrochim. Acta*, **51**, 2209.

70 Gouerec, P., Talbi, H., Miousse, D., Tran-Van, F., Dao, L.H., and Lee, K.H. (2001) *J. Electrochem. Soc.*, **148**, A94.

71 Kim, C., Ngoc, B.T.N., Yang, K.S., Kojima, M., Kim, Y.A., Kim, Y.J., Endo, M., and Yang, S.C. (2007) *Adv. Mater.*, **19**, 2341.

72 Pels, J.R., Kapteijn, F., Moulijn, J.A., Zhu, Q., and Thomas, K.M. (1995) *Carbon*, **33**, 1641.

73 Xu, B., Wu, F., Chen, S., Zhang, C.Z., Cao, G.P., and Yang, Y.S. (2007) *Electrochim. Acta*, **52**, 4595.

74 Machnikowski, J., Grzyb, B., Weber, J.V., Frackowiak, E., Rouzaud, J.N., and Beguin, F. (2004) *Electrochim. Acta*, **49**, 423.

75 Zhou, C.F., Liu, T., Wang, T., and Kumar, S. (2006) *Polymer*, **47**, 5831.

76 Kruk, M., Dufour, B., Celer, E.B., Kowalewski, T., Jaroniec, M., and Matyjaszewski, K. (2008) *Macromolecules*, **41**, 8584.

77 Pyun, J., Jia, S.J., Kowalewski, T., Patterson, G.D., and Matyjaszewski, K. (2003) *Macromolecules*, **36**, 5094.

78 Kastler, M., Schmidt, J., Pisula, W., Sebastiani, D., and Müllen, K. (2006) *J. Am. Chem. Soc.*, **128**, 9526.

79 Fogel, Y., Zhi, L.J., Rouhanipour, A., Andrienko, D., Rader, H.J., and Mullen, K. (2009) *Macromolecules*, **42**, 6878.

80 Draper, S.M., Gregg, D.J., Schofield, E.R., Browne, W.R., Duati, M., Vos, J.G., and Passaniti, P. (2004) *J. Am. Chem. Soc.*, **126**, 8694.

81 Liebig, J. (1834) *Ann. Pharm.*, **10**, 10.

82 Horvath-Bordon, E., Kroke, E., Svoboda, I., Fuess, H., and Riedel, R. (2005) *New J. Chem.*, **29**, 693.

83 Kroke, E. and Schwarz, M. (2004) *Coord. Chem. Rev.*, **248**, 493.

84 Thomas, A., Fischer, A., Goettmann, F., Antonietti, M., Muller, J.-O., Schlogl, R., and Carlsson, J.M. (2008) *J. Mater. Chem.*, **18**, 4893.

85 Li, Y., Zhang, J., Wang, Q., Jin, Y., Huang, D., Cui, Q., and Zou, G. (2010) *J. Phys. Chem. B*, **114**, 9429.

86 Liu, G., Niu, P., Sun, C., Smith, S.C., Chen, Z., Lu, G.Q., and Cheng, H.-M. (2010) *J. Am. Chem. Soc.*, **132**, 11642.

87 Zhu, J., Wei, Y., Chen, W., Zhao, Z., and Thomas, A. (2010) *Chem. Commun.*, **46**, 6965.

88 Goettmann, F., Fischer, A., Antonietti, M., and Thomas, A. (2006) *Chem. Commun.*, 4530.

89 Goettmann, F., Thomas, A., and Antonietti, M. (2007) *Angew. Chem. Int. Ed.*, **46**, 2717.

90 Li, Q., Yang, J., Feng, D., Wu, Z., Wu, Q., Park, S., Ha, C.-S., and Zhao, D. (2010) *Nano Res.*, **3**, 632.

91 Vayner, E. and Anderson, A.B. (2007) *J. Phys. Chem. C*, **111**, 9330.

92 Li, X.-H., Zhang, J., Chen, X., Fischer, A., Thomas, A., Antonietti, M., and Wang, X. (2011) *Chem. Mater.*, **23**, 4344.

93 Zhang, Y., Mori, T., Ye, J., and Antonietti, M. (2010) *J. Am. Chem. Soc.*, **132**, 6294.

94 Wang, Y., Zhang, J., Wang, X., Antonietti, M., and Li, H. (2010) *Angew. Chem. Int. Ed.*, **49**, 3356.

95 Wang, Y., Li, H., Yao, J., Wang, X., and Antonietti, M. (2011) *Chem. Sci.*, **2**, 446.

96 Zhang, J., Sun, J., Maeda, K., Domen, K., Liu, P., Antonietti, M., Fu, X., and Wang, X. (2011) *Energy Environ. Sci.*, **4**, 675.

97 Donnet, J., Wang, T.K., Peng, J.C.M., and Rebouillat, S. (1998) *Carbon Fibers*, Marcel Dekker, New York.

98 Ryu, Z.Y., Rong, H.Q., Zheng, J.T., Wang, M.Z., and Zhang, B.J. (2002) *Carbon*, **40**, 1144.

99 Fernandez-Saavedra, R., Aranda, P., and Ruiz-Hitzky, E. (2004) *Adv. Funct. Mater.*, **14**, 77.

100 Conway, B.E. (1999) *Electrochemical Supercapacitors: Scientific Fundamentals and Technological Applications*, Kluwer Academic/Plenum Publishers, New York.

101 Yang, X., Wu, D., Chen, X., and Fu, R. (2010) *J. Phys. Chem. C*, **114**, 8581.

102 Shen, W., Zhang, S., He, Y., Li, J., and Fan, W. (2011) *J. Mater. Chem.*, **21**, 14036.

103 Ania, C.O., Khomenko, V., Raymundo-Piñero, E., Parra, J.B., and Béguin, F. (2007) *Adv. Funct. Mater.*, **17**, 1828.

104 Johnson, S.A., Brigham, E.S., Ollivier, P.J., and Mallouk, T.E. (1997) *Chem. Mater.*, **9**, 2448.

105 Kyotani, T., Nagai, T., Inoue, S., and Tomita, A. (1997) *Chem. Mater.*, **9**, 609.

106 Ma, Z.X., Kyotani, T., and Tomita, A. (2000) *Chem. Commun.*, 2365.

107 Sakintuna, B., Aktas, Z., and Yurum, Y. (2003) *Abstr. Pap. Am. Chem. Soc.*, **226**, U538.

108 Kawashima, D., Aihara, T., Kobayashi, Y., Kyotani, T., and Tomita, A. (2000) *Chem. Mater.*, **12**, 3397.

109 Kim, J.Y., Yoon, S.B., and Yu, J.S. (2003) *Chem. Mater.*, **15**, 1932.

110 Paraknowitsch, J.P., Zhang, Y., and Thomas, A. (2011) *J. Mater. Chem.*, **21**, 15537.

111 Fuertes, A.B., Lota, G., Centeno, T.A., and Frackowiak, E. (2005) *Electrochim. Acta*, **50**, 2799.

112 Jang, J. and Bae, J. (2004) *Angew. Chem. Int. Ed.*, **43**, 3803.

113 Inagaki, M. and Kang, F. (2006) *Carbon Materials Science and Engineering*, Tsinghua University Press, Beijing, p. 359.

114 Inagaki, M. (2010) in *Carbons for Electrochemical Energy Storage and Conversion Systems* (eds F. Beguin and E. Frackowiak), CRC Press, Boca Raton, FL, p. 37.

115 Liang, C.D., Hong, K.L., Guiochon, G.A., Mays, J.W., and Dai, S. (2004) *Angew. Chem. Int. Ed.*, **43**, 5785.

116 Xu, F., Cai, R., Zeng, Q., Zou, C., Wu, D., Li, F., Lu, X., Liang, Y., and Fu, R. (2011) *J. Mater. Chem.*, **21**, 1970.

117 di Lena, F. and Matyjaszewski, K. (2010) *Prog. Polym. Sci.*, **35**, 959.

118 Gao, H. and Matyjaszewski, K. (2009) *Prog. Polym. Sci.*, **34**, 317.

119 Lee, H.-I., Pietrasik, J., Sheiko, S.S., and Matyjaszewski, K. (2010) *Prog. Polym. Sci.*, **35**, 24.

120 Matyjaszewski, K. (2005) *Prog. Polym. Sci.*, **30**, 858.

121 Sheiko, S.S., Sumerlin, B.S., and Matyjaszewski, K. (2008) *Prog. Polym. Sci.*, **33**, 759.

122 Dufour, B., Tang, C., Koynov, K., Zhang, Y., Pakula, T., and Matyjaszewski, K. (2008) *Macromolecules*, **41**, 2451.

123 Kowalewski, T., Tang, C., Kruk, M., Dufour, B., and Matyjaszewski, K. (2006) *ACS Symp. Ser.*, **944**, 295.

124 Kruk, M., Tang, C., Dufour, B., Matyjaszewski, K., and Kowalewski, T. (eds) (2006) *Block Copolymers in Nanoscience*, Wiley-VCH Verlag GmbH, Weinheim.

125 Matyjaszewski, K., Jo, S.M., Paik, H.-J., and Gaynor, S.G. (1997) *Macromolecules*, **30**, 6398.

126 Matyjaszewski, K., Jo, S.M., Paik, H.-J., and Shipp, D.A. (1999) *Macromolecules*, **32**, 6431.

127 Tang, C., Kowalewski, T., and Matyjaszewski, K. (2003) *Macromolecules*, **36**, 8587.

128 Tang, C., Kowalewski, T., and Matyjaszewski, K. (2003) *Macromolecules*, **36**, 1465.

129 Braunecker, W.A. and Matyjaszewski, K. (2007) *Prog. Polym. Sci.*, **32**, 93.

130 Matyjaszewski, K. and Tsarevsky, N.V. (2009) *Nat. Chem.*, **1**, 276.

131 Matyjaszewski, K. and Xia, J. (2001) *Chem. Rev.*, **101**, 2921.

132 Siegwart, D.J., Oh, J.K., and Matyjaszewski, K. (2012) *Prog. Polym. Sci.*, **37**, 18.

133 Tsarevsky, N.V. and Matyjaszewski, K. (2007) *Chem. Rev.*, **107**, 2270.

134 Hobson, R.J. and Windle, A.H. (1993) *Macromolecules*, **26**, 6903.

135 Liu, X.D. and Ruland, W. (1993) *Macromolecules*, **26**, 3030.

136 Sawai, D., Yamane, A., Kameda, T., Kanamoto, T., Ito, M., Yamazaki, H., and Hisatani, K. (1999) *Macromolecules*, **32**, 5622.

137 Tang, C., Wu, W., Smilgies, D.-M., Matyjaszewski, K., and Kowalewski, T. (2011) *J. Am. Chem. Soc.*, **133**, 11802.

138 Yang, S., Feng, X., Wang, X., and Müllen, K. (2011) *Angew. Chem. Int. Ed.*, **50**, 5339.

139 Briggs, D. and Beamson, G. (1993) *Anal. Chem.*, **65**, 1517.

140 Hughes, H.P. and Starnberg, H.I. (2001) *Electron Spectroscopies Applied to Low-Dimensional Materials*, Kluwer Academic Publishers, Norwell, MA.

141 Zhang, L.L., Zhou, R., and Zhao, X.S. (2010) *J. Mater. Chem.*, **20**, 5983.

142 Randin, J.P. and Yeager, E. (1972) *J. Electroanal. Chem.*, **36**, 257.

143 Beguin, F., Szostak, K., Lota, G., and Frackowiak, E. (2005) *Adv. Mater.*, **17**, 2380.

144 Frackowiak, E. (2007) *Phys. Chem. Chem. Phys.*, **9**, 1774.

145 Su, D.S. and Sun, G. (2011) *Angew. Chem. Int. Ed.*, **50**, 11570.

146 Gong, K., Du, F., Xia, Z., Durstock, M., and Dai, L. (2009) *Science*, **323**, 760.

147 Yu, D., Zhang, Q., and Dai, L. (2010) *J. Am. Chem. Soc.*, **132**, 15127.

148 Qu, L., Liu, Y., Baek, J.-B., and Dai, L. (2010) *ACS Nano*, **4**, 1321.

149 Wang, Y., Shao, Y., Matson, D.W., Li, J., and Lin, Y. (2010) *ACS Nano*, **4**, 1790.

150 Sidik, R.A., Anderson, A.B., Subramanian, N.P., Kumaraguru, S.P., and Popov, B.N. (2006) *J. Phys. Chem. B*, **110**, 1787.

151 Liu, R., Wu, D., Feng, X., and Müllen, K. (2010) *Angew. Chem. Int. Ed.*, **49**, 2565.

152 Li, Y., Zhao, Y., Cheng, H., Hu, Y., Shi, G., Dai, L., and Qu, L. (2011) *J. Am. Chem. Soc.*, **134**, 15.

153 Ikeda, T., Boero, M., Huang, S.-F., Terakura, K., Oshima, M., and Ozaki, J.-I. (2008) *J. Phys. Chem. C*, **112**, 14706.

154 Hiyoshi, N., Yogo, K., and Yashima, T. (2005) *Microporous Mesoporous Mater.*, **84**, 357.

155 D'Alessandro, D.M., Smit, B., and Long, J.R. (2010) *Angew. Chem. Int. Ed.*, **49**, 6058.

156 Pevida, C., Plaza, M.G., Arias, B., Fermoso, J., Rubiera, F., and Pis, J.J. (2008) *Appl. Surf. Sci.*, **254**, 7165.

157 Wang, Q., Luo, J., Zhong, Z., and Borgna, A. (2011) *Energy Environ. Sci.*, **4**, 42.

158 Hao, G.-P., Li, W.-C., Qian, D., and Lu, A.-H. (2010) *Adv. Mater.*, **22**, 853.

159 Sevilla, M., Valle-Vigon, P., and Fuertes, A.B. (2011) *Adv. Funct. Mater.*, **21**, 2781.

160 Natesakhawat, S., Culp, J.T., Matranga, C., and Bockrath, B. (2007) *J. Phys. Chem. C*, **111**, 1055.

161 Khelifa, A., Benchehida, L., and Derriche, Z. (2004) *J. Colloid Interface Sci.*, **278**, 9.

第 2 章

离子液体前体制备功能碳材料

Jens Peter Paraknowitsch 和 Arne Thomas

2.1 引言

与上一章所描述的纳米结构碳的诸多可能性相补充，近年来，在结构中纳入杂原子的碳材料越来越受到关注[1]。硼[2-4] 和硫[5-10] 掺杂的碳材料就是两个实例。然而，大多数工作集中于将氮作为碳纳米结构的掺杂物。因此，通过调整各自的氮含量，可改变和增强碳材料的某些性质，比如会影响电导率、碱性、氧化稳定性和催化活性，而且通常这些性能会得到改善[11,12]。

通过使用明确的分子碳前体，能够合成在不同长度尺度上控制其结构的碳材料以及掺入一定量的杂原子。最近，离子液体（ILs）已被频繁地用于这一目的。例如，前体的化学成分通常会反映最终碳材料中存在的杂原子的类型和数量。此外，当使用液体或可溶性前体时，能够实现或简化碳材料的加工与成型。必须指出的是，与普通碳前体（如椰壳）的低成本相比，这种合成前体方法的附加值必须是非常高的，才能证明其在碳合成中的应用是合理的。但是，如我们将在后面描述的那样，并不总是需要从各自的碳前体制备完整的碳材料。因此，碳材料可由廉价而丰富的资源制成，其中只有很少的一部分，比如材料的表面，可以用更昂贵但量身定制的前体制成的碳层来精炼。正如稍后将介绍，离子液体特别适用于在各种化合物上制备这种高性能碳质材料的薄涂层。

然而，要使离子液体成为合适的碳前体，某些先决条件是必需的。在本章中，我们将首先讨论这些离子液体结构，并描述由这些离子液体生成的不同碳材料的结构和性能。最后，对离子液体衍生碳材料的应用前景进行了展望。

2.2 作为碳前体的离子液体

离子液体的开发和研究可以追溯到 1914 年，当时发现了首个在环境条件下呈现为液态的盐，硝酸乙铵[13]。基于该结果，已经展开了深入的研究，离子液体的化学和物理性质及应用已经成为众多研究的课题。因此，离子液体定义为低于100℃的温度下呈液态的盐，这些盐几乎都是有机盐。它们是非常适合的溶剂，可用于几乎全部的合成用途。功能化或所谓的"特定任务"离子液体在催化、磁性和发光材料、气体吸附、生物催化或作为无机纳米结构模板等领域得到了广泛的应用[14-20]。

使用离子液体作为合成功能碳材料的前体是一个相对较新的研究课题，近来越来越引起人们的兴趣，因为与其他碳前体相比，离子液体具有一些显著的优势：作为蒸气压可忽略不计的液体，它们可以实现简单的加工和成型，并在热处理条件下获得较高的碳收率。事实上，离子液体可以填充到模具中或制备成薄膜，然后再简单加热。此外，众所周知，离子液体是多种化合物的优良溶剂或分散剂。因此，通过简单地将恰当的离子液体与第二种化合物混合并随后进行热处理，便可轻易地利用各种其他物质制备碳复合材料。

然而，用于合成碳材料的离子液体需要满足其化学结构的特殊要求。尽管离子液体的蒸气压可以忽略不计，但在第一步热分解后形成的化合物可能非常不稳定。事实上，许多离子液体的高温处理将导致其完全分解，在热重分析（TGA）中也观察到100%的质量损失。因此，作为碳前体的离子液体应具有在低于离子液体发生分解的温度下能够发生聚合的官能团[21]。氰基官能团是满足该要求的官能团，因为它们在中温条件下发生的三聚反应能够产生高度稳定的交联，在盐熔体中使用双氰基功能化芳族化合物制备的共价三嗪网络中也可以观察到[22-24]。

Wooster等人对离子液体的热稳定性的研究表明，由含氮阳离子和氰基功能化阴离子组成的离子液体确实留下了大量的"不交叉的炭"[25]。这种阴离子的例子是双氰胺（dca）或三氰亚甲基（tcm）。这些可聚合的阴离子已由不同的吡啶，吡咯烷或咪唑衍生物作为抗衡阳离子进行补充，从而生成基于离子液体的碳前体，例如N，N-乙基-甲基-咪唑（EMIM），3-甲基-N-丁基吡啶（3MBP），1-丁基-3-甲基-咪唑（BMIM），1-癸基-3-甲基-咪唑（DMIM）或1-己基-3-甲基咪唑（HMIM）[21,26,27]。制备前体型离子液体的另一种可能性是将氰基官能团引入到阳离子中，例如，使用1-氰基甲基-3-甲基咪唑（MCNIM）或1，3-双（氰甲基）-咪唑（BCNIM）与经典阴离子，例如不同的卤化物，或者例如，双（三氟甲基磺酰基）酰亚胺（Tf_2N）或双（全氟乙基磺酰基）酰亚胺（beti）[28]。图2-1给出了一些作为碳前体的离子液体的结构。

通过TGA测试观察离子液体在升温下的失重情况，能够确认离子液体是否为合适的碳前体。图2-2给出了图2-1中某些化合物的TGA测试结果，说明离子液体内可聚合氰基的重要性。例如，离子液体$BMIM-Tf_2N$在约450℃的温度下观察到完全失重（图2-2a）。相反，阳离子中含有氰基的$BCNIM-Tf_2N$在高温下的残余重量约为20%，即生成了一种碳质材料。另一种避免离子液体分解产物蒸发的可行方法

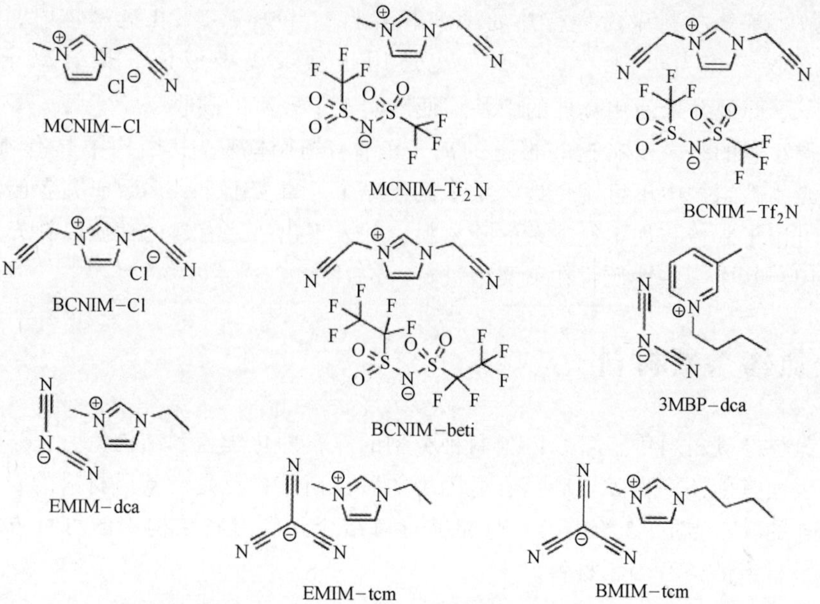

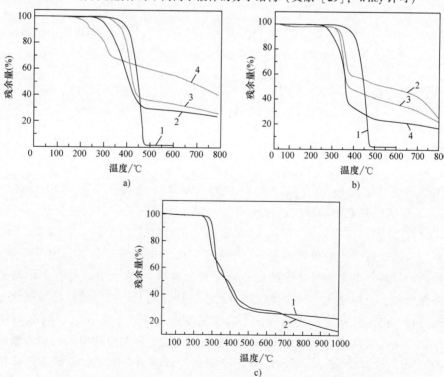

图 2-1　作为碳前体的不同离子液体的分子结构（文献［29］，Wiley 许可）

图 2-2　不同离子液体的 TGA 测量结果（文献［29］，Wiley 许可）

a）1-BMIM-Tf₂N，2-BCNIM-Tf₂N，3-BCNIM-beti 和 4-BCNIM-Cl

b）1-BMIM-Tf₂N，2-BMIM-tcm，3-EMIM-tcm 和 4-DMIM-tcm

c）1-3MBP-dca 和 2-EMIM-dca

是将其放入基体材料中后进行热处理。事实上，当放入二氧化硅基体时，BMIM-Tf$_2$N 的碳收率相当可观[30]。另外，也适用于预聚离子液体（聚合离子液体，PILs）[31]。此处并未使用额外的腈基，便已实现了较高的碳收率[31-35]。

值得注意的是，所有这些报道的离子液体-碳前体都在其结构中具有氮原子，这在最终的碳结构中不可避免地产生了氮杂原子。事实上，大多数研究者已经指出该特征可用于制造和加工氮掺杂的碳材料，并表现出一些有趣的性质以补充纯碳材料的应用。其中一些性质将在下文中进行讨论。

2.3 氮掺杂碳材料

在氮掺杂碳材料中，可以区分两种类型的氮，即化学氮和结构氮。化学氮指的是材料表面官能团，例如亚硝基官能团中的胺，而结构氮是与碳质材料的石墨骨架密集相连的[36]。图 2-3 给出了一些能够将氮结合到碳材料结构中的可行方法，这里的碳材料指的是石墨相材料。

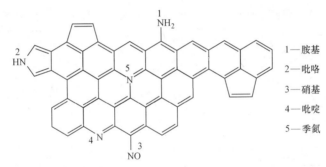

图 2-3 碳材料中氮的不同键合环境（文献［29］，经 Wiley 许可）

化学氮通常是在活性含氮试剂存在的情况下，通过热后处理引入碳结构的[37-43]，而结构氮主要由原位过程所实现，例如通过富氮前体的热分解，如胺化碳水化合物[44,45]、三聚氰胺[46,47] 和含氮杂环化合物[48-51] 等。由于氮原子的电子较多，其掺杂将会导致价带降低[48]。费米能级的电子密度越高，电导率越高，这对掺杂碳材料在电化学器件中的潜在应用最为有利[12,37,52,53]。另一个影响是材料的碱性增加，无论是化学氮所呈现的布朗斯特碱性还是结构氮的路易斯碱性。这让此类材料在电催化剂或催化剂载体中的应用变得非常有意义[54-56]。在碳载体上引入氮杂原子已被证实可以稳定贵金属纳米粒子，这是因为氮的电子亲和力激活了周边的碳原子[57]。氮掺杂对碳材料氧化稳定性的影响尚有争议，有研究结果显示其显著增加[58]，但也有报道称稳定性稍有下降[59]。

大量的研究表明，氮掺杂碳材料的电化学应用效果优越。在超级电容器中，高比表面积活性碳是常用的电极材料。氮掺杂后的碳电极会产生赝电容，并改善此类器件的性能[60-69]。此外，还成功地将含结构氮的碳电极作为正极材料应用于锂离子电池[70-74]，并在燃料电池阴极室内使用氮掺杂碳材料作为氧还原反应（ORR）催化剂[12,75]。迄今为止，尚未完全揭示这种材料的ORR催化机制，但氮原子的影响是显而易见的[43,76-80]。我们认为，材料的吡啶类的结合基序和提高的路易斯碱度对分子氧和催化剂之间良好的催化作用起到至关重要的作用[54,77,81]。在该领域内，这种可用于ORR的无金属催化剂显示出氮掺杂碳材料极高的潜力[76,79,82-87]。氮掺杂碳材料的下一步应用将是二氧化碳封存[88,89]以及储氢[90-95]。考虑到无氮或氮掺杂碳材料中的氢吸收和氢吸附的等量吸附热，已经表明在氢吸附量较低时，氮掺杂是比较有利的，但在氢吸附量较高时则是有害的[96]，这符合氮掺杂对氢吸附影响的理论预测[97,98]。近年来，从聚吡咯中得到了一种具有超高表面积的氮掺杂碳材料，具有良好的体积和质量比容量[99]。

所有这些例子都表明，氮掺杂碳材料是一类应用广泛的功能材料。在接下来的章节中，我们将详细讨论由离子液体作为前体制备此类材料，并介绍这些合成材料的首批应用实例。

2.4 由离子液体制备碳材料——碳化过程中的结构变化

研究者早已认识到可聚合氰基对离子液体碳前体的关键作用[28]，指出它们趋向于发生三聚反应而形成三嗪。虽然没有氰基团的离子液体经热处理后完全分解，但在阴离子含有氰基和阳离子中含有磷的情况下也会发生完全分解[25,100]。因此，氰基与含氮阳离子骨架之间的相互作用被认为是生成碳质材料的重要因素。氮掺杂碳材料形成机制的研究结果支撑了这一推断，研究人员以EMIM-dca和3MBP-dca为例进行了讨论。将化合物从300℃逐步加热到1000℃，并通过不同的测试技术分析了在不同反应温度下获得的产物[21]。离子液体通常热稳定性优异，因此这些离子液体（以及图2-1中所示的所有其他离子液体）在300℃以下未出现任何的重量损失。在300℃和400℃之间，观察到离子液体的固化。如果热处理温度高达1000℃，将会产生黑色固体，并表现出明显的金属光泽外观。

可以看出，反应机理可以分为三个主要区域，与各温度范围内发生的不同化学过程一一对应：接近300℃时，反应由烷基链的断裂，氨的消除和分解反应引发。随后，当温度升高到500℃时，氰基团发生三聚反应形成三嗪环，从而实现材料缩聚。同时认为阳离子的氢原子被dca取代，这是腈基团和阳离子的含氮骨架之间形成重要相互作用的一个可能途径。因此，在500℃下材料已表现为明显的缩聚状态。在500℃到1000℃之间，成型反应主要由氢原子和氮原子的消除所控制，材料的缩聚程度得以优化，因此形成了氮掺杂石墨微结构域。

尽管离子液体的结构对发生这些缩合和裂解的温度范围确实有一些影响，但其他实例也采用了类似方法，在更高的温度（>400℃）[28]下发生了不可逆的碳化反应以及腈的环三聚反应。

2.5 由离子液体前体制备氮掺杂碳材料

选取不同的离子液体前体，能够获得具有不同性质和结构的碳材料。然而，离子液体的成分对碳材料的结构和组成的影响却尚无定论。可以观察到，不同的离子液体制得的碳材料的结构既有相似之处，也存在一些差异。首先，离子液体制得的碳材料主要是由 sp^2 杂化碳原子组成，并能够在更高的温度下转化为石墨化形式。例如，BMIM-tcm 制得的碳材料在 800℃ 下热解后就已呈现出石墨化特征，而当加热到 2000℃ 时，其石墨化程度（g）为 0.17[26]。同样，加热 EMIM-dca 和 3MBP-dca 至 1000℃ 时，广角 X 射线散射（WAXS）测试的特征曲线也证实形成了无序的石墨碳。高分辨率透射电子显微镜（HRTEM）照片也可以证实这些结构特征，两种前体都在 1000℃ 下热解后都形成了弯曲微域中有限延伸的石墨微观结构体。这些结构域未表现为长程有序，并且两个体系都非常相似。实际上，从这些照片中无法观察到边缘结构，也就是说，为了保持体系能量最低，这些层片倾向于发生弯曲而不是保持平整[21,27]。图 2-4 显示了他们各自的 HRTEM 显微照片。

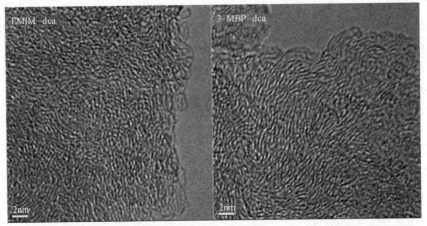

图 2-4 在 1000℃ 下合成的氮掺杂碳材料的 HRTEM 图像（文献 [29]，Wiley 许可）

铁和含铁化合物在碳化过程中经常被用作催化剂，以促进在中等温度下由无定形碳形成更有序的石墨结构[101-105]。当 $FeCl_2 \cdot 4H_2O$ 作为铁源加入到 1-乙烯基-3-乙基-咪唑-二氰胺（VEIM-dca）中，该离子液体前体所制备的碳材料的形态发生了显著变化。可以观察到折叠的、层片状结构的硬石墨片，其厚度范围为 5～20nm。这种层状结构实际上是由层状石墨纳米结构组成的，这可以在图 2-5 所示的 HRTEM 图像中观察到[33]。

此外，材料中氮原子的含量和性质可以通过使用每种离子液体不同的阴离子/

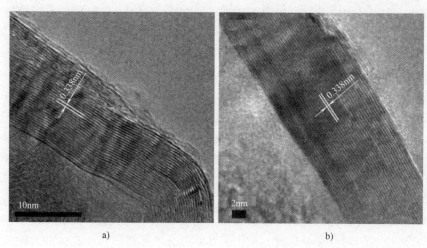

a)   b)

图 2-5 使用 12%[⊖]FeCl$_2$ · 4H$_2$O 与 VEIM-dca 制得的

碳产物的 HRTEM 图（文献［29］，经 Wiley 许可）

a）使用 HCl 刻蚀工艺过程移除铁前 b）使用 HCl 刻蚀工艺移除铁后

阳离子组合来调整。制得的碳材料的氮含量会因为所使用的前体和采取的碳化温度
不同而有非常大的变化。不同的前体和炭化温度对离子液体衍生碳的氮含量有很大
的影响。表 2-1 汇总了其中的一些数据。

表 2-1 不同离子液体制备的碳材料的氮含量和 BET 表面积

离子液体前体	氮含量（%）	S_{BET}/（m^2/g）
BCNIM-Cl[32]	—	15.5
BCNIM-Tf$_2$N[32]	2~3	640.4
MCNIM-Tf$_2$N[32]	—	780.6
EMIM-tcm[30]	19.9	3.8
BMIM-tcm[30]	15.8	64.8
BCNIM-tcm[30]	13.0	56.6
BCNIM-beti[32]	23.0	662.7
EMIM-dca[24,31]	26.0	<10
EMIM-dca（1000℃）[24,31]	10.4	<10
3MBP-dca[24,31]	16.0	<10
3MBP-dca（1000℃）[24,31]	9.0	<10
HMIM-tcm[30]	17	86.9
EMIM-dca + nucleobase（1000℃）[89]	≈12	—
VEIM-dca[36]	—	<10
VEIM-dca（+FeCl$_2$·4H$_2$O）[36]	20	<10
VEIM-dca（+FeCl$_2$·4H$_2$O）（1000℃）[36]	1	170

注：除非明确指出，否则材料都是在 800℃下对离子液体进行热处理而合成的。

氮含量通常随着碳化温度的升高而降低。800℃下热处理后氮含量高达 26%，

也就是说，这些结构中五分之一以上的原子为氮原子[21,27]。有趣的是，前体的氮含量与所得碳材料的氮含量之间没有明确的相关性。例如，EMIM-tcm 和 BCNIM-tcm 的氮含量分别约为 35% 和 48%，而由其制得的碳材料的氮含量为 19.9% 和 13.0%[26]。另一方面，EMIM-dca 的氮含量（39.5%）仅比 EMIM-tcm 稍高一点，但其制得的碳材料的氮含量却高得多（26% 对 19.9%）[21,26,27]。这种差别激发了科研人员开始研究前体中何种氮原子能够保留在最终产物中。对于阳离子来说，BCNIM-tcm 的氮含量要高于 EMIM-tcm，这是由于咪唑核上带有悬空的腈基团。可以肯定的是，这些氮原子促进了三嗪网络的形成，但在较低温度下也发生裂解。因此，可以认为最终的碳结构中主要保留了咪唑类氮原子。对于阴离子来说，dca 阴离子所制备的最终结构中氮含量比 tcm 阴离子更高，这是因为自身的氮含量较高。如上所述，氮掺杂材料的性质主要取决于结构中氮原子的数量。因此，对于某些应用，更高或更低的氮掺杂量是有益的。表 2-1 列出了具有作为碳前体潜力的离子液体，因为通过使用不同的阳离子-阴离子组合可以容易地调节碳材料的氮含量。还应该指出，与其他含氮前体制备的氮掺杂碳材料相比，几乎所有的离子液体制备的碳材料均表现出相对高的氮含量。当向离子液体中添加更多的富氮前体时，甚至可以进一步提高氮含量。一些核碱基，例如鸟嘌呤，已被添加到 EMIM-dca 中，并且在 1000℃ 碳化后所得的氮掺杂碳材料的氮含量从 8.8% 增加到 12.0%[86]。

另一个有趣的发现是，碳材料的表观表面积有时达到很高的值（见表 2-1），而对于其他材料，没有观察到异常的表面积。到目前为止，对于阴离子上带有甲腈官能团的离子液体前体，还没有报道其具有高比表面积。然而，当阳离子（例如 BCNIM 或 MCNIM）带有甲腈官能团时，能够观察到材料的比表面积高达 $780.6m^2/g$。这可能是由于聚合过程中失去了甲腈基团，从而导致材料发泡。然而 Dai 等人观察到，不仅阴离子或阳离子的结构，而且它们的配比组成也会最终影响孔隙率。因此，BCNIM 和大量阴离子所制备的碳材料表现出高比表面积，说明阴离子在微孔生成过程中具有模板作用。将 Tf_2N 替换为 Cl^- 的确令孔隙率消失殆尽。阳离子的结构进一步影响了所观察到的多孔碳的孔径。因此，由 $MCNIM-Tf_2N$ 制备的材料呈现典型的Ⅳ型等温线，表明为介孔材料，而由 $BCNIM-Tf_2N$ 制备的碳材料则严格是微孔材料[28]。

研究碳结构中氮杂原子的性质是进一步揭示氮掺杂碳微观结构的一个重要问题。根据目前报道的所有离子液体衍生碳材料的 X 射线光电子能谱（XPS）N1s 轨道的测量结果，氮以表面官能团的形式进行结合是最不可能的。大多数报道中的 XPS 数据的确显示氮原子主要存在于吡啶或季氮石墨环境中，因此氮原子作为结构氮而存在于石墨微结构域中。季氮石墨（400.0~401.0eV）的含量可由 XPS 光谱中特征峰的强度获得，该峰位置高于离子液体前体 EMIM-dca，3MBP-dca（1000℃）[21,27] 或 HMIM-tcm（800℃）[26] 中的吡啶峰（398.5~399.0eV）。BC-NIM-Tf_2N 则表现出相反的趋势，可能是由于这种材料的高比表面积，这实际上可能有利于在平面末端形成吡啶碳[28]。通过研究其他高比表面积的离子液体衍生碳材料，进一步支持了这个观点[106]。此外，对于 EMIM-dca 和 3MBP-dca 在 1000℃下制备的碳材料，能量色散 X 射线光谱（EDX）的元素分布图表明整个材料中氮原子是均匀分布的[21,27]。

最近，有报道称使用一种具有四氰基硼酸根离子的离子液体（即纯 EMIM-B(CN)$_4$ 或 EMIM-B(CN)$_4$ 与 BMIM-tcm 的混合物）制备了富硼和富氮碳材料。材料的孔隙率可以通过改变这两种前体的比例来控制[107]。

有研究讨论了一些碳材料的电导率，结果表明电导率随碳化温度升高而提高。EMIM-dca、3MBP-dca 和 1-乙烯基-3-甲基咪唑（VMIM）-dca（后者在 FeCl$_2$ 存在下热解）在 900℃下碳化，其电导率可与商业石墨媲美甚至更高[21,27,33]。

2.6　工艺、成型及功能化

离子液体与二氧化硅、氧化铝等无机氧化物的极性表面存在良好的相互作用[17]。因此，无机氧化物是离子液体前体制备纳米结构氮掺杂碳材料的优良模板[21]。多孔氧化铝膜可以用离子液体均匀浸润，经过碳化并去除模板后可形成管状氮掺杂碳的纳米结构（图 2-6a）。此外，离子液体可均匀地填充二氧化硅的孔隙，例如有序中孔二氧化硅或具有多级孔隙的二氧化硅块体，生成整齐有序的氮掺杂碳材料（图 2-6b，c）。此外，二氧化硅纳米颗粒也被证明是合适的模板，当 EMIM-DCA 作为碳源时，能够制备出比表面积高达 1482m^2/g 的氮掺杂碳材料。该材料表现为非常开放的、几乎像海绵一样的纳米形貌（图 2-6d）。图 2-6 展示了利用硬模板法结合离子液体前体制备的氮掺杂碳材料的各种纳米形态。

利用一些小的化学改性，可以很容易地将离子液体在热处理下转移到具有相同反应活性的两亲性分子中[106]：通过制备 N-十六烷基-吡啶-双氰胺（NHP-dca），将表面活性剂的结构导向性质与制备氮掺杂碳材料的离子液体的反应活性结合起来。在惰性气氛中热解硅胶之前，NHP-dca 被用作二氧化硅的溶胶-凝胶沉淀的表面活性剂。凝胶中反应性表面活性剂的存在将会导致在有序介孔二氧化硅的孔壁上直接形成氮掺杂的碳涂层。

通过改变阴离子的性质，NHP-dca 的这种独特的反应活性可进一步调整。在不同的配位化合物中，dca 阴离子是一种被广泛使用的配体[108]，因此，有可能与双氰胺-金属酸盐阴离子形成 NHP 盐，比如各自的钴酸盐和镍酸盐[109]。这种金属酸盐表面活性剂可以同时作为结构导向剂，氮掺杂碳前体和金属掺杂剂。因此，通过使用二氧化硅源对离子液体进行溶胶-凝胶沉淀并对其进行热处理，可以直接合成负载在介孔二氧化硅/氮掺杂碳复合材料上的金属或金属氧化物纳米粒子。

二氧化硅-离子液体复合材料的制备还具有另一个优点，由于热处理后的离子液体后通常完全分解，所以在放入二氧化硅基体中时，表现出相当高的碳收

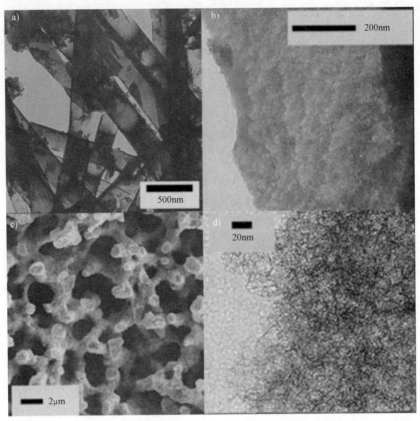

图 2-6   使用 3MBP-dca 或 EMIM-dca 作为离子液体前体，并采用不同模板制备的
氮掺杂碳材料的 TEM/SEM 照片（文献［29］，Wiley 许可）

a）多孔氧化铝薄膜   b）SBA-15   c）二氧化硅块   d）Ludox

率[30]。例如，在甲酸存在的情况下，用正硅酸乙酯（TEOS）对 BMIM-Tf$_2$N 进行
溶胶-凝胶处理，并对硅胶加热，能够得到二氧化硅/碳复合材料。通过调整 TEOS/
离子液体的比值，可以控制复合材料的碳含量高达 65.4%。二氧化硅相的去除将
会生成具有高比表面积（高达 469m^2/g）和介孔-大孔的多孔碳材料。EDX 光谱检
测到 10.6% 的氮掺杂含量。因此，这项工作无疑扩大了离子液体作为碳前体的范
围和适用性，因为没有任何可聚合基团的离子液体可以用作起始化合物。用其他金
属氧化物前体替代二氧化硅前体能够一步制备出氮掺杂的碳/金属氧化物纳米复合
材料，例如，报道了一种氮掺杂碳材料-锐钛矿纳米复合材料[30]。一种结合了溶
胶-凝胶和热缩聚的类似方法也被报道用于制备氮化碳/二氧化硅复合材料[110]。

带有乙烯基团的离子液体，比如 VMIM-dca，能够在热处理之前进行预聚合。
实际上，乙烯基取代的离子液体与各自的聚合离子液体的碳化过程相当类
似[33]。一方面，预聚合削弱了液态前体的优势，但另一方面，聚合物的特征意

味着能够采用聚合物工艺的典型技术，例如浇注或挤出。比如，聚合离子液体纤维可以通过静电纺丝生产，然后经过热处理转变为氮掺杂的碳纤维[34]。此外，聚合离子液体还可以引入自组装聚合物结构之中，比如嵌段共聚物。最近合成了一种聚（N-异丙基丙烯酰胺）（PNIPAAm）-PIL 嵌段共聚物，并将其作为碳前体，在金属盐的存在下制备了介孔石墨化纳米结构[35]。

2.7　低共熔溶剂——制备碳材料的超分子离子液体

离子液体体系不一定只由一种经典的阴离子和阳离子组成。表现出更复杂的超分子结构的新型离子液体化合物被称为"低共熔溶剂（DES）"。季铵盐与氢键供体（如酸、醇、胺等）的络合作用将会导致阴离子和氢键供体化合物之间通过氢键产生电荷离域。这将形成低共熔混合物，从而降低熔点。2003 年，Abbott 等人首次研究了尿素或其他酰胺衍生物与氯化胆碱（CCl）的混合物的 DES 行为[111]。DES 可以通过简单的物理混合和加热，或通过各成分水溶液的冷冻干燥来制备[112]。现在这个领域正在迅速发展，例如，将羧酸或二元醇与季铵盐结合使用[113,114]。DES 已被用于多种目的，比如淀粉的溶解[115]，染料敏化太阳电池中的电解质[116]，有机物或聚合物合成中的溶剂和催化剂[117-119]，生物材料合成[120]，尤其是无机金属氧化物或相关材料和复合材料的制备[121-128]。

Gutiérrez 和 del Monte 将乙二醇（EG）和 CCl 组成的 DES 作为反应介质，利用酚醛树脂合成了碳块体材料，并合成了含有碳纳米管（CNT）的复合材料[129]：这是首个在 DES 中溶解并加热反应物（间苯二酚和甲醛）而制得的酚醛树脂。这种块状树脂随后在惰性气氛下热处理而碳化。结果表明，使用 DES 作为反应介质具有结构导向效应，因为与其他水相体系制备的类似块状结构相比，所制备块状碳的比表面积显著增加。这种基于 DES 的过程的另一个优点是可以轻松合成碳复合材料。由于多壁碳纳米管（MWCNT）在 DES 中容易均匀分散，所以只需将 MWCNT 简单地添加到反应混合物中即可获得这种复合材料。图 2-7a、b 给出的扫描电子显微照片显示了 MWCNT 在 DES 衍生材料中的均匀分布情况，与之相比，由前体水溶液制备的碳材料中 MWCNT 的分布更为均匀（图 2-7c）。

最近的研究结果进一步推动了碳/碳纳米管复合材料的合成，令 CCl 和对甲苯磺酸组成的质子型 DES 能够催化糠醇进行缩合[130]。获得了含有大孔和微孔以及在碳材料内碳纳米管均匀分布的多级多孔结构。

由间苯二酚和 CCl 组成的 DES 可以在同一过程中作为反应介质、结构导向剂和碳前体，生成多级多孔块状碳[131]：由于 DES 已经含有形成酚醛树脂所必需的组分之一，所以简单地向 DES 中加入甲醛并稍稍加热即可激活该反应。由于在缩聚过程中间苯二酚的消耗，DES 的摩尔组成将发生变化，由 CCl 的偏析引发一个类似亚稳相分离的过程。因此，对所制得的树脂进行碳化后，得到多级多孔块状碳，含有微孔和中孔。中孔的孔径可通过使用尿素作为 DES 中的添加剂来调节，因为其与树脂结合，但在碳化时热解。

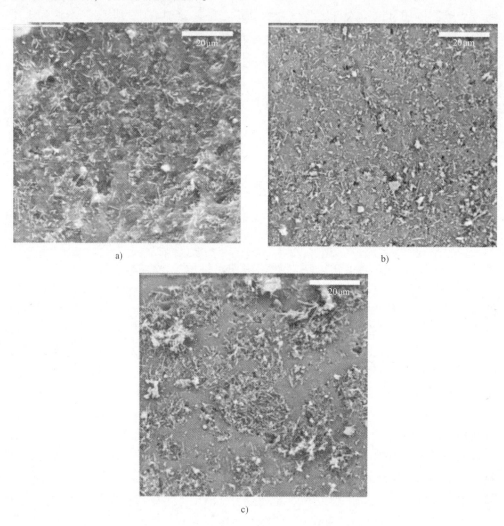

图 2-7 SEM 照片（文献 [29]，Wiley 许可）

a）含有 MWCNT 的 DES 合成树脂 b）基于 DES 体系合成的碳化复合材料
c）不含 DES 的水体系合成的复合材料

此外，对于 DES 衍生碳材料，只需使用三元 DES 体系即可实现氮掺杂[132]。用含氮的 3-羟基吡啶部分取代间苯二酚就能够将氮掺入碳材料中。

因此，DES 是一类用于合成碳材料的极有前景的离子液体体系。特别是它们可同时作为结构导向剂、碳源和反应介质，这种多功能特性让这些体系显得尤为独特。

2.8　离子液体衍生碳材料的应用

如前所述，氮掺杂的碳材料已有了多种应用。由离子液体前体制备的碳材料可以很容易地加工成薄膜、块体，涂层等形式。另外，它们还具有以下特点：

1）比石墨还优异的电导率。

2）仅需选择合适的阴离子和阳离子，即可实现材料中连续可控的氮含量，最高可达25%。

3）选择适当的模板技术即可调整碳材料的孔隙率，并且其中一些材料甚至无须使用任何模板即可呈现高比表面积。

4）此外，只需混合第二种化合物即可一步制备多种碳复合材料。

在前言部分中已经指出，离子液体是一种昂贵的碳前体。解决成本问题的一种方式在于开发更为价廉的材料。事实上，对于大多数应用来说，碳材料的表面必须是氮掺杂的，因此在原始碳材料上涂覆离子液体衍生碳薄层足以实现所需的性能。

最近，这种方法已实现了将离子液体衍生氮掺杂碳材料涂覆在市售碳纳米管的表面上[133]。所制备的材料已被用作燃料电池中的电极。结果表明，使用离子液体衍生的氮掺碳涂覆碳纳米管后，可显著稳定化负载的Pt纳米颗粒，从而显著提高电极的性能和延长寿命。

此外，还可以使用氮掺杂碳涂层来改善碳以外的材料：凭借着高锂化电压平台和优异的循环性能，$Li_4Ti_5O_{12}$可用于长寿命储能电池，是一种十分有前景的阳极材料[134-138]。但不如意的是，$Li_4Ti_5O_{12}$的电导率和Li扩散系数相当低。在表面上制备导电材料的小颗粒和涂层能够有效克服这些问题[139-143]。Hu等人最近使用EMIM-dca作为离子液体前体浸润多孔$Li_4Ti_5O_{12}$制备了氮掺杂碳材料，并在惰性气体下将复合材料加热到600℃[144]。HRTEM，EDX和XPS分析结果证实，在多孔氧化物表面形成了非常薄且均匀的氮掺杂碳非晶层（图2-8）。

原始样品与涂覆约7.0%氮掺杂碳的样品相比，后者的倍率性能要高得多，尤其是在5C和10C的高电流速率下。电容达到了145mAh/g和129mAh/g，而原始样品的电容分别为60mAh/g和15mAh/g。作者还将氮掺杂碳涂层样品与以糖作为碳前体制备的纯碳涂覆多孔$Li_4Ti_5O_{12}$做了比较。后者的电容确实要低得多。此外，还报道了优异的循环性能。这归结于以下原因：（ⅰ）氮掺杂碳的表面改性，不仅极大地提高了电导率，而且显著提高了$Li_4Ti_5O_{12}$的表面稳定性；（ⅱ）形成了介于$Li_4Ti_5O_{12}$和氮掺杂碳之间的Ti-N-C状化合物的中间相，这可能有助于界面中的电荷转移；（ⅲ）在$Li_4Ti_5O_{12}$颗粒中形成三维混合导电网络，令锂离子的嵌入/脱嵌更加高效[145-148]。因此，作者表示离子液体可作为新的碳前体以相对简单，但非常有效的方式装饰电极材料，并得出结论认为，由于这种方法的多功能性，有可能会拓展到对电化学器件其他电极材料进行改性。

　　由二氧化硅纳米颗粒作为模板所制备的氮掺杂碳材料具有高达 $1500m^2/g$ 的高比表面积，已被证明是 ORR 的高活性催化剂，尤其是不需要添加任何金属[86]。在热处理之前向离子液体中添加核碱基，能够提高这些材料中的氮含量。得到的高度多孔富氮的碳材料甚至能够与 ORR 中的商用 Pt/C 催化剂相媲美。当使用由 3-乙基-1-乙烯基咪唑四氟硼酸盐（[VEIM]BF$_4$）合成的氮掺杂空心大孔碳球（NHMCS）作为碳源，以及使用氮和二氧化硅纳米颗粒作为模板时，也有类似的结果[149]。这类无金属方法除了显著降低成本和可用材料丰富以外，还具有一些明显的优势，即甲醇耐受性高，且有效避免了贵金属在碱性介质中典型的燃料溢出敏感性。这项工作再次显示了离子液体衍生碳材料用于廉价和可持续电化学器件的巨大潜力。

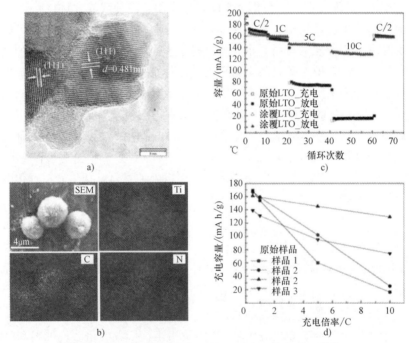

图 2-8　未涂覆和涂覆处理的 $Li_4Ti_5O_{12}$ 的电子显微镜

照片及电化学性能（文献［29］，Wiley 许可）

a）涂覆处理的 $Li_4Ti_5O_{12}$ 的 HRTEM 照片

b）涂覆处理的 $Li_4Ti_5O_{12}$ 颗粒的 SEM 照片及 Ti, C 和 N 元素的 EDX 映射图像

c）不同的电流速率下未涂覆和涂覆处理的 $Li_4Ti_5O_{12}$ 的放电/充电容量

d）不同电流速率下未涂覆处理的 $Li_4Ti_5O_{12}$ 和不同程度涂覆的样品的比容量

　　与传统的离子液体相比，基于 DES 的体系的前体成本更低，由此所制备的碳材料的成本也更低。因此，可以考虑更大规模的 DES 衍生碳材料的批量应用。最近，碳纳米管功能化的 DES 衍生多级碳块材已被用作超级电容器中的电极[130]。

该块材显示出约 120F/g 的比电容，在高电流密度下显示了优异的电容保持率，在 765mA/cm 下能够保持 75% 的初始电容。根据近期研究数据统计，这些数值都在最先进的电极范围内[10,150,151]。而且，即使在 10000 次循环后，也没有观察到电容的明显衰减。

除了电化学应用之外，含羟基吡啶的 DES 所制备的氮掺杂碳块材已成功应用于二氧化碳的封存[132]。值得注意的是，高比表面积、氮掺杂和碱反应性的有机统一，令 CO_2 的存储容量高达 3.3mmol/g。此外，其他离子液体衍生碳材料已显示出高 CO_2 吸附量并具有 CO_2/N_2 分离的选择性[107]。

2.9 结论

离子液体作为碳前体的应用是一种新兴的碳材料合成工具。离子液体是一类众所周知的化工产品，可由多种多样的阴离子和阳离子组合所构成，从而调整它们的性质和元素组成。通过选择相应的离子液体作为碳前体，可制备具有大量杂原子的材料。此外，离子液体易于加工成结构化的碳材料和复合材料。因此，可以直接由离子液体或采用适当的模板来生产具有高比表面积的多孔碳材料。此外，诸如多孔碳或金属氧化物的功能材料可使用薄而均匀的氮掺杂碳进行涂层以改善它们的性能。最后但同样重要的是，离子液体的化学结构可进一步修饰，从而生成表面活性剂或聚电解质，进一步改善碳质材料的结构控制和组织。

已经开展了大量离子液体衍生氮掺杂碳的应用研究，例如作为燃料电池、超级电容器或锂离子电池中的电极。而且仍有多种材料基体可用于这些或其他应用的测试。有鉴于此，使用离子液体衍生碳薄层这种更经济的材料作为涂层材料以提高其性能，则非常有前景。极少量的离子液体就足够完成此过程，而且还避免了复杂的加工方法。

离子液体作为碳前体的应用研究在短时间内取得了长足的进步，研究人员也将在这一领域内探索更多的可能性。可以预想，通过充分利用离子液体和 DES，我们可以获得更多的化学成分、微观及介观结构可控的新型碳结构。

参 考 文 献

1 Lee, J., Kim, J., and Hyeon, T. (2006) *Adv. Mater.*, **18**, 2073.

2 Gai, P.L., Stephan, O., McGuire, K., Rao, A.M., Dresselhaus, M.S., Dresselhaus, G., and Colliex, C. (2004) *J. Mater. Chem.*, **14**, 669.

3 Lin, T.Q., Huang, F.Q., Liang, J., and Wang, Y.X. (2011) *Energy Environ. Sci.*, **4**, 862.

4 Shirasaki, T., Derre, A., Menetrier, M., Tressaud, A., and Flandrois, S. (2000) *Carbon*, **38**, 1461.

5 Paraknowitsch, J.P., Thomas, A., and Schmidt, J. (2011) *Chem. Commun.*, **47**, 8283.

6 Chutia, A., Cimpoesu, F., Tsuboi, H., and Miyamoto, A. (2010) *Chem. Phys. Lett.*, **503**, 91.

7 Denis, P.A. (2009) *J. Phys. Chem. C*, **113**, 5612.

8 Liu, G., Niu, P., Sun, C.H., Smith, S.C., Chen, Z.G., Lu, G.Q., and Cheng, H.M. (2010) *J. Am. Chem. Soc.*, **132**, 11642.

9 Wang, L., Zhang, Y.Z., Zhang, Y.F., Chen, X.S., and Lu, W. (2010) *Nanoscale Res. Lett.*, **5**, 1027.

10 Hasegawa, G., Aoki, M., Kanamori, K., Nakanishi, K., Hanada, T., and Tadanaga, K. (2011) *J. Mater. Chem.*, **21**, 2060.

11 Ewels, C.P. and Glerup, M. (2005) *J. Nanosci. Nanotechnol.*, **5**, 1345.

12 Shao, Y.Y., Sui, J.H., Yin, G.P., and Gao, Y.Z. (2008) *Appl. Catal., B*, **79**, 89.

13 Walden, P. (1914) *Bull. Acad. Imp. Sci. St.-Pétersbourg*, **8**, 405.

14 Welton, T. (1999) *Chem. Rev.*, **99**, 2071.

15 Welton, T. (2004) *Coord. Chem. Rev.*, **248**, 2459.

16 Wasserscheid, P. and Keim, W. (2000) *Angew. Chem. Int. Ed.*, **39**, 3772.

17 Antonietti, M., Kuang, D.B., Smarsly, B., and Yong, Z. (2004) *Angew. Chem. Int. Ed.*, **43**, 4988.

18 Plechkova, N.V. and Seddon, K.R. (2008) *Chem. Soc. Rev.*, **37**, 123.

19 Ma, Z., Yu, J.H., and Dai, S. (2010) *Adv. Mater.*, **22**, 261.

20 Giernoth, R. (2010) *Angew. Chem. Int. Ed.*, **49**, 2834.

21 Paraknowitsch, J.P., Thomas, A., and Antonietti, M. (2010) *J. Mater. Chem.*, **20**, 6746.

22 Kuhn, P., Antonietti, M., and Thomas, A. (2008) *Angew. Chem. Int. Ed.*, **47**, 3450.

23 Kuhn, P., Forget, A., Su, D.S., Thomas, A., and Antonietti, M. (2008) *J. Am. Chem. Soc.*, **130**, 13333.

24 Thomas, A. (2010) *Angew. Chem. Int. Ed.*, **49**, 8328.

25 Wooster, T.J., Johanson, K.M., Fraser, K.J., MacFarlane, D.R., and Scott, J.L. (2006) *Green Chem.*, **8**, 691.

26 Lee, J.S., Wang, X.Q., Luo, H.M., and Dai, S. (2010) *Adv. Mater.*, **22**, 1004.

27 Paraknowitsch, J.P., Zhang, J., Su, D.S., Thomas, A., and Antonietti, M. (2010) *Adv. Mater.*, **22**, 87.

28 Lee, J.S., Wang, X.Q., Luo, H.M., Baker, G.A., and Dai, S. (2009) *J. Am. Chem. Soc.*, **131**, 4596.

29 Paraknowitsch, J., Thomas, A. (2012) *Macromol. Chem. Phys.*, **213**, 1132.

30 Wang, X. and Dai, S. (2010) *Angew. Chem. Int. Ed.*, **49**, 6664.

31 Yuan, J.Y. and Antonietti, M. (2011) *Polymer*, **52**, 1469.

32 Yuan, J.Y. and Antonietti, M. (2011) *Macromolecules*, **44**, 744.

33 Yuan, J.Y., Giordano, C., and Antonietti, M. (2010) *Chem. Mater.*, **22**, 5003.

34 Yuan, J.Y., Marquez, A.G., Reinacher, J., Giordano, C., Janek, J., and Antonietti, M. (2011) *Polym. Chem.*, **2**, 1654.

35 Yuan, J.Y., Schlaad, H., Giordano, C., and Antonietti, M. (2011) *Eur. Polym. J.*, **47**, 772.

36 Delhaes, P. (2001) *Graphite and Precursors*, CRC Press.

37 Glenis, S., Nelson, A.J., and Labes, M.M. (1996) *J. Appl. Phys.*, **80**, 5404.

38 Jaouen, F., Lefevre, M., Dodelet, J.P., and Cai, M. (2006) *J. Phys. Chem. B*, **110**, 5553.

39 Jiang, L.Q. and Gao, L. (2003) *Carbon*, **41**, 2923.

40 Pietrzak, R., Wachowska, H., and Nowicki, P. (2006) *Energy Fuels*, **20**, 1275.
41 Roy, S.C., Harding, A.W., Russell, A.E., and Thomas, K.M. (1997) *J. Electrochem. Soc.*, **144**, 2323.
42 Sidik, R.A., Anderson, A.B., Subramanian, N.P., Kumaraguru, S.P., and Popov, B.N. (2006) *J. Phys. Chem. B*, **110**, 1787.
43 Wang, H., Cote, R., Faubert, G., Guay, D., and Dodelet, J.P. (1999) *J. Phys. Chem. B*, **103**, 2042.
44 Gadiou, R., Didion, A., Ivanov, D.A., Czekaj, I., Kötz, R., and Vix-Guterl, C. (2008) *J. Phys. Chem. Solids*, **69**, 1808.
45 White, R.J., Antonietti, M., and Titirici, M.M. (2009) *J. Mater. Chem.*, **19**, 8645.
46 Terrones, M., Kamalakaran, R., Seeger, T., and Ruhle, M. (2000) *Chem. Commun.*, 2335.
47 Terrones, M., Terrones, H., Grobert, N., Hsu, W.K., Zhu, Y.Q., Hare, J.P., Kroto, H.W., Walton, D.R.M., Kohler-Redlich, P., Ruhle, M., Zhang, J.P., and Cheetham, A.K. (1999) *Appl. Phys. Lett.*, **75**, 3932.
48 Kim, D.P., Lin, C.L., Mihalisin, T., Heiney, P., and Labes, M.M. (1991) *Chem. Mater.*, **3**, 686.
49 Liu, J., Czerw, R., and Carroll, D.L. (2005) *J. Mater. Res.*, **20**, 538.
50 Sen, R., Satishkumar, B.C., Govindaraj, S., Harikumar, K.R., Renganathan, M.K., and Rao, C.N.R. (1997) *J. Mater. Chem.*, **7**, 2335.
51 Zhi, L.J., Gorelik, T., Friedlein, R., Wu, J.S., Kolb, U., Salaneck, W.R., and Mullen, K. (2005) *Small*, **1**, 798.
52 Burch, H.J., Davies, J.A., Brown, E., Hao, L., Contera, S.A., Grobert, N., and Ryan, J.F. (2006) *Appl. Phys. Lett.*, **89**, 143110.
53 Yang, Q.H., Xu, W.H., Tomita, A., and Kyotani, T. (2005) *Chem. Mater.*, **17**, 2940.
54 Maldonado, S. and Stevenson, K.J. (2005) *J. Phys. Chem. B*, **109**, 4707.
55 Chan-Thaw, C.E., Villa, A., Katekomol, P., Su, D.S., Thomas, A., and Prati, L. (2010) *Nano Lett.*, **10**, 537.
56 Chan-Thaw, C.E., Villa, A., Prati, L., and Thomas, A. (2011) *Chem. Eur. J.*, **17**, 1052.
57 Li, Y.H., Hung, T.H., and Chen, C.W. (2009) *Carbon*, **47**, 850.
58 Mang, D., Boehm, H.P., Stanczyk, K., and Marsh, H. (1992) *Carbon*, **30**, 391.
59 Lee, C.J., Lyu, S.C., Kim, H.W., Lee, J.H., and Cho, K.I. (2002) *Chem. Phys. Lett.*, **359**, 115.
60 Frackowiak, E. (2007) *Phys. Chem. Chem. Phys.*, **9**, 1774.
61 Frackowiak, E. and Beguin, F. (2001) *Carbon*, **39**, 937.
62 Pandolfo, A.G. and Hollenkamp, A.F. (2006) *J. Power Sources*, **157**, 11.
63 Hulicova, D., Kodama, M., and Hatori, H. (2006) *Chem. Mater.*, **18**, 2318.
64 Hulicova, D., Yamashita, J., Soneda, Y., Hatori, H., and Kodama, M. (2005) *Chem. Mater.*, **17**, 1241.
65 Kim, J., CHoi, M., and Ryoo, R. (2008) *Bull. Korean Chem. Soc.*, **29**, 413.
66 Kim, Y.J., Abe, Y., Yanaglura, T., Park, K.C., Shimizu, M., Iwazaki, T., Nakagawa, S., Endo, M., and Dresselhaus, M.S. (2007) *Carbon*, **45**, 2116.
67 Lota, G., Grzyb, B., Machnikowska, H., Machnikowski, J., and Frackowiak, E. (2005) *Chem. Phys. Lett.*, **404**, 53.
68 Lota, G., Lota, K., and Frackowiak, E. (2007) *Electrochem. Commun.*, **9**, 1828.
69 Zhao, L., Fan, L.Z., Zhou, M.Q., Guan, H., Qiao, S.Y., Antonietti, M., and Titirici, M.M. (2010) *Adv. Mater.*, **22**, 5202.

70 Iijima, T., Suzuki, K., and Matsuda, Y. (1995) *Synth. Met.*, **73**, 9.

71 Ito, S., Murata, T., Hasegawa, M., Bito, Y., and Toyoguchi, Y. (1996) *J. Power Sources*, **68**, 248.

72 Wu, Y.P., Fang, S.B., and Jiang, Y.Y. (1998) *J. Mater. Chem.*, **8**, 2223.

73 Wu, Y.P., Fang, S.B., and Jiang, Y.Y. (1999) *Solid State Ionics*, **120**, 117.

74 Wu, Y.P., Jiang, C.Y., Wang, C.R., Fang, S.B., and Jiang, Y.Y. (2000) *J. Appl. Polym. Sci.*, **77**, 1735.

75 Bezerra, C.W.B., Zhang, L., Lee, K.C., Liu, H.S., Marques, A.L.B., Marques, E.P., Wang, H.J., and Zhang, J.J. (2008) *Electrochim. Acta*, **53**, 4937.

76 Gong, K.P., Du, F., Xia, Z.H., Durstock, M., and Dai, L.M. (2009) *Science*, **323**, 760.

77 Kurak, K.A. and Anderson, A.B. (2009) *J. Phys. Chem. C*, **113**, 6730.

78 Lalande, G., Cote, R., Guay, D., Dodelet, J.P., Weng, L.T., and Bertrand, P. (1997) *Electrochim. Acta*, **42**, 1379.

79 Matter, P.H. and Ozkan, U.S. (2006) *Catal. Lett.*, **109**, 115.

80 Matter, P.H., Zhang, L., and Ozkan, U.S. (2006) *J. Catal.*, **239**, 83.

81 Strelko, V.V., Kartel, N.T., Dukhno, I.N., Kuts, V.S., Clarkson, R.B., and Odintsov, B.M. (2004) *Surf. Sci.*, **548**, 281.

82 Feng, L.Y., Yan, Y.Y., Chen, Y.G., and Wang, L.J. (2011) *Energy Environ. Sci.*, **4**, 1892.

83 Geng, D.S., Chen, Y., Chen, Y.G., Li, Y.L., Li, R.Y., Sun, X.L., Ye, S.Y., and Knights, S. (2011) *Energy Environ. Sci.*, **4**, 760.

84 Qu, L.T., Liu, Y., Baek, J.B., and Dai, L.M. (2010) *ACS Nano*, **4**, 1321.

85 Shanmugam, S. and Osaka, T. (2011) *Chem. Commun.*, **47**, 4463.

86 Yang, W., Fellinger, T.P., and Antonietti, M. (2011) *J. Am. Chem. Soc.*, **133**, 206.

87 Yu, D.S., Zhang, Q., and Dai, L.M. (2010) *J. Am. Chem. Soc.*, **132**, 15127.

88 Drage, T.C., Arenillas, A., Smith, K.M., Pevida, C., Piippo, S., and Snape, C.E. (2007) *Fuel*, **86**, 22.

89 Zhao, L., Bacsik, Z., Hedin, N., Wei, W., Sun, Y.H., Antonietti, M., and Titirici, M.M. (2010) *ChemSusChem*, **3**, 840.

90 Gogotsi, Y., Portet, C., Osswald, S., Simmons, J.M., Yidirim, T., Laudisio, G., and Fischer, J.E. (2009) *Int. J. Hydrogen Energy*, **34**, 6314.

91 Jorda-Beneyto, M., Suarez-Garcia, F., Lozano-Castello, D., Cazorla-Amoros, D., and Linares-Solano, A. (2007) *Carbon*, **45**, 293.

92 Morris, R.E. and Wheatley, P.S. (2008) *Angew. Chem. Int. Ed.*, **47**, 4966.

93 Panella, B., Hirscher, M., and Roth, S. (2005) *Carbon*, **43**, 2209.

94 Sevilla, M., Fuertes, A.B., and Mokaya, R. (2011) *Energy Environ. Sci.*, **4**, 1400.

95 Thomas, K.M. (2007) *Catal. Today*, **120**, 389.

96 Xia, Y., Walker, G.S., Grant, D.M., and Mokaya, R. (2009) *J. Am. Chem. Soc.*, **131**, 16493.

97 Zhu, Z.H., Hatori, H., Wang, S.B., and Lu, G.Q. (2005) *J. Phys. Chem. B*, **109**, 16744.

98 Zhou, Z., Gao, X.P., Yan, J., and Song, D.Y. (2006) *Carbon*, **44**, 939.

99 Sevilla, M., Mokaya, R., and Fuertes, A.B. (2011) *Energy Environ. Sci.*, **4**, 2930.

100 Baranyai, K.J., Deacon, G.B., MacFarlane, D.R., Pringle, J.M., and Scott, J.L. (2004) *Aust. J. Chem.*, **57**, 145.

101 Yasuda, H., Miyanaga, S., Nakamura, A., and Sakai, H. (1991) *J. Inorg. Organomet. Polym. Mater.*, **1**, 135.

102 Lei, Z.B., Xiao, Y., Dang, L.Q., You, W.S., Hu, G.S., and Zhang, J. (2007) *Chem. Mater.*, **19**, 477.

103 Maldonado-Hodar, F.J., Moreno-Castilla, C., Rivera-Utrilla, J., Hanzawa, Y., and Yamada, Y. (2000) *Langmuir*, **16**, 4367.

104 Rodriguez, N.M., Chambers, A., and Baker, R.T.K. (1995) *Langmuir*, **11**, 3862.

105 Sevilla, M. and Fuertes, A.B. (2006) *Carbon*, **44**, 468.

106 Paraknowitsch, J.P., Zhang, Y., and Thomas, A. (2011) *J. Mater. Chem.*, **21**, 15337.

107 Fulvio, P.F., Lee, J.S., Mayes, R.T., Wang, X.Q., Mahurin, S.M., and Dai, S. (2011) *Phys. Chem. Chem. Phys.*, **13**, 13486.

108 Batten, S.R. and Murray, K.S. (2003) *Coord. Chem. Rev.*, **246**, 103.

109 Paraknowitsch, J.P., Sukhbat, O., Zhang, Y., Thomas, A. (2012) *Eur. J. Inorg. Chem.*, **26**, 4105.

110 Kailasam, K., Epping, J.D., Thomas, A., Losse, S., and Junge, H. (2011) *Energy Environ. Sci.*, **4**, 4668.

111 Abbott, A.P., Capper, G., Davies, D.L., Rasheed, R.K., and Tambyrajah, V. (2003) *Chem. Commun.*, 70.

112 Gutierrez, M.C., Ferrer, M.L., Mateo, C.R., and del Monte, F. (2009) *Langmuir*, **25**, 5509.

113 Abbott, A.P., Boothby, D., Capper, G., Davies, D.L., and Rasheed, R.K. (2004) *J. Am. Chem. Soc.*, **126**, 9142.

114 Abbott, A.P., Harris, R.C., Ryder, K.S., D'Agostino, C., Gladden, L.F., and Mantle, M.D. (2011) *Green Chem.*, **13**, 82.

115 Biswas, A., Shogren, R.L., Stevenson, D.G., Willett, J.L., and Bhowmik, P.K. (2006) *Carbohydr. Polym.*, **66**, 546.

116 Jhong, H.R., Wong, D.S.H., Wan, C.C., Wang, Y.Y., and Wei, T.C. (2009) *Electrochem. Commun.*, **11**, 209.

117 Singh, B., Lobo, H., and Shankarling, G. (2011) *Catal. Lett.*, **141**, 178.

118 Sonawane, Y.A., Phadtare, S.B., Borse, B.N., Jagtap, A.R., and Shankarling, G.S. (2010) *Org. Lett.*, **12**, 1456.

119 Mota-Morales, J.D., Gutierrez, M.C., Sanchez, I.C., Luna-Barcenas, G., and del Monte, F. (2011) *Chem. Commun.*, **47**, 5328.

120 Gutierrez, M.C., Ferrer, M.L., Yuste, L., Rojo, F., and del Monte, F. (2010) *Angew. Chem. Int. Ed.*, **49**, 2158.

121 Parnham, E.R., Drylie, E.A., Wheatley, P.S., Slawin, A.M.Z., and Morris, R.E. (2006) *Angew. Chem. Int. Ed.*, **45**, 4962.

122 Drylie, E.A., Wragg, D.S., Parnham, E.R., Wheatley, P.S., Slawin, A.M.Z., Warren, J.E., and Morris, R.E. (2007) *Angew. Chem. Int. Ed.*, **46**, 7839.

123 Abbott, A.P., Capper, G., McKenzie, K.J., and Ryder, K.S. (2007) *J. Electroanal. Chem.*, **599**, 288.

124 Abbott, A.P., El Ttaib, K., Frisch, G., McKenzie, K.J., and Ryder, K.S. (2009) *Phys. Chem. Chem. Phys.*, **11**, 4269.

125 Liao, H.G., Jiang, Y.X., Zhou, Z.Y., Chen, S.P., and Sun, S.G. (2008) *Angew. Chem. Int. Ed.*, **47**, 9100.

126 Zhang, J., Wu, T., Chen, S.M., Feng, P.Y., and Bu, X.H. (2009) *Angew. Chem. Int. Ed.*, **48**, 3486.

127 Jhang, P.C., Chuang, N.T., and Wang, S.L. (2010) *Angew. Chem. Int. Ed.*, **49**, 4200.

128 Himeur, F., Stein, I., Wragg, D.S., Slawin, A.M.Z., Lightfoot, P., and Morris, R.E. (2010) *Solid State Sci.*, **12**, 418.

129 Gutiérrez, M.C., Rubio, F., and del Monte, F. (2010) *Chem. Mater.*, **22**, 2711.

130 Gutiérrez, M.C., Carriazo, D., Tamayo, A., Jiménez, R., Picó, F., Rojo, J.M., Ferrer, M.L., and del Monte, F. (2011) *Chem. Eur. J.*, **17**, 10533.

131 Carriazo, D., Gutierrez, M.C., Ferrer, M.L., and del Monte, F. (2010) *Chem. Mater.*, **22**, 6146.

132 Gutierrez, M.C., Carriazo, D., Ania, C.O., Parra, J.B., Ferrer, M.L., and del Monte, F (2011) *Energy Environ. Sci.*, **4**, 3535.

133 Tuaev, X., Paraknowitsch, J.P., Illgen, R., Thomas, A., Strasser, P. (2012) *Phys. Chem Chem. Phys.*, **14**, 6444.

134 Arico, A.S., Bruce, P., Scrosati, B., Tarascon, J.M., and Van Schalkwijk, W. (2005) *Nat. Mater.*, **4**, 366.

135 Bruce, P.G., Scrosati, B., and Tarascon, J.M. (2008) *Angew. Chem. Int. Ed.*, **47**, 2930.

136 Colbow, K.M., Dahn, J.R., and Haering, R.R. (1989) *J. Power Sources*, **26**, 397.

137 Ferg, E., Gummow, R.J., Dekock, A., and Thackeray, M.M. (1994) *J. Electrochem. Soc.*, **141**, L147.

138 Ohzuku, T., Ueda, A., and Yamamoto, N. (1995) *J. Electrochem. Soc.*, **142**, 1431.

139 Wang, Y.G., Wang, Y.R., Hosono, E.J., Wang, K.X., and Zhou, H.S. (2008) *Angew. Chem. Int. Ed.*, **47**, 7461.

140 Wang, Y.G., Liu, H.M., Wang, K.X., Eiji, H., Wang, Y.R., and Zhou, H.S. (2009) *J. Mater. Chem.*, **19**, 6789.

141 Ravet, N., Chouinard, Y., Magnan, J.F., Besner, S., Gauthier, M., and Armand, M. (2001) *J. Power Sources*, **97–98**, 503.

142 Huang, H., Yin, S.C., and Nazar, L.F. (2001) *Electrochem. Solid-State Lett.*, **4**, A170.

143 Cheng, L., Li, X.L., Liu, H.J., Xiong, H.M., Zhang, P.W., and Xia, Y.Y. (2007) *J. Electrochem. Soc.*, **154**, A692.

144 Zhao, L., Hu, Y.S., Li, H., Wang, Z.X., and Chen, L.Q. (2011) *Adv. Mater.*, **23**, 1385.

145 Hu, Y.S., Liu, X., Muller, J.O., Schlogl, R., Maier, J., and Su, D.S. (2009) *Angew. Chem. Int. Ed.*, **48**, 210.

146 Hu, Y.S., Guo, Y.G., Dominko, R., Gaberscek, M., Jamnik, J., and Maier, J. (2007) *Adv. Mater.*, **19**, 1963.

147 Hu, Y.S., Adelhelm, P., Smarsly, B.M., Hore, S., Antonietti, M., and Maier, J. (2007) *Adv. Funct. Mater.*, **17**, 1873.

148 Guo, Y.G., Hu, Y.S., Sigle, W., and Maier, J. (2007) *Adv. Mater.*, **19**, 2087.

149 Zheng, F., Mu, G., Zhang, Z., Shen, Y., Zhao, M., and Pang, G. (2012) *Mater. Lett.*, **68**, 453.

150 Chen, W.X., Zhang, H., Huang, Y.Q., and Wang, W.K. (2010) *J. Mater. Chem.*, **20**, 4773.

151 Itoi, H., Nishihara, H., Kogure, T., and Kyotani, T. (2011) *J. Am. Chem. Soc.*, **133**, 1165.

第3章

使用两步烷基化反应对氧化石墨烯进行功能化

Yi Huang, Weibo Yan, Yanfei Xu, Lu Huang 和 Yongsheng Chen

3.1 引言

前面的章节中，已经讨论了石墨烯的一般重要性，固态电子学和复合材料的应用研究也有广泛的报道[1-16]。为了进一步拓宽石墨烯的应用范围，比如，基于石墨烯的有机物和聚合物复合材料或利用石墨烯片作为活性层的有机光电器件[17]，以及非极性介质中基于石墨烯的化学反应[18]，有必要开发新方法，能够制备出具有良好的非极性有机溶液可加工性的氧化石墨烯（GO）或石墨烯片分散液。到目前为止，对剥离 GO 进行化学还原似乎是大规模生产还原石墨烯片更为可行的制备技术[19-23]。因此，改善 GO 在非极性有机溶剂中的分散性是更好地解决上述问题的一种方法。在非极性有机溶剂如邻二氯苯（ODCB）中，化学功能化 GO 或石墨烯的分散性几乎没有得到解决。因此，迫切需要开发一种简单高效的方法，实现在非极性有机溶剂中批量生产 GO。

据报道，C_{60} 和碳纳米管可以与烷基锂发生反应，得到烷基化金属富勒烯，比如 $RC_{60}^- Li^+$ 或（$R_n MWNT^{n-}$）Li^{n+}[24-26]。众所周知，GO 含有许多环氧基、羟基、羰基和羧酸基团的缺陷，而且 GO 片上的双键可能具有反应活性，容易与受亲核基团反应，例如烷基锂[22,27-29]。

本工作中，我们报道了一种 GO 功能化的新方法，即使用正丁基锂（n-BuLi）与 GO 片反应，然后与烷基溴发生偶联和醚化反应。同时也证实了这种化学处理极大地改善了 GO 片的分散性，并实现了 GO 在 ODCB 中的充分分散，形成一种独特的化学改性 GO 片。

3.2 结果与讨论

合成过程如图 3-1 所示。GO 采用改进 Hummers 法制备[30,32]。如图 3-7a 中的原子力显微镜（AFM）照片所示，确认了 GO 在溶液中以单片形式存在。在 GO 片的顶部和底部存在环氧和羟基官能团，而大部分的羰基和羧酸基团则分布在边缘上。GO 片上的这些官能团与活性双键能够与 n-BuLi 发生反应。在 n-BuLi 和 GO 片反应后，形成了 $(\mathrm{Bu\text{-}GO})^{n-}\mathrm{Li}^{n+}$，提供了大量的能够与亲电试剂发生反应的亲核中心，比如，烷基溴化物经过亲核基团置换或 $(\mathrm{Bu\text{-}GO})^{n-}\mathrm{Li}^{n+}$ 的加入，能够制备功能化石墨烯材料 i-octyl-Bu-GO。然后加入 2-乙基溴代己烷，形成 LiBr 沉淀，即可将 2-乙基己基连接到 GO 片上。考虑到无法充分干燥 GO[33,34]，所以加入过量的 n-BuLi。功能化反应后，由于 GO 片上存在烷基链基团，所有 GO 几乎不能在水中分散，但 GO 在 ODCB 中的分散性显著提高。本工作使用 FTIR（傅里叶变换红外光谱）、紫外-可见-近红外光谱、拉曼光谱、TGA（热重分析）、TEM（透射电子显微镜）和 AFM 对功能化 GO（i-octyl-Bu-GO）进行了分析表征。

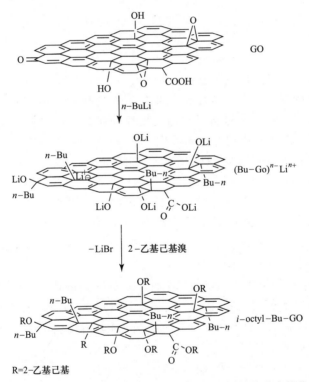

图 3-1　用 n-BuLi 后再用 2-乙基溴代己烷处理 GO 得到的烷基官能化 GO 材料
（i-octyl-Bu-GO）的反应过程（文献 [31]，经 Wiley 许可）

图 3-2 显示了 GO 和 i-octyl-Bu-GO 的 FTIR 光谱。如图 3-2 所示，2960cm^{-1}、2926cm^{-1} 和 2864cm^{-1} 处的吸收峰来自于—CH$_2$—和—CH$_3$ 的伸缩振动。1439cm^{-1} 和 1375cm^{-1} 处的峰为—CH$_2$—和—CH$_3$ 的变形振动[35]。这些结果证实了许多 n-Bu-基团已经 GO 片上形成了化学键合。此外，i-octyl-Bu-GO 在 1390cm^{-1} 处的 C—

O—H 吸收峰消失，并且清晰地观察到在 $1216cm^{-1}$ 和 $1010cm^{-1}$ 处形成了新的峰，对应于 O—Ar 和 O—R（R＝2-乙基己基）的伸缩振动，这表明 2-乙基溴代己烷与 $(Bu-GO)^{n-}Li^{n+}$ 发生了反应[36]。如图 3-1 所示，由于 COOH 基团在反应后转化为 COOR（R＝2-乙基己基），所以原来位于 $1742cm^{-1}$ 处的 C＝O 伸缩振动峰移到了 $1696cm^{-1}$[35]。

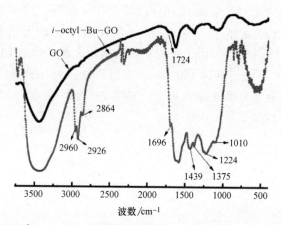

图 3-2 GO 和 i-octyl-Bu-GO 的 FTIR 光谱。i-octyl-Bu-GO 中的 C—H 在 $2960cm^{-1}$、$2926cm^{-1}$、$2864cm^{-1}$ 处表现出强烈的伸缩振动，表明官能烷基链基团已与 GO 片形成化学键合（文献 [31]，经 Wiley 许可）

图 3-3 给出了 GO 和 i-octyl-Bu-GO 的拉曼光谱。GO 显示出 $1596cm^{-1}$ 处的强切向振动模式（G 峰）和 $1350cm^{-1}$ 处代表无序程度的 D 峰。与 GO 相比，i-octyl-Bu-GO 的 G 峰和 D 峰模式没有太大的变化。然而，i-octyl-Bu-GO 样品的强度比值（$I_D/I_G = 0.87$）明显高于 GO（$I_D/I_G = 0.75$），说明在石墨烯片上形成了数量相当

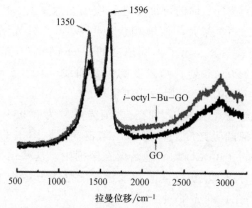

图 3-3 GO 和 i-octyl-Bu-GO 的拉曼光谱。i-octyl-Bu-GO 的强度比值（$I_D/I_G = 0.87$）明显高于 GO（$I_D/I_G = 0.75$），说明通过在 GO 片上引入亲核基团 n-BuLi，i-octyl-Bu-GO 中 C＝C 键断开并形成了大量 sp^3 杂化碳（文献 [31]，经 Wiley 许可）

可观的 sp³ 杂化碳，即功能化后的无序化程度增加[34,37-39]。这些结果表明可通过一种通用的有机金属方法成功地对 GO 进行共价修饰。

图 3-4 显示了 GO 和 *i*-octyl-Bu-GO 的 TGA 曲线。GO 的热稳定较差，甚至在不到 100℃ 时就开始出现质量损失，这主要是由于吸附的水分发生脱附。主要的质量损失（20%）发生在 207℃，可能是由于不稳定的含氧官能团发生热解[34]。与 GO 的曲线相比较，240℃ 以下 *i*-octyl-Bu-GO 的质量损失较低，这表明功能化后 GO 的主要含氧官能团已经发生了变化。*i*-octyl-Bu-GO 片的最大质量损失出现在约 360℃，比 GO 高出约 150℃。由于功能化烷基链的去除，*i*-octyl-Bu-GO 在 240℃ 以上的质量损失比 GO 更快，直到 460℃ 时，它们质量损失几乎相同，约 60%。这些结果与正丁基锂功能化的单壁碳纳米管（SWNT）类似[40]。这证明功能化后的 *i*-octyl-Bu-GO 热稳定性要优于 GO。

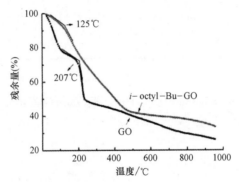

图 3-4　GO 与在纯氮气下，升温速率为 5℃/min 条件下所制备的 *i*-octyl-Bu-GO 的 TGA 曲线图。与 GO 相比，*i*-octyl-Bu-GO 在 240℃ 以下较慢重量损失表明 GO 的主要含氧官能团已经在反应后转化为热稳定官能团（文献 [31]，经 Wiley 许可）

防止团聚对于 GO 或石墨烯的可加工性和应用尤为重要，因为石墨烯的大部分优异特性来自于独立的石墨烯片。溶液相紫外-可见-近红外光谱可用于测定 *i*-octyl-Bu-GO 的溶解度[41]。图 3-5 显示了不同浓度的 *i*-octyl-Bu-GO 溶液的吸收光谱。绘制了 GO 部分的吸收（295nm 处）与浓度的关系曲线（图 3-5 嵌图），显示出良好的线性关系，*R* 值为 0.9997[21]。假设比尔定律成立，由最小二乘法线性拟合的斜率可以估算 *i*-octyl-Bu-GO 在 ODCB 内的有效消光系数为 0.053lmg⁻¹ cm⁻¹。其他波长下 *i*-octyl-Bu-GO 溶液的吸光度同样遵循比尔定律。嵌图中的直线是数据的最小二乘拟合线，表明 *i*-octyl-Bu-GO 均匀地溶解在溶剂中。这些结果可以证实，*i*-octyl-Bu-GO 在 ODCB 中具有比 GO 更好的溶解度，这能够由分散在 ODCB 中的 GO 和 *i*-octyl-Bu-GO（0.4mg/mL）的光学照片明显证明。

为了进一步研究 GO 和 *i*-octyl-Bu-GO 的形貌，也进行了 TEM 测试。将 0.1mg/mL 的 GO 水分散液和 *i*-octyl-Bu-GO 的 ODCB 分散液直接倒在 Cu 网上并使用 TEM 进行观察。我们在反应中使用的 GO 片材料在溶液中以单层的形式分散，而且分散

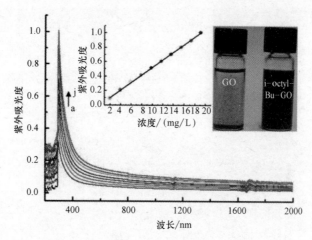

图 3-5 ODCB 中 *i*-octyl-Bu-GO 的紫外吸光度与浓度之间的关系（a 至 j 分别为浓度为
1.99mg/L 3.96mg/L 5.91mg/L 7.84mg/L 9.76mg/L 11.65mg/L 13.53mg/L
15.38mg/L 17.22mg/L 19.05mg/L）。嵌图分别为 GO 部分最高吸光位置（295nm）处
光强度与浓度的关系曲线和 ODCB（0.4mg/mL）中分散的 GO 与
i-octyl-Bu-GO 的光学照片（文献 [31]，经 Wiley 许可）

液顺滑透明，如图 3-6a 所示。*i*-octyl-Bu-GO 的 TEM 照片（图 3-6b、c）显示，大部分的功能化 GO 是单层 *i*-octyl-Bu-GO。

在图 3-6b 中，功能化 GO（*i*-octyl-Bu-GO）上的部分小片出现了褶皱，可能是由样品测试时的反应和电子束引起的。如图 3-6c 所示，GO 的表面在功能化后变得粗糙得多，有许多可见的缺陷（以圆圈标出），这归因于 GO 制备中剧烈的氧化反应以及 GO 与 *n*-BuLi 之间的能量反应。制备的 *i*-octyl-Bu-GO 片的官能团和极小的厚度所引起的畸变，导致了一种褶皱的拓扑结构。尽管如此，如图 3-6b 所示，可以观察到大块的石墨结构域，而且单层 GO 仍然保留了石墨烯结构的完整性。本研究中制备的 *i*-octyl-Bu-GO 片的形貌和良好的分散性对于进一步制备基于 GO 或石墨烯的纳米复合材料是非常重要的。

我们采用 AFM 来确定沉积物的厚度和表面粗糙度。在新切割的云母表面上分别沉积水溶液中分散良好的 GO（0.1mg/mL）和 ODCB 中分散良好的 *i*-octyl-Bu-GO（0.1mg/mL），并在空气中干燥。图 3-7b 给出了 *i*-octyl-Bu-GO 的原子力显微镜照片，显示出厚度约为 0.8nm 的单片层区域，片层尺寸在 20nm 和 200nm 之间。

与图 3-7a 所示的 GO 照片相比，GO 片的尺寸和厚度没有明显变化，这与单层官能化 GO 或石墨烯一致[42,43]。虽然许多烷基链附着在表面或边缘，但相对较短且柔韧，对 GO 片的厚度影响不大。

在室温下测量了所制备的烷基改性 GO 和热还原的烷基改性 GO 膜的电导率。在约 100nm 的给定膜厚度下，当加热温度从 300℃提高到 1000℃，观察到膜的电导

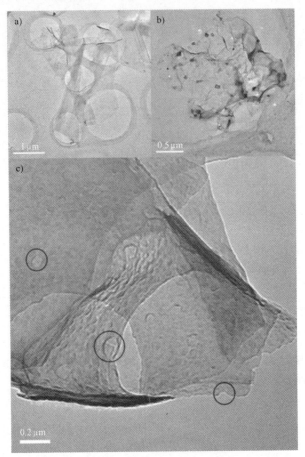

图 3-6 GO 和 *i*-octyl-Bu-GO 的表面形貌（文献［31］，Wiley 许可）

a）GO 的 TEM 照片 b）、c）*i*-octyl-Bu-GO 的 TEM 照片。功能化样品 *i*-octyl-Bu-GO 仍处于
单层分散状态，但功能化后表面变得更加粗糙并出现许多缺陷

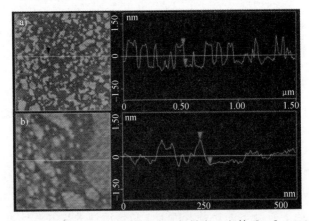

图 3-7 GO 和 *i*-octyl-Bu-GO 的厚度及表面粗糙度（文献［31］，Wiley 许可）

a）云母表面上 GO 片的 AFM 图像 b）云母表面上 *i*-octyl-Bu-GO 片的 AFM 图像。单层 *i*-octyl-Bu-GO 片
的平均厚度约为 0.8nm，片层尺寸为 20 和 200nm 之间

率随之增加。如表 3-1 所示，*i*-octyl-Bu-GO 的膜电导率随着温度的升高而增加，这是由于功能化后石墨结构的含量回升，*i*-octyl-Bu-GO 的热稳定性比 GO 更好，在 300℃ 和 600℃ 的热还原几乎不能去除官能团。然而，1000℃ 热还原后，GO 上几乎所有的官能团都被除去，并且大量保留了共轭 sp^2 网络。由于石墨烯的热熔合和表面反应，有理由认为石墨烯片和烷基链组成的复合薄膜的热退火处理可以修复氧化物形成的缺陷，因此表现出高达 562S/cm 的电导率，这与报道结果一致[32,44]。

表 3-1　不同还原方法制备的 *i*-octyl-Bu-GO 的片层电阻与薄膜
（约 100nm 厚）电导率间的关系对比

石墨烯薄膜	片层电阻率(Ω/sq)	膜电导率$/(S/cm)$
肼 + 300℃	8.47×10^{10}	1.18×10^{-11}
肼 + 600℃	2.88×10^{6}	2.28×10^{-2}
肼 + 1000℃	1.88×10^{2}	5.62×10^{2}

3.3　结论

我们开发了一种用于 GO 化学功能化的新反应顺序。FTIR，TGA 和拉曼光谱的结果明确地表明 *n*-BuLi 和 GO 成功发生反应。本工作中，紫外-可见-近红外，原子力显微镜和透射电镜图像表明，化学法制备的功能化石墨烯片以单层的形式分散，并带有皱褶，同时还保留了石墨烯框架的结构完整性。GO 表面上的烷基链有助于保持 GO 片的分离，并导致 GO 在 ODCB 中形成黑色均匀分散液。在高温退火后，由 ODCB 中功能化 GO 制备的薄膜在高温退火后表现出良好的电导性，为水溶液制备薄膜提供了一个绝佳的替代方法，而且这种材料也可作为电极材料。

致　　谢

作者衷心感谢科技部（项目 2012CB933401 和 2011DFB50300）和国家自然科学基金（NSFC）（项目 50933003，50902073 和 50903044）提供的经费支持。

补 充 信 息

实验部分材料和方法

石墨为青岛华润石墨有限公司生产，2-乙基溴代己烷和正丁基锂（正己烷中 2.5mol/L）购于 Alfa Aesar。GO 由改进 Hummers 方法制备。所有操作均使用标准 Schlenk 技术在干燥氩气氛下进行，溶剂通过标准程序纯化。使用 TEM（FEI，TECNAI-20）和原子力显微镜（AFM，Nanoscope Ⅳ，Digital Instruments，Veeco）

来表征样品的尺寸和形貌。使用 Digital Instruments 的多模式扫描探针显微镜（SPM）进行 AFM 轻敲模式测试，并配有 anoscope IIIa 控制器。通过将 GO/H$_2$O 溶液（0.1mg/mL）和功能化 GO/ODCB 溶液（0.1mg/mL）的分散体沉积在新切割的云母表面上，并在环境条件下干燥，制成用于 AFM 测试的样品。大量的 AFM 研究已对这些石墨烯片的厚度进行了研究。对全部 AFM 照片中的所有初始材料（GO 片）和产物（功能化 GO 片）的高度和尺寸进行数据统计。然后计算了平均高度并评估了功能化 GO 片的尺寸。使用 Bruker Tensor 27 光谱仪测量了 FTIR 光谱。所有红外样品使用光谱级 KBr 制备。使用 Jasco V-570 光谱仪获得 UV-Vis-NIR 光谱，并在 Varian Cary 300 分光光度计上记录 UV-Vis 光谱。TGA 测量使用耐驰同步热分析仪（STA）409PC 在氮气环境下以 5℃/min 的升温速率从室温加热至 1000℃。使用 Keithley 2612 测量石墨烯膜的电导率。

GO 的功能化

首先，将 GO（20mg）通过超声处理分散在干燥的四氢呋喃（THF）中，然后用过量的 n-BuLi（25mmol）在氩气及 -10℃ 下反应 5h。然后将混合物升温至室温并搅拌 24h。随后加入 2-乙基溴代己烷（25mmol），并将反应混合物在氩气及室温条件下搅拌 24h。最后，缓慢加入丙酮（2mL）以终止反应。随后将混合物离心，依次用 C$_2$H$_5$OH、H$_2$O 和 C$_2$H$_5$OH 洗涤，然后真空干燥得到固体产物。

电导率的表征

这种在 ODCB 中 i-octyl-Bu-GO 流延沉积的薄膜在室温下表现出较差的电导率，因此超声处理所得到的少量分解产物对 i-octyl-Bu-GO 分散品质的影响微乎其微。离心后，我们获得了在 ODCB 中均匀分散的 i-octyl-Bu-GO，浓度为 0.4mg/mL。然后，我们在石英方形底板上通过滴注法制成了薄膜。i-octyl-Bu-GO 薄膜在石英玻片上与肼蒸气反应 12h 而被还原，随后在氩气气氛下以 5℃/min 的升温速率升至 300℃ 并保温 3h，然后室温冷却 3h 以上。该样品被标记为 "肼+300℃"。使用类似的方法制备了 600℃ 和 1000℃ 的薄膜。然后将金电极（约100nm）通过热蒸镀方法沉积到薄膜上。使用 Keithley 2612 电子探针工作站测量电阻率。

参 考 文 献

1 Novoselov, K.S., Geim, A.K., Morozov, S.V., Jiang, D., Zhang, Y., Dubonos, S.V., Grigorieva, I.V., and Firsov, A.A. (2004) *Science*, **306**, 666.

2 Zhang, Y.B., Tan, J.W., Stormer, H.L., and Kim, P. (2005) *Nature*, **438**, 201.

3 Geim, A.K. and Novoselov, K.S. (2007) *Nat. Mater.*, **6**, 183.

4 Li, X.L., Wang, X.R., Zhang, L., Lee, S., and Dai, H.J. (2008) *Science*, **319**, 1229.

5 Stankovich, S., Dikin, D.A., Dommett, G.H.B., Kohlhaas, K.M., Zimney, E.J., Stach, E.A., Piner, R.D., Nguyen, S.T., and Ruoff, R.S. (2006) *Nature*, **442**, 282.

6 Watcharotone, S., Dikin, D.A., Stankovich, S., Piner, R., Jung, I., Dommett, G.H.B., Evmenenko, G., Wu, S.E., Chen, S.F., Liu, C.P., Nguyen, S.T., and Ruoff, R.S. (2007) *Nano Lett.*, 7, 1888.

7 Ramanathan, T., Abdala, A.A., Stankovich, S., Dikin, D.A., Herrera-Alonso, M., Piner, R.D., Adamson, D.H., Schniepp, H.C., Chen, X., Ruoff, R.S., Nguyen, S.T., Aksay, I.A., Prud'homme, R.K., and Brinson, L.C. (2008) *Nat. Nanotechnol.*, **3**, 327.

8 Jiang, H.J. (2011) *Small*, **7**, 2413.

9 Huang, X., Yin, Z.Y., Wu, S.X., Qi, X.Y., He, Q.Y., Zhang, Q.C., Yan, Q.Y., Boey, F., and Zhang, H. (2011) *Small*, **7**, 1876.

10 Huang, X., Qi, X.Y., Boey, F., and Zhang, H. (2012) *Chem. Soc. Rev.*, **41**, 666.

11 Huang, X., Li, S.Z., Huang, Y.Z., Wu, S.X., Zhou, X.Z., Li, S.Z., Gan, C.L., Boey, F., Mirkin, C.A., and Zhang, H. (2011) *Nat. Commun.*, **2**, 292.

12 Huang, X., Zhou, X.Z., Wu, S.X., Wei, Y.Y., Qi, X.Y., Zhang, J., Boey, F., and Zhang, H. (2010) *Small*, **6**, 513.

13 Qi, X.Y., Pu, K.-Y., Li, H., Zhou, X.Z., Wu, S.X., Fan, Q.-L., Liu, B., Boey, F., Huang, W., and Zhang, H. (2010) *Angew. Chem. Int. Ed.*, **49**, 9426.

14 Qi, X.Y., Pu, K.-Y., Zhou, X.Z., Li, H., Liu, B., Boey, F., Huang, W., and Zhang, H. (2010) *Small*, **6**, 663.

15 Cao, X.H., He, Q.Y., Shi, W.H., Li, B., Zeng, Z.Y., Shi, Y.M., Yan, Q.Y., and Zhang, H. (2011) *Small*, **7**, 1199.

16 Huang, X., Li, H., Li, S.Z., Wu, S.X., Boey, F., Ma, J., and Zhang, H. (2011) *Angew. Chem. Int. Ed.*, **50**, 12245.

17 Liu, Z.F., Liu, Q., Zhang, X.Y., Huang, Y., Ma, Y.F., Yin, S.G., and Chen, Y.S. (2008) *Adv. Mater.*, **20**, 3924–3930.

18 Hamilton, C.E., Lomeda, J.R., Sun, Z.Z., Tour, J.M., and Barron, A.R. (2009) *Nano Lett.*, **9**, 3460.

19 Gilje, S., Han, S., Wang, M.S., Wang, K.L., and Kaner, R.B. (2007) *Nano Lett.*, **7**, 3394.

20 Wang, X., Zhi, L.J., and Müllen, K. (2008) *Nano Lett.*, **8**, 323.

21 Li, D., Müller, M.B., Gilje, S., Kaner, R.B., and Wallace, G.G. (2008) *Nat. Nanotechnol.*, **3**, 101.

22 Dreyer, D.R., Park, S., Bielawski, C.W., and Ruoff, R.S. (2010) *Chem. Soc. Rev.*, **39**, 228.

23 Zhou, X.Z., Huang, X., Qi, X.Y., Wu, S.X., Xue, C., Boey, F.Y.C., Yan, Q.Y., Chen, P., and Zhang, H. (2009) *J. Phys. Chem. C*, **113**, 10842.

24 Viswanathan, G., Chakrapani, N., Yang, H., Wei, B.Q., Chung, H., Cho, K., Ryu, C.Y., and Ajayan, P.M. (2003) *J. Am. Chem. Soc.*, **125**, 9258.

25 Graupner, R., Abraham, J., Wunderlich, D., Vencelová, A., Lauffer, P., Röhrl, J., Hundhausen, M., Ley, L., and Hirsch, A. (2006) *J. Am. Chem. Soc.*, **128**, 6683.

26 Hirsch, A., Soi, A., and Karfunhel, H.R. (1992) *Angew. Chem. Int. Ed. Engl.*, **31**, 766.

27 Park, S. and Ruoff, R.S. (2009) *Nat. Nanotechnol.*, **4**, 217.

28 Gilman, H., Moore, F.W., and Baine, O. (1941) *J. Am. Chem. Soc.*, **63**, 2479.

29 Maeda, Y., Kato, T., Hasegawa, T., Kako, M., Akasaka, T., Lu, J., and Nagase, S. (2010) *Org. Lett.*, **12**, 996.

30 Hummers, W.S. Jr., and Offeman, R.E. (1958) *J. Am. Chem. Soc.*, **80**, 1339.

31 Huang, Y., Yan, W., Xu, Y., Chen, Y. (2012) *Macromol. Chem. Phys.*, **213**, 1101.

32 Becerril, H.A., Mao, J., Liu, Z.F., Stoltenberg, R.M., Bao, Z.N., and Chen, Y.S. (2008) *ACS Nano*, **2**, 463.

33 Szabó, T., Berkesi, O., and Dékány, I. (2005) *Carbon*, **43**, 3186.

34 Stankovich, S., Dikin, D.A., Piner, R.D., Kohlhaas, K.A., Kleinhammes, A., Jia, Y.Y., Wu, Y., Nguyen, S.T., and Ruoff, R.S. (2007) *Carbon*, **45**, 1558.

35 Niyogi, S., Bekyarova, E., Itkis, M.E., McWilliams, J.L., Hamon, M.A., and Haddon, R.C. (2006) *J. Am. Chem. Soc.*, **128**, 7720.

36 Liang, Y.Y., Wu, D.Q., Feng, X.L., and Müllen, K. (2009) *Adv. Mater.*, **21**, 1679.

37 Graf, D., Molitor, F., Ensslin, K., Stampfer, C., Jungen, A., Hierold, C., and Wirtz, L. (2007) *Nano Lett.*, **7**, 238.

38 Calizo, I., Balandin, A.A., Bao, W., Miao, F., and Lau, C.N. (2007) *Nano Lett.*, **7**, 2645.

39 Kudin, K.N., Ozbas, B., Schniepp, H.C., Prud'homme, R.K., Aksay, I.A., and Car, R. (2008) *Nano Lett.*, **8**, 36.

40 Wunderlich, D., Hauke, F., and Hirsch, A. (2008) *Chem. Eur. J.*, **14**, 1607.

41 Guo, Z., Du, F., Ren, D.M., Chen, Y.S., Zheng, J.Y., Liu, Z.B., and Tian, J.G. (2006) *J. Mater. Chem.*, **16**, 3021.

42 Stankovich, S., Piner, R.D., Nguyen, S.T., and Ruoff, R.S. (2006) *Carbon*, **44**, 3342.

43 Salvio, R., Krabbenborg, S., Naber, W.J.M., Velders, A.H., Reinhoudt, D.N., and van der Wiel, W.G. (2009) *Chem. Eur. J.*, **15**, 8235.

44 Su, Q., Pang, S.P., Alijani, V., Li, C., Feng, X.L., and Müllen, K. (2009) *Adv. Mater.*, **21**, 3191.

第4章

石墨烯材料与器件的合理设计

Yu Teng Liang 和 Mark C. Hersam

4.1 引言

石墨烯是一种由碳原子以 sp^2 杂化轨道组成的单层二维碳纳米材料，在概念上被认为是构成多种重要碳同素异形体的基本单元。它可以堆叠形成三维石墨，也可卷曲形成一维碳纳米管，并可弯曲融合形成零位富勒烯。由于其强烈非局部化的电子排布，石墨烯具有优异的载流子迁移率、热导率、机械强度和化学稳定性[1-4]。然而，与其他纳米材料一样，石墨烯的性质也取决于其尺寸、原子结构和物理环境。这样，石墨烯和基于石墨烯的材料具有可调控的特性，可用于各种器件，包括晶体管，电容器，电子场发射器，透明导体，传感器，催化剂和药物输送剂[5-13]。

尽管石墨烯的原子结构简单且理论研究历史悠久，但它仍是碳纳米材料家族中的最新成员，广泛延伸到多种研究领域。Novoselov 和 Geim 在 2004 年报道了单层石墨烯的开创性实验证据[14]。这项工作标志着石墨烯历史上的一个重要转变，因为：（ⅰ）证实了二维材料的存在，人们曾普遍认为二维材料在有限温度条件下不具有热力学稳定性；（ⅱ）详细描述了从块状材料机械剥离二维晶体的一般性方法，由此为实验化学家和物理学家打开了一个新的研究领域。从那以后，也使用这种开创性技术剥离了其他二维晶体，其中最著名的是氮化硼[2,15] 和二硫化钼[16]，同时也为石墨烯本身提供了其他的合成方法[5,17-20]。

回顾 20 世纪中叶以来的技术，从中汲取灵感，大分子化学家们从那时就开始设计在溶液中制备石墨烯的方法[21-23]。这些技术不仅提供了石墨烯合成的扩大生产方法，而且还提供了将石墨烯片集成到宏观材料和器件中的实用途径[13,24,25]。虽然这些不同的方法都能够制备二维 sp^2 杂化碳，但显而易见的是，不同的合成方法经常能够制备出尺寸、形状、形态、缺陷结构或性质不同的石墨烯片[13,26-28]。本章综述性总结了最近的进展，重点突出了两种主要类型的溶液相石墨烯之间的差异：缺陷密度相对低的溶剂剥离石墨烯（SEG）和具有大量共价缺陷的氧化石墨烯

（RGO）。此外，这篇综述文章重点介绍了修饰石墨烯表面的新兴方法，将有助于将石墨烯集成到功能材料和器件中。

4.2 石墨烯的合成

研究人员和应用开发人员最近开始理解和利用每种石墨烯合成方法产生的结构差异。石墨烯作为碳材料的一种热力学稳定形式，可以通过由下而上的方法由分子前体反应而成，也可以通过由上而下的方法由大块晶体剥离而成。微机械剥离（MMC）是 Novoselov 和 Geim 开创的方法，利用胶带反复剥离石墨，直到基底上只留下最薄的薄片[14]。虽然这种方法可以有效地制备单一的高质量石墨烯片，但由于出现单层石墨烯片的可能性低且表面覆盖不一致，因此 MMC 方法的产量非常有限[29]。

为了打破这些限制并实现晶片级的石墨烯生产，发展了多种可供选择的合成技术，每种技术都有自己的优点和缺点，如表 4-1 所总结。其中，合成石墨烯最常见的由下而上方法包括：（ⅰ）利用溶液相多环芳烃（PAH）化学的分子前体组装法[30]；（ⅱ）采用碳源气体和金属基底的化学气相沉积法（CVD）。此外，也开发出多种由上而下剥离石墨烯的方法，包括：（ⅰ）单晶碳化硅（SiC）晶片的外延生长法[31,33]；（ⅱ）利用石墨氧化还原过程的化学剥离法[34]；（ⅲ）利用超声能量从石墨中分离出石墨烯片的直接溶剂剥离法[23]。

在由下而上的方法中，使用 PAH 化学法的分子前体组装为在原子精度上制备基于石墨烯的大分子提供了十分诱人的机会[19]。然而，由于副反应的增多以及分子尺寸增大引起的溶解度降低，尚未实现厚度均匀的高相对分子质量石墨烯[30]。另一方面，由于 CVD 法可放大生产横向尺寸高达 30in 的石墨烯片，已经迅速成为生产石墨烯基透明导体的首选方法[8]。建立在前期多种金属基体的工作基础（钯、铱和镍基体）之上[17]，多晶铜已成为最常用的基板，气相和固相碳源都可在其上生长[35,36]。然而，由于 CVD 法生长通常需要金属基底支撑，因此需要将石墨烯转移到绝缘或透明衬底上以充分利用其电子和光学特性[8,37]。

表 4-1 常用合成方法生产的石墨烯的工艺放大性与材料特性汇总

	合成方法	最大尺寸	层数	基底支撑	缺陷含量	可放大性	参考文献
由下而上方法	分子前体	3nm	单层	否	低	中等	[30]
	化学气相沉积	75cm	单层及少层	是	低	中等	[8]
由上向下方法	微机械剥离	30μm	单层及少层	是	低	低	[29]
	外延生长	15cm	单层及少层	是	低	中等	[5,31]
	化学改性	50μm	单层	否	高	高	[48]
	溶剂剥离	3μm	单层及少层	否	低	高	[9,23]

石墨烯在 SiC 上的外延生长是一种无须转移过程的自上向下的制备技术。在外延生长过程中，单晶 SiC 被加热直至硅从其表面升华，在重建的 SiC 表面上留下共形石墨烯片，这对于电子器件的制造是十分理想的[5,31,38]。另一种常用的自上而下方法是从石墨原料出发，合成水溶性的中间体，即氧化石墨烯（GO），然后将其还原以恢复 sp^2 键合碳网络。虽然 Hummers 和 Offeman 提出的氧化反应能够实现 GO 片的剥离和分散，但同时也破坏了石墨烯原有的光学和电子结构[21,37,38]。尽管通过附加的生物[39]、热[40]、光[41,42] 和化学手段[43] 可以降低氧化水平，但 RGO 表面上仍然存在大量的结构缺陷和化学键合杂质基团[27]。

为了避免形成这些不可逆的缺陷，广泛研究了使用相容性溶剂将石墨直接剥离为石墨烯片。直接剥离法最初借助于超声，在表面活性剂溶液[44]、有机溶剂[45] 或聚合物溶液[9,46,47] 中将石墨剥离为独立的石墨烯片。随后离心分离除去残留的快速沉降的石墨，在上清液中可获得片层尺寸为 $50nm \sim 3\mu m$ 之间的石墨烯片。虽然与 GO 和 RGO 相比，SEG 几乎没有缺陷[18]，但 SEG 的分散仍呈现与层厚相关的多分散性[48]。尽管第一代石墨烯器件利用了 MMC、CVD 和外延生长法制备石墨烯片的高电子迁移率[5,8]，但对于药物递送、化学传感、光子学和催化等新兴器件，可寄希望于其他合成方法制备的石墨烯，充分利用它们的缺陷结构和溶液可加工性。

4.3　结构-性能关系

理想的石墨烯晶体是无限横向延伸的二维 sp^2 杂化碳原子周期网络。这种延伸的 π 共轭结构表明在狄拉克点附近存在着线性的电子色散关系[49]。由于在这些狄拉克点上不存在电子状态，所以石墨烯通常被归类为零带隙半导体，或有时被归类为半金属。在这些狄拉克点上，低能量的激发实际上是无质量的狄拉克费米子，并且这些费米子能够以光速的 1/300 的恒定费米速度（v_F）移动[50]。在理想条件下，它们不受普通电子观察到的无序诱导的局域化效应影响，从而导致载荷子在传输过程中不发生散射，能够进行微米级的长距离传输[14]。因此，测得无支撑的石墨烯片的最高电子迁移率超过 $200000cm^2/(Vs)$，电荷载流子密度约为 $2\times10^{11}cm^{-2}$[1]。

实际上，由于存在缺陷，而且横向空间尺寸有限，因此石墨烯样品并不具备上述的完美晶体结构。石墨烯的缺陷包括边缘、褶皱、晶界、原子取代、空位、表面官能团、层叠以及与基底之间的相互作用[27,28,37,51-57]。石墨烯片的关键结构特征是它们的边缘，其化学反应活性比基面更高，并且通常以稳定的锯齿形或亚稳态的座椅形状存在[52,58]。自石墨烯发现以来，人们就已开始对尺寸有限的石墨烯纳米带（GNRs）进行边缘态的控制，为晶体管和自旋电子应用实现非零电子带隙和磁性状态[19,30,57,59,60]。晶界常见于 CVD 方法制备的石墨烯，一般以成对的五元环和七元环的阵列存在，降低了石墨烯的机械强度[28]。

不完全的剥离，比如 SEG 或石墨烯片的堆叠，将会造成第三维度上的缺陷。为提高透明导体的导电性，可以有意地进行堆叠，但每叠加一层便会损失约 2.5%的透光度[8]。对于双层石墨烯（BLG）和少层石墨烯（FLG）来说，层叠导致表面摩擦单调递减[61]，电磁性能的转变[54]以及取决于旋转取向的光学结构[62]。此外，透射电子显微镜（TEM）图像显示，无支撑的 BLG 和 FLG 片上出现的褶皱要显著少于单层石墨烯片[56]。更实际的是，其他二维晶体（如氮化硼）凭借优异的原子平滑度，已被用作增强石墨烯晶体管器件电子迁移率的衬底[37]。

最后一类石墨烯缺陷（即原子取代、空位和表面官能化）的特征是石墨烯基面的共价修饰。与机械剥离和溶剂剥离不同，利用氧化过程的石墨化学剥离将产生新的表面和边缘官能团，显著改变石墨烯的化学结构。借助于 ^{13}C 和 ^1H 核磁共振（NMR）光谱，能够确定 GO 表面上分布有大量的羟基和环氧基官能团，而边缘处则主要是羟基、羧酸基和酮基基团（图 4-1）[63,64]。作为这些修饰的结果，GO 片具有两亲性、细胞毒性、光学透明性和电绝缘性[34,47,65]。

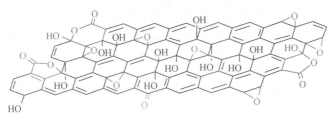

图 4-1　GO 的化学结构，片层表面上分布有羟基（—OH）和环氧基（—O—），
边缘为羧酸基（—OOH），酮基（=O）和内羟环（文献［66］，经 Wiley 许可）

虽然化学还原技术能够去除大量的含氧官能团，但 RGO 仍含有大量不可逆缺陷，覆盖其表面约 40%（图 4-2）[27]。这些残留的缺陷包括有截留碳质和重原子吸

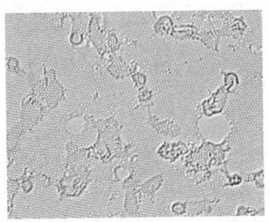

图 4-2　RGO 的原子分辨透射电子显微镜照片，显示出污染区域，拓扑缺陷，
掺杂原子，替代原子和孔洞（文献［66］，经 Wiley 许可）

附物的明显区域，由五元环-七元环和无定形碳组成的扩展拓扑缺陷，以及纳米孔洞[27,67]。还存在点缺陷，例如掺杂原子，原子取代和成对的五元环-七元环。因此，单个 RGO 片的电性能测试显示，室温下的电子迁移率和电导率分别低于其原始对等物的两个和三个数量级[43]。另一方面，异质结构也会产生新的光学性质。尤其是观察到 GO 和 RGO 片具有近红外线（NIR），可见光和紫外线（UV）荧光特性[26]。

4.4　石墨烯的分离

由于溶液法制备的石墨烯通常在结构和性质上具有多分散性，因此大量的研究集中在合成石墨烯后的分离方法上[68]。例如，密度梯度超高速离心法（DGU）采用超过 141000g 的大离心力，利用密度梯度中的浮力密度或沉降系数来对 SEG，GO 和 RGO 分散液进行分级[48,69]。在使用 DGU 时，表面活性剂包覆的 SEG 片通过梯度沉降，直到它们达到各自的等密度点，其密度与溶剂的密度相同。由于遵循一个取决于层厚而非层片尺寸的密度模型，包覆的 SEG 片在离心管中形成分散带（图 4-3）[48]。对不同的分级 SEG 进行真空抽滤，可形成薄膜材料，透明导电应用的研究结果表明，与较厚、较致密的 SEG 片相比，最薄、最松散的 SEG 片的电导率/光学透射率比值为两倍，因为它们具有更优异的片层间接触[48]。

与较小的 SEG 片（50nm ~ 3μm）[23,48] 不同，由随机氧化断链形成的 GO 分散液的片层尺寸分布更宽（30nm ~ 50μm）[32,69]，并且表面化学变化更大。由于 GO 不

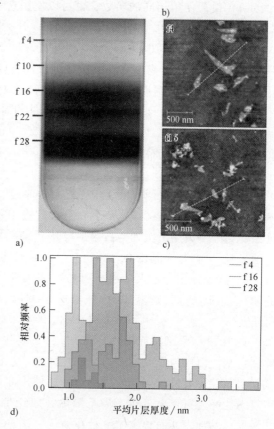

图 4-3　SEG 的梯度分级实验结果

（文献［66］，Wiley 许可）

a）SEG 在碘克沙醇密度梯度分散液中的等密度分级

b）组分 4 的原子力显微照片（AFM），其为最薄、最松散的 SEG

c）组分 16 的 AFM，其为更厚，更致密的 SEG 分数

d）组分 4，16 和 28 按相对频率绘制的平均厚度直方图

具有热力学稳定性[70]，所以合成条件不均匀以及分散时效可能造成 GO 片具有不同的表面化学性质。基于沉降的 DGU 方法已被用于解决 GO 和 RGO 的化学和几何多分散性问题[69]。在 DGU 过程中，GO 和 RGO 片的沉降速率是它们的密度与介质失配的函数。由于 GO 的密度随着片层尺寸的增加而提高，并与其水合层厚度成反比（水合层厚度随着氧化程度的提升而增加），可以通过调整密度梯度对 GO 按照尺寸和表面化学性质进行分离[69]。

利用 DGU 法，使用范围从 20% ~ 66% 蔗糖的阶梯密度梯度，可以分离改进 Hummers 方法制备的 GO。在沉降分选过程中，GO 分散液分离成最密集的部分（更大、还原程度更高的片层）和最不松散的部分（更小、氧化程度更高的片层）（图 4-4）[69]。使用相同的参数，也可以使用这种动态 DGU 过程根据尺寸分选 RGO 片。在等密度分选中，密集的未包覆 RGO 片无法被分选，因为即使是最小的片也不能达到梯度的密度平衡。因此，只有尺寸低于 200nm 的 GO 片在等密度分选过程中能被保留。这些分离技术在解决溶液中制备的石墨烯的多分散性这一问题上走出了重要的一步。它们明确的特性为具有一致性能特性的基于石墨烯的治疗器件[12]，光子器件[26] 和印刷电子[71] 器件的研制奠定了基础。

4.5　基于石墨烯的催化剂

石墨烯具有比表面积大，电子迁移率卓越，化学稳定性好，单位吸光度的电导率高以及原料石墨丰富等优势，在众多的应用领域中，作为能量转换与催化的平台已经受到广泛关注。例如，石墨烯已用于染料敏化太阳能电池的电极[11,72]，半导体纳米粒子光化学电池的支架[13,73]，以及电化学燃料电池中金属催化剂的载体[74]。迄今为止，绝大多数石墨烯基催化剂都是采用异质结构的 RGO 片所制备的[75]。本节将探讨这些 RGO 缺陷的影响以及基于 SEG 的新型催化剂所带来的机遇。

自 1972 年发现其光活性以来[76]，二氧化钛（TiO_2）由于其化学惰性，无毒性和稳定性而成为研究最多的光催化剂之一。评价二氧化钛性能的常用技术包括测试光照条件下有机污染物的降解速率，使用亚甲基蓝（MB）染料进行比色或者使用气态乙醛进行色谱分析。当石墨烯添加到 TiO_2 中时，由于石墨烯作为电子受体和表面掺杂剂，从而提高了光催化效率，因此延长了反应电荷载流子寿命[41]，并提高了可见光吸收[73]。由于 GO 表面存在官能团，与 P25 TiO_2 纳米颗粒混合时，GO 容易在热或光还原后形成共价 RGO-P25 配合物[41]。由于提高了电荷传输性能，可见光活性以及平面结构 sp^2 表面上的染料吸附能力，RGO-P25 光催化剂的 MB 氧化降解能力得到增强[73]。

尽管 GO 上的含氧官能团促进了共价键合化合物的合成，但是即使在还原之后仍然存在永久的结构缺陷。虽然这些 RGO 缺陷充当了电子散射位点[43]，但它们

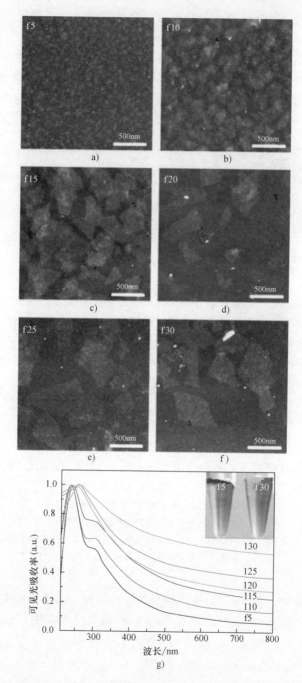

图 4-4 Hummers 法制备的 GO 基于沉降系数分离后的 AFM 图和吸收光谱（文献 [66]，Wiley 许可）
按密集程度从低到高的顺序，分别为 a）组分 4；b）组分 10；c）组分 15；d）组分 20；
e）组分 25 和 f）组分 30
g）吸收光谱结果显示，不同组分 GO 各异的表面化学令其可见光吸收各不相同也提供局部增强的电子态密度，可能成为催化活性点位。通过使用聚合物稳定剂，已经制备了非共价键合的 P25-SEG 和 P25-溶剂还原的氧化石墨烯（SRGO）薄膜，以评价这些共价石墨烯缺陷对光氧化和光还原反应中的复合催化性能发挥的作用[13]。与催化剂中缺陷作用的传统观点相反[77]，在催化气相氧化和还原反应方面，缺陷少的 SEG-P25 薄膜比缺陷较多的 SRGO-P25 薄膜表现出更优越的性能（图 4-5）。

图 4-5　SEG-P25 和 SRGO-P25 复合光催化剂的扫描电子显微镜
照片及催化性能（文献［66］，Wiley 许可）

a）SEG-P25 复合光催化剂的扫描电子显微照片

b）SRGO-P25 复合光催化剂的扫描电子显微照片

c）SEG-P25 和 SRGO-P25 复合光催化剂的乙醛光氧化速率常数

d）SEG-P25 和 SRGO-P25 复合光催化剂的 CO_2 光还原效率

　　与大多数光活性组分的光学吸收系数和形态类似，石墨烯的电子传输性质与其复合物的光活性之间有着强烈的联系[13]。这一观察结果表明，反应活性电子可以在 SEG 表面上扩散得更远，因此与 SRGO 的表面相比，在缺陷点位发生散射之前可为反应物提供更大的面积。此外，由于电子优先分离到石墨烯上，所以与反应活性空穴催化的氧化反应相比，还原反应更强烈地依赖于石墨烯的电子性质（图 4-5）。具有不同纳米碳形貌和电子性能的 TiO_2-碳复合材料，与 TiO_2 的空穴催化的光氧化反应几乎看不出差异[78]，进一步支持了这一结果。

　　总之，这些研究工作说明了石墨烯合成对石墨烯基催化剂和能量转换器件性能的影响。特别是不经任何处理的 SEG 支架凭借其优越的电子传输性能和较小的片层尺寸，可以通过促进电子扩散来增强化学活性，并保持化学反应物和产物的电子传输。催化效率的进一步提高可能是因为纳入更多的单分散 SEG 片数量，以平衡系统内的化学、电子和光学特性。此外，大分子化学家准备利用越来越多的共价和非共价石墨烯化学物质来引入可调控的缺陷和配合物，从而提高石墨烯基催化剂的效率和特异性。

4.6　石墨烯的功能化与模板化

通过对 sp^2 杂化平面的共价修饰或非共价修饰，可以实现石墨烯片可控的化学反应性和材料性能[9,12,79-86]。最近，共价修饰石墨烯片的同质性、周期性和可逆性不断提高。石墨烷就是一种这样的材料，其为石墨烯经氢等离子体处理后形成的 sp^3 氢化石墨烯衍生物[79]。另一个实例是氟化石墨烯，由石墨烯与气态二氟化氙（XeF_2）反应制备[80]。通过控制反应时间，片层皱褶和基底材料，这些氢和氟成分可在石墨烯表面的一侧或两侧以不同的周期和密度形成[79,80]。通过调控原有的 π 键，这些高密度的共价修饰能够打开石墨烯的电子带隙，实现石墨烯晶体管的制造。对于催化和传感等需要调节电导率和光吸收的应用，控制 XeF_2 的反应和石墨烯氢化的热可逆性为后续的共价耦合提供了潜在的途径，而不会从根本上改变石墨烯的结构。

石墨烯的共价修饰也可以在溶液相中进行。由于典型石墨烯片的表面与边缘的比例非常大，最近的化学技术的目标不仅包括活性更高的边缘[58]，而且还包括石墨烯的基面。举例如下：（ⅰ）使用 1，3 偶极环加成在 N-甲基吡咯烷酮中将胺基接枝到 SEG 上[81]；（ⅱ）通过还原重氮盐将芳基部分连接到外延石墨烯上[82]；（ⅲ）使用过氧化苯甲酰在甲苯中将苯基光化学接枝到 MMC 石墨烯上[83]；（ⅳ）在苯乙烯溶液中将聚苯乙烯链加入到声化学剥离的石墨烯上[84]。与 Hummers 方法的氧化反应不同，这些技术有可能在石墨烯表面生成各种各样明确的官能团。此外，这些基于溶液的技术通常比气相技术具有更低的改性密度，从而改善了原始石墨烯的电子性能[82]。

与共价修饰技术相反，石墨烯表面官能化的非共价键方法可以在不影响石墨烯化学结构的情况下改变电子性质和表面化学。不同气体的吸附可在石墨烯中引入不同的电荷载流子[87]。在这里，获取电子的被吸附物（如水和二氧化氮）是 p 型掺杂物，而给电子的被吸附物（如氨）是 n 型掺杂物。较大的分子通常结合 π-π^* 电子堆叠和分子间相互作用（例如氢键），在石墨烯表面上形成自组装单层膜（SAM）。特别地是，使用苝衍生物制备了自组装膜，并具有很高的保形性，其中包括 3，4，9，10-苝四甲酸二酐（PTCDA）[88,89] 和 N，N′-二辛基-3，4，9，10-苝二甲酰亚胺（PTCDI-C8）（图 4-6）[85]。这些非共价 SAM 分子阻滞剂使得随后形成了稳定介电薄膜的原子层沉积[90]。

在石墨烯表面上也可利用模板法实现二维共价有机骨架（COFs）和大分子[91]。1,4-亚苯基双（硼酸）（PBBA）和2,3,6,7,10,11-六羟基三亚苯（HHTP）的缩合能够在石墨烯表面上制备长程有序的COF（图4-7）[91]。这些具有明确化学性质的多孔网络，有助于引导石墨烯基有机光伏电池中的电流，以及引导石墨烯基催化剂和传感器中的分子扩散。此外，可以使用各种大分子对石墨烯进行非共价改性，包括聚合物，蛋白质和核酸[9,92,93]。这些化学物质已被证明可用作原始SEG分散体的稳定剂，也可用作复合传感器的敏化剂，提高对化学和生物分子配体的特异性和敏感性。

图4-6 外延生长石墨烯上非共价键合的有机单分子层的室温
扫描隧道显微照片及模型（文献［66］，Wiley许可）

a）裸石墨烯表面的室温扫描隧道显微照片

b）石墨烯上PTCDI-C8的室温扫描隧道显微照片

c）石墨烯上PTCDA的室温扫描隧道显微照片

d）单层PTCDI-C8的示意图模型和晶胞

e）单层PTCDA的示意图模型和晶胞

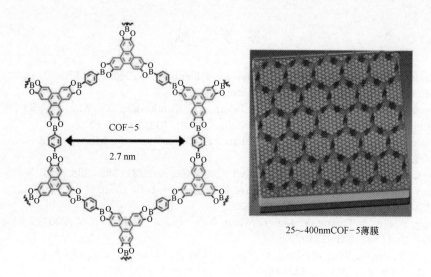

25～400nmCOF-5薄膜

图4-7　PBBA 和 HHTP 溶液中在衬底支撑的石墨烯表面上组装的高度
多孔 COF 的示意图（文献［66］，经 Wiley 许可）

4.7　结论

近年来，溶液法制备石墨烯的合成、改性和组装方面的进展，使大分子化学家能够以空前的控制水平设计出石墨烯基材料。对 RGO 新的结构、电子和光学研究尤为突出，它的分散性和光学特性与石墨烯截然不同。虽然 GO 和 RGO 的尺寸和化学的多分散性可以得到改善，但石墨烯为合理组装石墨烯器件提供了机会，而不会产生不需要的结构和电子缺陷。

这个迅速崛起的研究领域中，在提高 SEG 本身的产率和结构均匀性方面已经取得了显著的进步，同时也发展出新技术，能够将石墨烯与功能性 SAM 和薄膜相结合。预计这种结合可望将 SEG 孕育为一个可进行全面调控的平台用于设计和组装纳米级和宏观级器件。同时，新的石墨烯改性方法、多功能器件制备和组装以及用于研究这些体系中功能性相互作用的技术可能会成为该领域未来工作的重点。

致　　谢

这项工作得到了能源部能源过程催化研究所（DE-FG02-03ER15457）和美国国家科学基金会研究生研究金（Y. T. L.）的支持。

参 考 文 献

1 Bolotin, K.I., Sikes, K.J., Jiang, Z., Klima, M., Fudenberg, G., Hone, J., Kim, P., and Stormer, H.L. (2008) *Solid State Commun.*, **146**, 351−355.

2 Novoselov, K.S., Jiang, D., Schedin, F., Booth, T.J., Khotkevich, V.V., Morozov, S.V., and Geim, A.K. (2005) *Proc. Natl. Acad. Sci. U.S.A.*, **102**, 10451−10453.

3 Balandin, A.A., Ghosh, S., Bao, W., Calizo, I., Teweldebrhan, D., Miao, F., and Lau, C.N. (2008) *Nano Lett.*, **8**, 902−907.

4 Lee, C., Wei, X., Kysar, J.W., and Hone, J. (2008) *Science*, **321**, 385−388.

5 Lin, Y.-M., Dimitrakopoulos, C., Jenkins, K.A., Farmer, D.B., Chiu, H.-Y., Grill, A., and Avouris, P. (2010) *Science*, **327**, 662.

6 Wang, Y., Shi, Z., Huang, Y., Ma, Y., Wang, C., Chen, M., and Chen, Y. (2009) *J. Phys. Chem. C*, **113**, 13103−13107.

7 Wu, Z.-S., Pei, S., Ren, W., Tang, D., Gao, L., Liu, B., Li, F., Liu, C., and Cheng, H.-M. (2009) *Adv. Mater.*, **21**, 1756−1760.

8 Bae, S., Kim, H., Lee, Y., Xu, X., Park, J.-S., Zheng, Y., Balakrishnan, J., Lei, T., Ri Kim, H., Song, Y.I., Kim, Y.-J., Kim, K.S., Ozyilmaz, B., Ahn, J.-H., Hong, B.H., and Iijima, S. (2010) *Nat. Nanotechnol.*, **5**, 574−578.

9 Liang, Y.T. and Hersam, M.C. (2010) *J. Am. Chem. Soc.*, **132**, 17661−17663.

10 Schedin, F., Geim, A.K., Morozov, S.V., Hill, E.W., Blake, P., Katsnelson, M.I., and Novoselov, K.S. (2007) *Nat. Mater.*, **6**, 652−655.

11 Wang, X., Zhi, L., and Mullen, K. (2007) *Nano Lett.*, **8**, 323−327.

12 Liu, Z., Robinson, J.T., Sun, X., and Dai, H. (2008) *J. Am. Chem. Soc.*, **130**, 10876−10877.

13 Liang, Y.T., Vijayan, B.K., Gray, K.A., and Hersam, M.C. (2011) *Nano Lett.*, **11**, 2865−2870.

14 Novoselov, K.S., Geim, A.K., Morozov, S.V., Jiang, D., Zhang, Y., Dubonos, S.V., Grigorieva, I.V., and Firsov, A.A. (2004) *Science*, **306**, 666−669.

15 Pacile, D., Meyer, J.C., Girit, C.O., and Zettl, A. (2008) *Appl. Phys. Lett.*, **92**, 133107.

16 Splendiani, A., Sun, L., Zhang, Y., Li, T., Kim, J., Chim, C.-Y., Galli, G., and Wang, F. (2010) *Nano Lett.*, **10**, 1271−1275.

17 Reina, A., Jia, X., Ho, J., Nezich, D., Son, H., Bulovic, V., Dresselhaus, M.S., and Kong, J. (2008) *Nano Lett.*, **9**, 30−35.

18 Hamilton, C.E., Lomeda, J.R., Sun, Z., Tour, J.M., and Barron, A.R. (2009) *Nano Lett.*, **9**, 3460−3462.

19 Yang, X., Dou, X., Rouhanipour, A., Zhi, L., Räder, H.J., and Müllen, K. (2008) *J. Am. Chem. Soc.*, **130**, 4216−4217.

20 Park, S., An, J., Jung, I., Piner, R.D., An, S.J., Li, X., Velamakanni, A., and Ruoff, R.S. (2009) *Nano Lett.*, **9**, 1593−1597.

21 Hummers, W.S. and Offeman, R.E. (1958) *J. Am. Chem. Soc.*, **80**, 1339.

22 Clar, E., Ironside, C.T., and Zander, M. (1959) *J. Chem. Soc.*, **1**, 142−147.

23 Hernandez, Y., Nicolosi, V., Lotya, M., Blighe, F.M., Sun, Z., De, S., McGovern, I.T., Holland, B., Byrne, M., Gun'Ko, Y.K., Boland, J.J., Niraj, P., Duesberg, G., Krishnamurthy, S., Goodhue, R., Hutchison, J., Scardaci, V., Ferrari, A.C., and Coleman, J.N. (2008) *Nat. Nanotechnol.*, **3**, 563−568.

24 Stankovich, S., Dikin, D.A., Dommett, G.H.B., Kohlhaas, K.M., Zimney, E.J., Stach, E.A., Piner, R.D., Nguyen, S.T., and Ruoff, R.S. (2006) *Nature*, **442**, 282–286.

25 Coleman, J.N., Lotya, M., O'Neill, A., Bergin, S.D., King, P.J., Khan, U., Young, K., Gaucher, A., De, S., Smith, R.J., Shvets, I.V., Arora, S.K., Stanton, G., Kim, H.-Y., Lee, K., Kim, G.T., Duesberg, G.S., Hallam, T., Boland, J.J., Wang, J.J., Donegan, J.F., Grunlan, J.C., Moriarty, G., Shmeliov, A., Nicholls, R.J., Perkins, J.M., Grieveson, E.M., Theuwissen, K., McComb, D.W., Nellist, P.D., and Nicolosi, V. (2011) *Science*, **331**, 568–571.

26 Loh, K.P., Bao, Q., Eda, G., and Chhowalla, M. (2010) *Nat. Chem.*, **2**, 1015–1024.

27 Gómez-Navarro, C., Meyer, J.C., Sundaram, R.S., Chuvilin, A., Kurasch, S., Burghard, M., Kern, K., and Kaiser, U. (2010) *Nano Lett.*, **10**, 1144–1148.

28 Huang, P.Y., Ruiz-Vargas, C.S., van der Zande, A.M., Whitney, W.S., Levendorf, M.P., Kevek, J.W., Garg, S., Alden, J.S., Hustedt, C.J., Zhu, Y., Park, J., McEuen, P.L., and Muller, D.A. (2011) *Nature*, **469**, 389–392.

29 Geim, A.K. and Novoselov, K.S. (2007) *Nat. Mater.*, **6**, 183–191.

30 Wu, J., Pisula, W., and Müllen, K. (2007) *Chem. Rev.*, **107**, 718–747.

31 de Heer, W.A., Berger, C., Wu, X., First, P.N., Conrad, E.H., Li, X., Li, T., Sprinkle, M., Hass, J., Sadowski, M.L., Potemski, M., and Martinez, G. (2007) *Solid State Commun.*, **143**, 92–100.

32 Kim, J., Cote, L.J., Kim, F., and Huang, J. (2009) *J. Am. Chem. Soc.*, **132**, 260–267.

33 Kellar, J.A., Alaboson, J.M.P., Wang, Q.H., and Hersam, M.C. (2010) *Appl. Phys. Lett.*, **96**, 143103.

34 Eda, G., Fanchini, G., and Chhowalla, M. (2008) *Nat. Nanotechnol.*, **3**, 270–274.

35 Li, X., Zhu, Y., Cai, W., Borysiak, M., Han, B., Chen, D., Piner, R.D., Colombo, L., and Ruoff, R.S. (2009) *Nano Lett.*, **9**, 4359–4363.

36 Sun, Z., Yan, Z., Yao, J., Beitler, E., Zhu, Y., and Tour, J.M. (2010) *Nature*, **468**, 549–552.

37 Dean, C.R., Young, A.F., Meric, I., Lee, C., Wang, L., Sorgenfrei, S., Watanabe, K., Taniguchi, T., Kim, P., Shepard, K.L., and Hone, J. (2010) *Nat. Nanotechnol.*, **5**, 722–726.

38 Sprinkle, M., Ruan, M., Hu, Y., Hankinson, J., Rubio Roy, M., Zhang, B., Wu, X., Berger, C., and de Heer, W.A. (2010) *Nat. Nanotechnol.*, **5**, 727–731.

39 Salas, E.C., Sun, Z., Lüttge, A., and Tour, J.M. (2010) *ACS Nano*, **4**, 4852–4856.

40 Dubin, S., Gilje, S., Wang, K., Tung, V.C., Cha, K., Hall, A.S., Farrar, J., Varshneya, R., Yang, Y., and Kaner, R.B. (2010) *ACS Nano*, **4**, 3845–3852.

41 Williams, G., Seger, B., and Kamat, P.V. (2008) *ACS Nano*, **2**, 1487–1491.

42 Cote, L.J., Cruz-Silva, R., and Huang, J. (2009) *J. Am. Chem. Soc.*, **131**, 11027–11032.

43 Gómez-Navarro, C., Weitz, R.T., Bittner, A.M., Scolari, M., Mews, A., Burghard, M., and Kern, K. (2007) *Nano Lett.*, **7**, 3499–3503.

44 Lotya, M., King, P.J., Khan, U., De, S., and Coleman, J.N. (2010) *ACS Nano*, **4**, 3155–3162.

45 Hernandez, Y., Lotya, M., Rickard, D., Bergin, S.D., and Coleman, J.N. (2009) *Langmuir*, **26**, 3208–3213.

46 Seo, J.-W.T., Green, A.A., Antaris, A.L., and Hersam, M.C. (2011) *J. Phys. Chem. Lett.*, **2**, 1004–1008.

47 Duch, M.C., Budinger, G.R.S., Liang, Y.T., Soberanes, S., Urich, D., Chiarella, S.E., Campochiaro, L.A., Gonzalez, A., Chandel, N.S., Hersam, M.C., and Mutlu, G.M. (2011) *Nano Lett.*, **11**, 5201–5207.

48 Green, A.A. and Hersam, M.C. (2009) *Nano Lett.*, **9**, 4031–4036.

49 Sprinkle, M., Siegel, D., Hu, Y., Hicks, J., Tejeda, A., Taleb-Ibrahimi, A., Le Fèvre, P., Bertran, F., Vizzini, S., Enriquez, H., Chiang, S., Soukiassian, P., Berger, C., de Heer, W.A., Lanzara, A., and Conrad, E.H. (2009) *Phys. Rev. Lett.*, **103**, 226803.

50 Castro Neto, A.H., Guinea, F., Peres, N.M.R., Novoselov, K.S., and Geim, A.K. (2009) *Rev. Mod. Phys.*, **81**, 109–162.

51 Kosynkin, D.V., Higginbotham, A.L., Sinitskii, A., Lomeda, J.R., Dimiev, A., Price, B.K., and Tour, J.M. (2009) *Nature*, **458**, 872–876.

52 Girit, C.O., Meyer, J.C., Erni, R., Rossell, M.D., Kisielowski, C., Yang, L., Park, C.-H., Crommie, M.F., Cohen, M.L., Louie, S.G., and Zettl, A. (2009) *Science*, **323**, 1705–1708.

53 Fasolino, A., Los, J.H., and Katsnelson, M.I. (2007) *Nat. Mater.*, **6**, 858–861.

54 Zhang, Y., Tang, T.-T., Girit, C., Hao, Z., Martin, M.C., Zettl, A., Crommie, M.F., Shen, Y.R., and Wang, F. (2009) *Nature*, **459**, 820–823.

55 Hashimoto, A., Suenaga, K., Gloter, A., Urita, K., and Iijima, S. (2004) *Nature*, **430**, 870–873.

56 Meyer, J.C., Geim, A.K., Katsnelson, M.I., Novoselov, K.S., Booth, T.J., and Roth, S. (2007) *Nature*, **446**, 60–63.

57 Nakada, K., Fujita, M., Dresselhaus, G., and Dresselhaus, M.S. (1996) *Phys. Rev. B*, **54**, 17954–17961.

58 Jiang, D.-E., Sumpter, B.G., and Dai, S. (2007) *J. Chem. Phys.*, **126**, 134701.

59 Yazyev, O.V. and Katsnelson, M.I. (2008) *Phys. Rev. Lett.*, **100**, 047209.

60 Datta, S.S., Strachan, D.R., Khamis, S.M., and Johnson, A.T.C. (2008) *Nano Lett.*, **8**, 1912–1915.

61 Lee, C., Li, Q., Kalb, W., Liu, X.-Z., Berger, H., Carpick, R.W., and Hone, J. (2010) *Science*, **328**, 76–80.

62 Wang, Y., Ni, Z., Liu, L., Liu, Y., Cong, C., Yu, T., Wang, X., Shen, D., and Shen, Z. (2010) *ACS Nano*, **4**, 4074–4080.

63 Gao, W., Alemany, L.B., Ci, L., and Ajayan, P.M. (2009) *Nat. Chem.*, **1**, 403–408.

64 Lerf, A., He, H., Forster, M., and Klinowski, J. (1998) *J. Phys. Chem. B*, **102**, 4477–4482.

65 Kim, J., Cote, L.J., Kim, F., Yuan, W., Shull, K.R., and Huang, J. (2010) *J. Am. Chem. Soc.*, **132**, 8180–8186.

66 Liang, Y.T. and Hersam, M.C. (2012) *Macromol. Chem. Phys.*, **213**, 1091.

67 Meyer, J.C., Girit, C.O., Crommie, M.F., and Zettl, A. (2008) *Nature*, **454**, 319–322.

68 Green, A.A. and Hersam, M.C. (2009) *J. Phys. Chem. Lett.*, **1**, 544–549.

69 Sun, X., Luo, D., Liu, J., and Evans, D.G. (2010) *ACS Nano*, **4**, 3381–3389.

70 Wang, L., Sun, Y.Y., Lee, K., West, D., Chen, Z.F., Zhao, J.J., and Zhang, S.B. (2010) *Phys. Rev. B*, **82**, 161406.

71 Wang, S., Ang, P.K., Wang, Z., Tang, A.L.L., Thong, J.T.L., and Loh, K.P. (2009) *Nano Lett.*, **10**, 92–98.

72 Sun, S., Gao, L., and Liu, Y. (2010) *Appl. Phys. Lett.*, **96**, 083113.

73 Zhang, H., Lv, X., Li, Y., Wang, Y., and Li, J. (2009) *ACS Nano*, **4**, 380–386.

74 Seger, B. and Kamat, P.V. (2009) *J. Phys. Chem. C*, **113**, 7990–7995.

75 Kamat, P.V. (2011) *J. Phys. Chem. Lett.*, **2**, 242–251.

76 Fujishima, A. and Honda, K. (1972) *Nature*, **238**, 37–38.

77 Somorjai, G. (1994) *Introduction to Surface Chemistry and Catalysis*, Wiley-Interscience.

78 Zhang, Y., Tang, Z.-R., Fu, X., and Xu, Y.-J. (2010) *ACS Nano*, **4**, 7303–7314.

79 Elias, D.C., Nair, R.R., Mohiuddin, T.M.G., Morozov, S.V., Blake, P., Halsall, M.P., Ferrari, A.C., Boukhvalov, D.W., Katsnelson, M.I., Geim, A.K., and Novoselov, K.S. (2009) *Science*, **323**, 610–613.

80 Robinson, J.T., Burgess, J.S., Junkermeier, C.E., Badescu, S.C., Reinecke, T.L., Perkins, F.K., Zalalutdniov, M.K., Baldwin, J.W., Culbertson, J.C., Sheehan, P.E., and Snow, E.S. (2010) *Nano Lett.*, **10**, 3001–3005.

81 Quintana, M., Spyrou, K., Grzelczak, M., Browne, W.R., Rudolf, P., and Prato, M. (2010) *ACS Nano*, **4**, 3527–3533.

82 Hossain, M.Z., Walsh, M.A., and Hersam, M.C. (2010) *J. Am. Chem. Soc.*, **132**, 15399–15403.

83 Liu, H., Ryu, S., Chen, Z., Steigerwald, M.L., Nuckolls, C., and Brus, L.E. (2009) *J. Am. Chem. Soc.*, **131**, 17099–17101.

84 Xu, H. and Suslick, K.S. (2011) *J. Am. Chem. Soc.*, **133**, 9148–9151.

85 Wang, Q.H. and Hersam, M.C. (2010) *Nano Lett.*, **11**, 589–593.

86 Wang, Q.H. and Hersam, M.C. (2011) *MRS Bull.*, **36**, 532–542.

87 Wehling, T.O., Novoselov, K.S., Morozov, S.V., Vdovin, E.E., Katsnelson, M.I., Geim, A.K., and Lichtenstein, A.I. (2007) *Nano Lett.*, **8**, 173–177.

88 Wang, Q.H. and Hersam, M.C. (2009) *Nat. Chem.*, **1**, 206–211.

89 Emery, J.D., Wang, Q.H., Zarrouati, M., Fenter, P., Hersam, M.C., and Bedzyk, M.J. (2011) *Surf. Sci.*, **605**, 1685–1693.

90 Alaboson, J.M.P., Wang, Q.H., Emery, J.D., Lipson, A.L., Bedzyk, M.J., Elam, J.W., Pellin, M.J., and Hersam, M.C. (2011) *ACS Nano*, **5**, 5223–5232.

91 Colson, J.W., Woll, A.R., Mukherjee, A., Levendorf, M.P., Spitler, E.L., Shields, V.B., Spencer, M.G., Park, J., and Dichtel, W.R. (2011) *Science*, **332**, 228–231.

92 Lu, J., Drzal, L.T., Worden, R.M., and Lee, I. (2007) *Chem. Mater.*, **19**, 6240–6246.

93 Lu, Y., Goldsmith, B.R., Kybert, N.J., and Johnson, A.T.C. (2010) *Appl. Phys. Lett.*, **97**, 083107.

第5章

超分子合成石墨烯类介晶材料

Fei Guo 和 Robert Hurt

5.1 引言

碳原子可以构成各种各样的一维、二维和三维结构材料，其适应性让这种在元素周期表中位于第六位的元素在过去 25 年的纳米技术革命中发挥了重要的作用。碳材料（主要由元素碳组成的固态物质）包括石墨、金刚石、石墨烯、碳纳米管、富勒烯、炭黑、热解碳、玻璃碳、碳纤维、焦化物和烃燃料或生物质热解而来的焦炭，以及多种相关材料。除金刚石外，这些材料均基于 sp^2 杂化碳的平面片层结构，并形成"石墨烯类碳材料"的庞大家族。有许多合成石墨烯类碳材料的方法，包括固态或液态前体的加热碳化[1,2]、化学气相沉积[3-6]、使用碳或石墨电极的电弧合成[7,8]、催化气液固合成[9,10]、火焰合成[11,12] 和石墨剥离[13-15]。这些方法提供了一整套强大的工具以实现全碳结构，但是大多数方法并不能像有机合成一样对最终结构进行精确控制，或者，即便可以制备已知结构的碳材料，但产率低而且存有许多未知的材料副产物（例如，纳米管或富勒烯的电弧合成）。

一种用于制备碳结构规整的新兴方法是超分子合成。这种方法使用已知分子前体，通过堆叠、排列、聚合或以其他方式将分子组装为非共价键合的超结构或大分子中间体，然后转化为碳材料。碳材料的化学转化可能是热或表面辅助的聚合反应[2,16,17]、杂原子的可控去除或者热或氧化环化脱氢[16,18]。通过利用超分子化学，以"由下而上"的方式生成的产物为全碳质材料，并可控制或设计其宏观形式，碳—碳键合形式或石墨烯片层排列和取向。超分子组装可以在模板化制备二维聚合物的表面上进行[16]，或在熔融相[17] 或溶液[2,18] 中进行。就我们的目的而言，如果化学反应过程中包含某些已知的超分子状态（可以是一维 π 堆叠[2]，也可以是一个定向排列分子相[2,17]，还可以是一个已知化学结构的共价构建低聚物[16]），我们将这些给定的过程看作是超分子合成的一个实例，而不是简简单单的形成致密相的碳化过程。该领域内有各种不同的方法，能够沿着聚合/碳化的途径在不同程度上控制产物的化学结构，这将在下面进行讨论。

超分子化学中，一种用于制备碳或石墨烯的方法就是将液晶相作为中间体（图5-1）。液晶相是有序排列的液体，介于结晶性固体和传统意义上各向同性的液体之间。因此，液晶被称为"介相"（中间相），并且源自于这些相的固态材料被称为"介晶材料"。介晶材料通常保留了一些最初在液相中形成的介相有序特征。由液晶相制备石墨烯类碳材料的方法主要有两个优点：

1）形成长程取向有序的能力。在液晶相中，前体分子具有高分子迁移率并且可以将分子取向性信息从材料的某一部分长距离传输到另一部分。如果能够确定一种方法，可在化学转化为碳材料之前或期间获得既保持取向性，那么可以利用该性质来制备高度有序的材料。

2）能够实现复杂但已知的超分子配置，在前体或中间体状态中表现为平衡状态。同样，高分子迁移率使得前体能够实现最小的自由能配置，并且可以通过选择边界条件（在界面或微米级约束空间）或电磁场来进行这些配置。这些平衡状态的超结构体可以是美轮美奂的液晶纹理，不但能够定量描述，而且在某些情况下还能够提前预测。至少，它们的重复性较高，并且不依赖于复杂和难以控制的动态过程（包括化学动力学或催化表面）。

本章将回顾在已知碳材料和石墨烯超结构体的超分子组装中液晶相应用的文献，内容涵盖前体、熔体和溶剂相的组装模式和潜在应用，并且在章末对这个激动人心的领域做出展望。

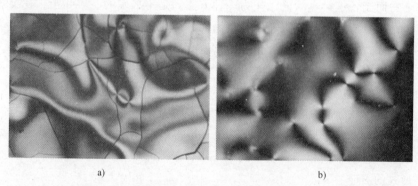

a) b)

图5-1　用作碳材料前体的液晶相的光学纹理（文献［20］，Wiley许可）

a）在使用正交偏光镜和半波延迟片的反射模式下，萘系均聚物熔融相的无支撑表面（气液界面）[19]

b）用于合成垂直排列石墨烯片层阵列的扁平分子堆叠液晶所观察到的棒状向列相[2]。透射模式，正交偏光镜

5.2　液晶前体与液晶相

液晶超分子合成的首要条件是形成一个取向有序的液相。如果前体与单层石墨烯（期望的最终产物）的结构一样，为无限延伸、二维且高度共轭的分子，则是有利的。一些不具备这种石墨烯结构的线性液晶前体也可转化为碳材料，但是所需

的主要化学转化以及低收率和大量的气体体积令超分子有序性的形成和保持变得很难。液相排列成这种石墨烯结构的基本方法有两种：（ⅰ）热致盘状液晶以熔融相进行；（ⅱ）扁平分子堆叠溶致液晶以溶液相进行。

5.2.1 热致盘状液晶

大约 10% 的有机化合物能够形成液晶相，但绝大多数呈棒状液晶，而不是盘状或板状液晶。在许多平面芳香族分子中，只有很少一部分形成液晶相，并且已知的盘状液晶（LC）体系的总数是有限的（图 5-2）。常规的大分子，比如六苯并蒄（图 5-2b），似乎是理想的石墨烯前体，但由于熔点较高，使其无法在较低温度下形成液晶相，因此倾向于堆积为固态晶体[22,24,25]。脂肪族侧链的引入（图 5-2a）降低了熔点并有助于 LC 的形成，但脂肪族物质具有较低的碳收率，并产生大量的气态热解副产物，使其不适合作为碳前体。当以分子形式使用时，具有芳香核和脂肪族边缘的化合物（图 5-2a）已成功用作盘状液晶[21]，但据我们所知，并未将其转化为碳材料。

一种解决高熔点固态晶体问题的方法是使用多组分混合物（图 5-2c）。这种混合通过打乱固态相中的堆积来降低熔点，并露出下层的液晶相[22]。迄今制备的大多数液晶衍生碳材料都使用混合前驱物。从历史发展上来看，将混合多种纯的多环芳烃化合物而制备这类盘状液晶作为一种方法，是不准确的。实际上，首类盘状液晶是在源于自然资源的有机相中观察到的，即煤或石油焦油和沥青，它们本身都是由不同尺寸（相对分子质量）和形状的多环芳烃化合物组成的混合物[25,26]。这些天然材料的多组分性质对于这类化合物（主要由未取代的多环芳烃核组成）中的液晶形成是必要的，但在很久之后才指出混合物对抑制高温晶相的作用[22]。盘状液晶混合相在碳材料文献中常被称为"碳质介晶相""介晶相沥青"或有时简称为"介晶相"。其发展历史已在文献 [19] 中得以综述，而且它是一系列重要技术材料的基础，包括中间相沥青制备的碳纤维，介晶相碳微珠（MCMBs），针状焦炭和某些形式的石墨。

这些前体与相（图 5-2a、c、i~k）全部为热致液晶，以熔融相的形式进行，并在加热条件下发生有序-无序转变。然而需要注意到的是，实际情况下加热所引起的由向列相（图 5-2j）到各向同性相（图 5-2k）的热致转变并非总被观察到，尤其是碳质介晶相（图 5-2c），因为经常在引起向列相-各向同性相的相变温度以下就发生了热分解[19]，因此相转变发生之前或同时就会发生分解，除非前体具有极高的化学稳定性[27]。用于抑制固态晶相的混合物也会对成分具有相关性[25]，并抑制柱状相的形成（图 5-2i），而且碳质介晶相的排列方式为向列型，即分子取向的统计波动沿着单一矢量方向，该矢量也被称为液晶指向矢，但分子质心的位置上却是无序的（图 5-2j）。

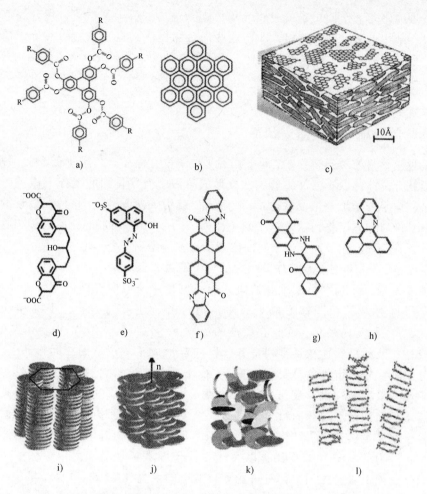

图 5-2 盘状或板状前体分子及其液晶相示意图（文献［20］，Wiley 许可）

a）三亚苯的六烷氧基或六烷基苯甲酸酯化所形成的热致液晶相[21]

b）六苯并蔻是一种较大的平面多环芳烃化合物，不形成液晶相，而是形成熔点相当高的
固晶相。纯净状态下，此类化合物或直接熔化形成各向同性的液相或分解

c）碳质中间相，此类多芳烃混合物由于组分较多，因此熔点降低，从而
表现为热致液晶相[22]。低分子量烃原料经热处理而形成的碳质
中间相是一类通过液晶合成生产一系列重要商用碳材料的实用性前体

d）、e）形成平面分子聚集液晶相 l）的平面结构的核-边缘双亲性化合物

f）～h）形成平面分子聚集液晶的其他分子核，如果磺化后可改变水溶性

i）～k）热致盘状液晶相，包括 i）柱相、j）向列相，以及 k）各向同性相

l）水溶液中棒状超分子堆叠体发生自排斥而形成的扁平分子堆叠溶致向列
液晶相。该图取自于 Chami 和 Wilson 报道的分子模拟结果（d～h）[23]。
需要注意的是，扁平分子堆叠液晶中的 π 键堆叠形成的柱体并
不总是单分子宽度，也可能发生团聚

最近的研究工作使用了由单组分单体如萘[27,28] 或甲基萘[29] 聚合而成的更加简单、结构更易于控制的相，即使这些混合物仍然具有较宽的相对分子质量分布，并且低聚物的分子结构也有差异。该领域近期的多数研究都集中在结构可控的单组分相，以及利用可控的定向组装方法构建有序结构。本章将主要讨论后一类工作。

5.2.2　溶致扁平分子堆叠液晶

一种碳材料的最新制备方法是使用扁平分子堆叠液晶，在这种液晶中，刚性盘状或板状分子前体以非共价的形式堆叠形成溶液中有序排列的超分子棒。自 1915 年以来，扁平分子堆叠液晶或 "chromonics" 就为人所知[30]，并且在最近的二十年间，其性质和应用受到越来越多的关注[31-36]。许多商用水溶性染料和药物都为扁平分子堆叠液晶相，而且近十年间出现了许多新型扁平分子堆叠液晶的分子设计（参见 Tam-Chang 和 Huang 工作[31] 中的分子结构大全）。

图 5-2l 显示了扁平分子堆叠的向列相，也是一个取向有序但位置无序的相。扁平分子堆叠液晶相能够形成更高阶的有序相，包括六方相，手性相和层状相[31,32]，主相为向列相，而且在更高的浓度下，主项为六方 M 相。在 M 相中，棒状或柱状液晶仍然存在且排列整齐，但同样形成了六边形的空间排布[32]。呈扁平分子堆叠相的市售分子实例如图 5-2d、e 所示。这些含有带电亲水性边缘基团的刚性、平面结构的共轭分子是水溶性的[2,17,31,37,38]，但核与面却是疏水性的。疏水表面和亲水边缘的组合使得这些化合物在水溶液中形成面对面堆叠的两亲性复合物。虽然其聚集结构和驱动力尚不清楚[31]，但除了疏水作用力外，能够产生色散力的 π-π 相互作用，以及此类分子中常见且引起面内极化的电负性杂质原子的静电吸引作用，都有可能导致这样的堆叠现象。这种分子堆叠在长度上可以增长到数百纳米，在黏度保持易于发生堆叠的足够低浓度条件下形成棒状液晶（图 5-21）。该堆叠过程被认为是 "等键的"，这意味着从棒状液晶或堆垛中增添或移除一个分子的过程所需的自由能（大约 5～10kT）与棒状液晶或堆垛长度无关[23,32]。由等键模型可知棒状液晶在任何浓度下都可存在，甚至在向列相/各向同性相（N/I）的转变点以下，但随着浓度的增加，它们的长度分布将会向更高的数值区域移动。有趣的是，DNA 和 RNA 可以被认为是 "侧链扁平分子堆垛体"[32]，其中氢键碱基对形成了一个螺旋上升的圆柱，就好似旋转楼梯的板状阶梯。

已经观察到一些扁平分子堆叠而构成的结构体能够在加热条件下转化为碳材料，并保留基本的超分子结构。这些分子包括图 5-2f～h[2] 中所示的有机染料核结构体的聚磺化形式。这种保持有序的能力是合成介晶碳的关键，但尚未系统研究形成该能力的前体结构或性质。从逻辑上讲，热分解和交联反应之间必定有竞争关系，一方面提供共价键合的超分子有序状态，另一方面，伴随气体产生的熔化、汽化或塑性变形将会导致无序化。根据我们的经验，芳香碳含量越高的前体，环缩合程度越高，并且具有单一中心延伸的空间填充共轭核的结构（而不是芳基-芳基连接的单环）则更可能通过碳化保持超分子的有序性。

这些液晶相虽然由盘状分子构成，但却与盘状热致液晶相完全不同。这种盘状液晶以超分子棒的形式存在，并且是带有大量电荷的胶体颗粒，通过静电排斥来稳定。它们的相互排斥作用将导致排除体积熵效应，高纵横比导致了定向排列，Onsager 曾在统计理论上证实过这一点[39,40]。这些液晶相可通过浓缩/稀释过程完成有序-无序转变，因此被归类为溶致液晶。虽然 Onsager 硬质棒状体系的相变与温度无关[39,40]，但扁平分子堆叠相的行为表现出一定的温度相关性，这可能反映了盘状-棒状堆叠的平衡，被认为具有一个焓分量并且与温度有关[31,33]。同时也认为这些体系的行为取决于含水体系中存在的天然反离子或其他盐类[31,33]。

5.3　实现组装的方法

液晶的有序化是自发进行的，但是如果没有施加外部控制，热波动或不受控制的流动过程将会导致液晶指向矢（定义分子平均取向的矢量）随机变化，从而限制单向有序区域的长度（图 5-1a、b）。对于介晶材料的许多应用，我们感兴趣的是在既定方向上一致的、长程的晶体排列，因此需要一些方法来实现超分子组装。实现组装的主要工具是表面、限域、流场以及电场或磁场。

表面或相边界决定了液晶相中局部指向矢的方向，这种现象被称为"表面锚定"[41-43]。热致盘状液晶显示出各种各样的锚定状态："垂直"或面方向；"平面"或边缘方向（图 5-3a），以及倾斜方向。这些锚定状态随着衬底的不同而系统性地发生变化，这为介晶材料设计者提供了一个至少在近表面区域实现组装的工具[45]。扁平分子堆叠液晶是溶解于溶剂中的溶致体系，它们与表面的主要相互作用是与界面排除体积相关联的熵效应（图 5-3c）。这种效应仅仅是几何意义上的，并且产生了长轴平行于基板平面的锚定状态。同样也可以实现垂直锚定状态，但仅限于改性衬底，比如用含有长烷基链的硅烷涂层处理过的玻璃[46]。这是棒状液晶的平面状态或"切向"或"侧面"状态（图 5-3c 和图 5-4），以及盘状液晶的垂直或面方向状态。不幸的是，这种状态对于所有衬底都是一样的，这让介晶材料的设计者少了一种工具，即丧失了选择衬底以实现组装的能力。但是，仍然可以借助于对齐的通道[47] 或定向摩擦[32] 对表面进行纹理化，或者使用流场（见下文）以控制衬底平面内棒状液晶的取向。

限域是构建介晶材料复杂结构体的有力工具。这里，表面锚定通常将液晶指向矢设置在上述近表面区域内，但是随着表面的有序化开始向内部传递，限域的几何结构将会产生各式各样弯曲的指向矢量场和缺陷或奇点（图 5-3b）。这些二维或三维的指向矢量场最终是自由能最小化的结果[44,48]，其中包括：（ⅰ）偏离首选的

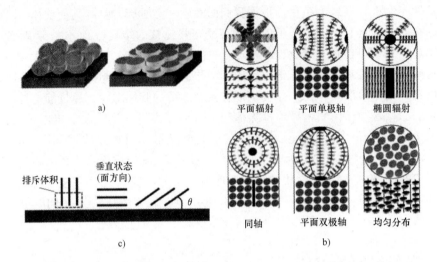

平面辐射　平面单极轴　椭圆辐射

同轴　平面双极轴　均匀分布

图 5-3　液晶表面锚定和限域（文献［20］，Wiley 许可）

a）多种盘状液晶表面锚定状态的示意图："平面"或边缘方向；"垂直"或面方向

b）圆柱几何中限域的盘状液晶的各种排序模式[44]

c）包括倾斜状态的各种锚定状态。同样也显示了与边缘方向或平面锚定状
态有关的界面排除体积

锚定状态（如果有的话）；（ⅱ）指向矢量场存在曲率，包括弯曲、展开、扭曲以及更高阶的情况；（ⅲ）缺陷产生，相可能转变为各向同性以防止指向矢量发生极大的弯曲。

　　流场及其他场作用可广泛用于液晶相的排列。由于盘状介晶相具有高黏度，因此利用场作用影响取向通常是不切实际的，而流场通常是取向的主要决定因素。流场引发的作用力极大，并且消除流场引发的有序化的热弛豫时间尺度很长。单轴向的延伸流场（拉伸流场）将棒状液晶单向排列整齐，这在纤维纺纱中是很常见的。同样的流场能够使盘状液晶的平面排列成与流场平行，但在垂直于流场的上却存在着多个液晶指向矢取向，导致介晶相碳纤维中存有各种横向结构[49]。双轴向的拉伸流场或"挤压流场"可在垂直于挤压的方向上对盘状液晶进行有序排列，并且可以用来将盘状液晶均匀地排列整齐[2]。剪切流场会引起包括翻转在内的更加复杂的行为，但在某些条件下可用于扁平分子堆叠液晶组成的超分子棒的单向排列，从而形成有序的石墨烯结构[2]。

　　图 5-4 显示了实现单向取向的流场有序化示例。使用迈耶棒技术将水溶液中的扁平分子堆叠液晶涂到基板上，然后通过直接加热碳化，将其转化为"垂直排列的石墨烯片层阵列"（VAGLA）。迈耶棒是一个圆柱形金属棒，螺旋缠绕着一根细金属丝，当放置在平面上时，会形成一系列细微的流体通道，由位于底部的基体和位于两侧邻近的金属丝所构成。在衬底上拉动迈耶棒基体时，会通过通道释放出既

定体积的液流，从而在顺流方向上形成厚度均匀的液态薄膜。流场是单向拉伸和剪切的共同作用，能够对扁平分子堆叠液晶棒或其他棒状分子（比如胶原）在平行于拉伸的方向上进行排列，如图 5-4 所示。为了让该技术发挥作用，沉积的液体在流场引发的有序排列发生热波动弛豫之前，必须经过干燥处理而形成有序排列的有机薄膜[2]。

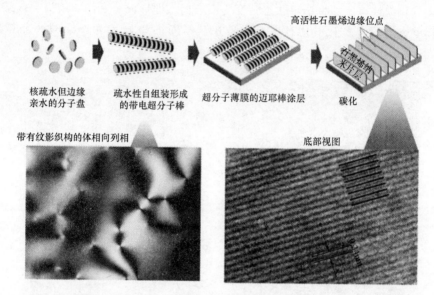

图 5-4 扁平分子堆叠液晶构成的液晶石墨烯结构体的组装机制（文献［20］，Wiley 许可）
上图为具有疏水核和亲水边缘的水溶性盘状液晶在水相中发生 π 键堆叠，从而形成超分子棒。在阈值浓度（N/I 转变）以上时，棒状液晶排列成向列型液晶相（光学照片，正交偏光镜）。棒状液晶的迈尔棒涂覆后再经过干燥处理，将形成单轴有序的有机膜，并可通过热处理直接转化为石墨烯碳。产物为垂直排列的石墨烯片层阵列，且片层取向能够在基体减薄后由高分辨 TEM 进行观察。

5.4 石墨烯介晶材料及其应用

由液晶前体或中间体制备碳材料的历史悠久，包括中间相沥青基碳纤维、针状焦和用于电弧炼钢的石墨阳极等重要工业材料。液晶相的主要功能是在碳材料体内确立长程有序的晶体排列，这对定向强度，刚度和导电性有重要意义。引起电池电极应用极大兴趣的 MCMBs（图 5-5a），是液晶限域制备商用材料的一个很好的例子。碳质介晶相通常首先在各向同性连续相中表现为不连续的液滴相，这里液-液相边界作为球形腔室，确立了的优美的、对称的指向矢量场，如图 5-5a 所示。多环芳烃分子在该界面的边缘方向上锚定，并且 3D 球面几何通常显示为双极轴或"布鲁克斯-泰勒"排列，尽管有时也会观察到其他图案[51,52]。

在氧化物纳米通道中对介晶相萘均聚物[17]，六（4-十二烷基苯基）苯和六（4-十二烷基苯基）-六-六苯并蔻烯[1] 进行限域成形，然后经过碳化并用 NaOH 蚀刻将模板去除，最后使用蒸馏水反复清洗所取出的纤维[1,44]，已证实可以制备出各种各样的纳米纤维类型，如图 5-5b、c 所示。熔融相中的盘状多环芳烃在氧化铝内壁发生边缘方向上的锚定，形成了图 5-5c 最左侧所示的片状对称纤维。改变内壁对碳的化学性质能够将锚定状态转变为面方向，即形成了右侧的结构，该结构类似于多壁碳纳米管，但不具有核，而是在其横断面中显示为连续的液晶指向矢图形。

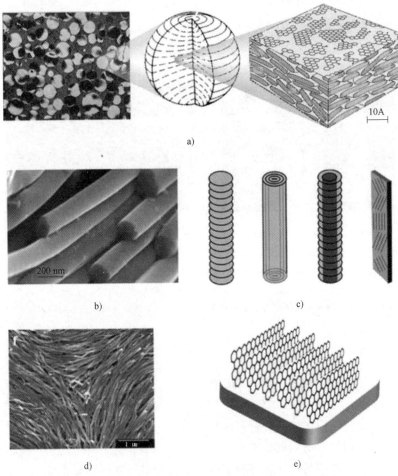

图 5-5　部分石墨烯液晶材料（文献［20］，Wiley 许可）

a）中间相碳微球（MCMB）

b）、c）通过使用氧化铝纳米通道对中间相（萘均聚物）进行模板化成形，
证实了能够制备出多种类型的纳米纤维

d）碳纳米管在液晶主溶剂中或单独使用时，都可以形成棒状液晶相[50]

e）衬底上扁平分子堆叠液晶组装而成的 VAGLA 结构的简图

扁平分子堆叠液晶前体在氧化铝纳米通道中发生毛细渗透，然后经过干燥和碳化，形成了具有独特晶体对称性的碳纳米管[17]，如图 5-3c 所示（中空结构）。这些内嵌的碳纳米管的内表面完全由石墨烯边缘位点组成，并且本质上可以看作是三维高表面积的 VAGLA 薄膜，适用于催化剂载体或基于化学吸附的捕获或检测。在某些条件下，无论是在液晶主溶剂中还是单独使用，碳纳米管都能形成棒状液晶相[50,53]，并且可以产生液晶纹理显而易见的干燥沉积物（图 5-5d）。最后，图 5-5e 显示了在 5.3 节讨论的基底上扁平分子堆叠液晶组装体制备的 VAGLA 结构。

除了简单的薄膜和纤维之外，具有芳香核的溶致液晶已被用于组装更复杂的结构体，例如多层薄膜[54,55]、有序纳米带[47]、烟囱结构[56-58]、螺旋缠绕管[59] 和球形囊泡[60]，尽管这些结构暂且尚未化学转化为石墨烯碳。

超分子碳和石墨烯结构的潜在应用包括催化[61,62]、电极[63] 和锂离子电池[51,64]。大多数碳纤维目前都是由聚丙烯腈（PAN）或人造纤维丝制成的，尽管某些应用也首选具备所需强度和柔性特征的中间相沥青基纤维。

介晶纳米碳或石墨烯超结构体是一类相对较新的碳材料。这些材料的潜在吸引力包括裸露的石墨烯边缘位点具有较高活性位点密度，插层物质易于进入层内空间，以及设计可以实现并满足微图案化的光学，电子和化学特性的能力。这些材料的大多数应用潜力都涉及这些材料的一种或多种特性。纳米纤维与碳纳米管的应用领域类似，可用作增强剂或用于复合材料，或作为需要电磁干扰（EMI）屏蔽性能的电极结构或聚合物的导电添加剂。由于片状对称纤维的高活性位点密度或层内空间易于插入，所以非常适合于用作催化剂载体或电池电极。在微限域环境下热致盘状前体制成的纳米碳在大规模应用中并不具优势，因为需要使用昂贵的牺牲模板。

相比而言，扁平分子堆叠液晶所制备的材料并不需要模板或稳定化过程，如果分子前体大量可用，那么可以进行简易且廉价的制备。正因如此，它们可能更加适合于产品的未来发展。VAGLA 合成过程中作为中间相的各向异性有机薄膜具备作为线偏振器、光学补偿器、延迟器、取向层和滤色器的应用潜力[31]。碳化的 VAGLA 保留了其中一些特性，对温度和流场环境特别稳定。它们也变得导电[37]，并且随着退火温度升高，电导率增加到约 2000S/cm[37]。

图 5-6 给出了 VAGLA 薄膜的一些潜在应用。它们适于作为薄的导电或极化薄膜（图 5-6a），并且通过调节溶液浓度，厚度可控制低至 10nm（图 5-6b）。当厚度为 10nm 时，构成薄膜的石墨烯片层变成狭窄的石墨烯带，并且侧面方向（这里为垂直方向）的限域可改变其电子性质，就像在单层石墨烯中观察到的一样[16]。也可以在局部对薄膜施加剪切作用，从而形成仅在偏振光下可见的图案（图 5-6c、d）。在薄膜表面上大量的石墨烯边缘位点具有很高的化学活性，这可以赋予表面超亲水性（图 5-6e），但相同条件下传统碳膜的亲水性就要差一些（图 5-6f、g）。通过使用其他化学基团，同样的化学反应性可用于实现高密度的功能化，从而作为移植或细胞生长培养的生物基质。另一类潜在的应用则利用了垂直排列的石墨烯带之间的层间空间

易于发生插层的特点（图 5-6i）。锂离子在该空间中的插层可直接发生在顶部表面，而传统的碳材料仅能在缺陷部位或晶界处（图 5-6h）。VAGLA 薄膜的锂化产生了面内的扩张应力（图 5-6i），而不同于传统薄膜在面外发生扩张，这提供了一种通过薄膜变形测量应力的方法（图 5-6i）。由于扩散长度很短，并且层间空间的入口众多，所以 VAGLA 薄膜将有望成为高放电率电极。其他报道的应用包括用于太阳能电池[37]，宏电子和微电子[38] 以及 Z 方向纳米孔[2] 的透明导电薄膜。

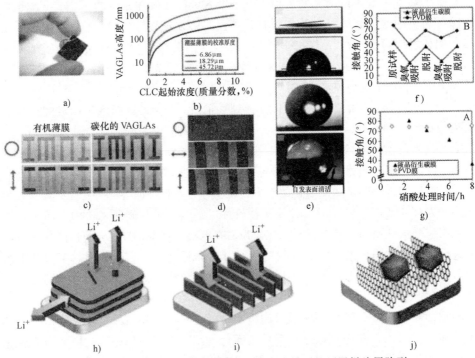

图 5-6　由扁平分子堆叠液晶制成的垂直排列的石墨烯片层阵列
（VAGLA）的潜在应用（文献［20］，Wiley 许可）

a)、b) 透明导电偏振薄膜，其厚度可以通过调节溶液中前驱体的浓度来调节

c)、d) 使用神奇画笔通过局部剪切流场引起的受偏振光控制的微图案

e) ~g) 活性上表面的官能化所形成的超亲水表面。图 f 和 g 为与经过相同处理的常规碳膜相比，接触角的变化情况[65]

h)、i) 高倍率碱离子电池的电极，利用了 VAGLA 结构所提供的较大层间空间及较短的扩散路径

j) 催化剂载体，其中活性纳米颗粒与石墨烯边缘原子相接或键合

5.5　热致与溶致液晶组装方法的对比

介晶碳材料的热致和溶致方法是显著不同的，具有各自的优点和缺点。热致方

法的优点如下：

1）通过选择衬底或限域表面来决定表面锚定状态的能力。热致液晶相显示出与衬底有关的表面锚定状态，溶致液晶相的锚定状态却与衬底无关，而是由界面排斥体积和界面熵的几何效应所决定。

2）可采用低成本的前体，即重烃或萘聚合的热处理而形成的中间相沥青。

3）大多数前体中的杂原子含量较低。

热致方法的主要缺点是需要稳定化处理，从而在前体相中确立的盘状有序排列实现共价结合。简单加热热致盘状液晶相通常会产生气体逸出，并且随着气体从高黏度的熔融相中逸出，会破坏超分子有序排列的两种物理形式。典型的结果是膨胀，泡沫形成以及纤维几何形状和取向分子排列的损失。这可以通过纳米限域来抵消[44]，但需要牺牲模板，或通过低温氧化稳定过程抵消。二价氧原子与玻璃态固相中的多环芳烃分子发生交联，并形成了所需的分子排列，经后续加热后结构得以稳定。氧化稳定化是在碳纤维生产中得到验证的技术，但速度很慢，并大大增加了材料生产的成本。

溶致（扁平分子堆叠）方法具有不同的优点：

1）采用水相在室温下进行的简单"绿色"过程。

2）在多种体系中无须使用氧化稳定或限域牺牲模板。在许多情况下，有机固相中分子间的范德瓦尔斯力足以防止加热过程中的重排。在这些情况下，溶剂（水）的蒸发引起了液晶状态中的分子排序。

3）可使用刷子，刀片或迈耶棒形成的简易剪切流场控制取向排列或整齐有序图案的能力。

重要的加工优势1）和2）表明，如果前体的成本可以接受，那么溶致方法非常适用于大规模卷到卷的制造生产。

溶致方法的一个弊端是不规则和富含杂原子的前体，这点已在研究中得以证实。在石墨烯碳材料中，较差的插层性能和芳香核（图5-2）的氮与氧含量，以及参与磺化的硫在许多寻求高导电或高强度的应用中并不是必需的。今后对其他分子核的研究可能会克服这种缺点，尤其是当这些分子核被选作石墨烯碳的前体时。

5.6　展望

碳和石墨烯结构的超分子合成是一个激动人心的朝阳产业，有着广阔的前景。采用液晶材料作为前体或中间体，为这一领域增添了一个新的维度，即系统地控制石墨烯片层取向图案的能力。碳和石墨烯的超分子合成的许多惊喜之处在于能够将具有明确结构的分子前体进行聚合，从而生成石墨烯带或其他石墨烯碳结构，并可以精确控制原子的位置（参见Müllen与同事的近期研究工作[1,16]）。液晶方法尚未达到这种控制程度，但开发出同时为液晶相且专为高效插层聚合（"介晶单体"）

而设计的新型前体能够将这两种方法的优势整合。实现这一理想目标的一个障碍在于较大的未取代多环芳烃化合物无法形成热致盘状液晶，其常规堆积的结果是高熔点固体晶体而不是有序流体[24]。扁平分子堆叠方法在这方面则具有更好的前景，因为两亲性π键堆垛在原则上是可以与各种不同的多环芳烃核结构共存的。我们能否设计出可形成扁平分子堆叠液晶相的分子，并能够有序进行侧向聚合，从而填充空间并生成高质量的石墨烯碳或阵列纳米带？这是未来的挑战。我们或许同样能通过使用基于更大芳香核的新型扁平分子堆叠相而不是迄今为止已经合成的扁平分子堆叠相，来提升我们制备延伸的石墨烯结构的能力，因为在扁平分子堆叠液晶组装过程中的核尺寸似乎并没有基本的限制[32]。

最后，介晶碳材料领域现在已经有了一种新的前驱体可以使用，这就是氧化石墨烯。这种单原子厚，氧化了的石墨烯片可以在水溶液胶体相中组装[23]，并通过化学或热还原处理转化成各种石墨烯基材料[66]。通过组装片状结构单元而寻求构建新型三维碳结构体已经成为一个新兴的领域[67-72]。最近，有三个独立的实验室报道了浓缩的氧化石墨烯悬浮液能够形成盘状溶致液晶相[73-75]。在撰写本文时，有理由相信单层氧化石墨烯将成为新型石墨烯超结构和工程碳材料的新型、巨大的分子液晶前体。

致　　谢

作者要感谢布朗大学的 Brian Sheldon 教授和 Amartya Mukhopad-hyay 博士为 VAGLA 电池应用做出的技术贡献，感谢 Carben Semiconn（南旧金山）的 Pavel Lazarev 博士和 Gregory King 博士提供的材料和技术讨论，以及感谢 Klaus Müllen 教授的邀请，有机会能为这个特殊领域贡献自己的绵薄之力。

参 考 文 献

1 Zhi, L.J., Wu, J.S., Li, J.X., Kolb, U., and Müllen, K. (2005) *Angew. Chem. Int. Ed.*, **44**, 2120.

2 Guo, F., Mukhopadhyay, A., Sheldon, B.W., and Hurt, R.H. (2011) *Adv. Mater.*, **23**, 508.

3 Obraztsov, A.N. (2009) *Nat. Nanotechnol.*, **4**, 212.

4 Reina, A., Jia, X.T., Ho, J., Nezich, D., Son, H.B., Bulovic, V., Dresselhaus, M.S., and Kong, J. (2009) *Nano Lett.*, **9**, 30.

5 Kim, K.S., Zhao, Y., Jang, H., Lee, S.Y., Kim, J.M., Kim, K.S., Ahn, J.H., Kim, P., Choi, J.Y., and Hong, B.H. (2009) *Nature*, **457**, 706.

6 Li, X.S., Cai, W.W., An, J.H., Kim, S., Nah, J., Yang, D.X., Piner, R., Velamakanni, A., Jung, I., Tutuc, E., Banerjee, S.K., Colombo, L., and Ruoff, R.S. (2009) *Science*, **324**, 1312.

7 Ebbesen, T.W. and Ajayan, P.M. (1992) *Nature*, **358**, 220.

8 Journet, C., Maser, W.K., Bernier, P., Loiseau, A., dela Chapelle, M.L., Lefrant, S., Deniard, P., Lee, R., and Fischer, J.E. (1997) *Nature*, **388**, 756.

9 Paul, R.K., Ghazinejad, M., Penchev, M., Lin, J.A., Ozkan, M., and Ozkan, C.S. (2010) *Small*, **6**, 2309.

10 Rummeli, M.H., Bachmatiuk, A., Borrnert, F., Schaffel, F., Ibrahim, I., Cendrowski, K., Simha-Martynkova, G., Placha, D., Borowiak-Palen, E., Cuniberti, G., and Buchner, B. (2011) *Nanoscale Res. Lett.*, **6** (**1**), 303.

11 Li, Z., Zhu, H.W., Xie, D., Wang, K.L., Cao, A.Y., Wei, J.Q., Li, X.A., Fan, L.L., and Wu, D.H. (2011) *Chem. Commun.*, **47**, 3520.

12 Li, Z., Zhu, H.W., Wang, K.L., Wei, J.Q., Gui, X.C., Li, X.A., Li, C.Y., Fan, L.L., Sun, P.Z., and Wu, D.H. (2011) *Carbon*, **49**, 237.

13 Dhakate, S.R., Chauhan, N., Sharma, S., Tawale, J., Singh, S., Sahare, P.D., and Mathur, R.B. (2011) *Carbon*, **49**, 1946.

14 Chung, D.D.L. (1987) *J. Mater. Sci.*, **22**, 4190.

15 Thomy, A., Ousset, J.C., Furdin, G., Pelletier, J.M., and Vannes, A.B. (1987) *J. Phys. Paris*, **48**, 115.

16 Cai, J.M., Ruffieux, P., Jaafar, R., Bieri, M., Braun, T., Blankenburg, S., Muoth, M., Seitsonen, A.P., Saleh, M., Feng, X.L., Müllen, K., and Fasel, R. (2010) *Nature*, **466**, 470.

17 Chan, C., Crawford, G., Gao, Y.M., Hurt, R., Jian, K.Q., Li, H., Sheldon, B., Sousa, M., and Yang, N. (2005) *Carbon*, **43**, 2431.

18 Dossel, L., Gherghel, L., Feng, X.L., and Müllen, K. (2011) *Angew. Chem. Int. Ed.*, **50**, 2540.

19 Hurt, R.H. and Chen, Z.Y. (2000) *Phys. Today*, **53**, 39.

20 Guo, F. and Hurt, R.H. (2012) *Macromol. Chem. Phys.*, **213** (**10–11**), 1164.

21 Tinh, N.H., Destrade, C., and Gasparoux, H. (1979) *Phys. Lett. A*, **72**, 251.

22 Hurt, R. and Hu, Y. (1999) *Carbon*, **37**, 281.

23 Chami, F. and Wilson, M.R. (2010) *J. Am. Chem. Soc.*, **132**, 7794.

24 Hu, Y. and Hurt, R.H. (2001) *Carbon*, **39**, 887.

25 Burgess, W.A. and Thies, M.C. (2007) *Fluid Phase Equilib.*, **261**, 320.

26 Cristadoro, A., Kulkarni, S.U., Burgess, W.A., Cervo, E.G., Rader, H.J., Müllen, K., Bruce, D.A., and Thies, M.C. (2009) *Carbon*, **47**, 2358.

27 Lewis, I.C. (1978) *Carbon*, **16**, 503.

28 Dunmur, D., Fukuda, A., and Luckhurst, G.R. (2001) *Physical Properties of Liquid Crystals: Nematics*, INSPEC, Institution of Electrical Engineers, London.

29 Takaba, H., Katagiri, M., Kubo, M., Vetrivel, R., and Miyamoto, A. (1995) *Microporous Mater.*, **3**, 449.

30 Sandqvist, H. (1915) *Ber. Dtsch. Chem. Ges.*, **48**, 2054.

31 Tam-Chang, S.W. and Huang, L.M. (2008) *Chem. Commun.*, **17**, 1957.

32 Lydon, J. (2010) *J. Mater. Chem.*, **20**, 10071.

33 Nastishin, Y.A., Liu, H., Schneider, T., Nazarenko, V., Vasyuta, R., Shiyanovskii, S.V., and Lavrentovich, O.D. (2005) *Phys. Rev. E*, **72**, 041711.

34 Kuriabova, T., Betterton, M.D., and Glaser, M.A. (2010) *J. Mater. Chem.*, **20**, 10366.

35 Park, H.S., Kang, S.W., Tortora, L., Kumar, S., and Lavrentovich, O.D. (2011) *Langmuir*, **27**, 4164.

36 Iverson, I.K., Casey, S.M., Seo, W., Tam-Chang, S.W., and Pindzola, B.A. (2002) *Langmuir*, **18**, 3510.

37 Khokhlov, P.E., Krivoschepov, A.F., Lazarev, P.I., and Utochnikova, V.V. (2009) Organic Semiconductor Conference and Exhibition, London, UK, September, 2009.

38 Khokhlov, P.E., Krivoschepov, A.F., Lazarev, P.I., and Utochnikova, V.V. (2008) Organic Semiconductor Conference (OSC-08), Frankfurt, Germany, September, 2008.

39 Onsager, L. (1949) *Ann. N.Y. Acad. Sci.*, **51**, 627.

40 Vroege, G.J. and Lekkerkerker, H.N.W. (1992) *Rep. Prog. Phys.*, **55**, 1241.

41 Gennes, P.-G.d. and Prost, J. (1993) *The Physics of Liquid Crystals*, 2nd edn, Clarendon Press, Oxford.

42 Bahadur, B. (1990) *Liquid Crystals: Applications and Uses*, World Scientific, Singapore.

43 Creagh, L.T. and Kmetz, A.R. (1973) *Mol. Cryst. Liq. Cryst.*, **24**, 59.

44 Jian, K.Q., Shim, H.S., Schwartzman, A., Crawford, G.P., and Hurt, R.H. (2003) *Adv. Mater.*, **15**, 164.

45 Jian, K.Q., Shim, H.S., Tuhus-Dubrow, D., Bernstein, S., Woodward, C., Pfeffer, M., Steingart, D., Gournay, T., Sachsmann, S., Crawford, G.P., and Hurt, R.H. (2003) *Carbon*, **41**, 2073.

46 Nazarenko, V.G., Boiko, O.P., Park, H.S., Brodyn, O.M., Omelchenko, M.M., Tortora, L., Nastishin, Y.A., and Lavrentovich, O.D. (2010) *Phys. Rev. Lett.*, **105**.

47 Tam-Chang, S.W., Helbley, J., Carson, T.D., Seo, W., and Iverson, I.K. (2006) *Chem. Commun.*, **5**, 503.

48 Gupta, G. and Rey, A.D. (2005) *Carbon*, **43**, 1400.

49 Yan, J. and Rey, A.D. (2002) *Carbon*, **40**, 2647.

50 Song, W.H. and Windle, A.H. (2008) *Adv. Mater.*, **20**, 3149.

51 Chang, Y.C., Sohn, H.J., Ku, C.H., Wang, Y.G., Korai, Y., and Mochida, I. (1999) *Carbon*, **37**, 1285.

52 Singer, L.S. (1985) *Faraday Discuss.*, **79**, 265.

53 Bisoyi, H.K. and Kumar, S. (2011) *Chem. Soc. Rev.*, **40**, 306.

54 Tolkki, A., Vuorimaa, E., Chukharev, V., Lemmetyinen, H., Ihalainen, P., Peltonen, J., Dehm, V., and Wurthner, F. (2010) *Langmuir*, **26**, 6630.

55 Boiko, O., Homarov, O., Vasyuta, R., Nazarenko, V., Slominskiy, Y., and Schneider, T. (2005) *Mol. Cryst. Liq. Cryst.*, **434**, 633.

56 Kustanovich, I., Poupko, R., Zimmerman, H., Luz, Z., and Labes, M.M. (1985) *J. Am. Chem. Soc.*, **107**, 3494.

57 Tiddy, G.J.T., Mateer, D.L., Ormerod, A.P., Harrison, W.J., and Edwards, D.J. (1995) *Langmuir*, **11**, 390.

58 Harrison, W.J., Mateer, D.L., and Tiddy, G.J.T. (1996) *J. Phys. Chem.*, **100**, 2310.

59 Hill, J.P., Jin, W.S., Kosaka, A., Fukushima, T., Ichihara, H., Shimomura, T., Ito, K., Hashizume, T., Ishii, N., and Aida, T. (2004) *Science*, **304**, 1481.

60 Grohn, F., Klein, K., and Koynov, K. (2010) *Macromol. Rapid Commun.*, **31**, 75.

61 Gao, R., Tan, C.D., and Baker, R.T.K. (2001) *Catal. Today*, **65**, 19.

62 Bessel, C.A., Laubernds, K., Rodriguez, N.M., and Baker, R.T.K. (2001) *J. Phys. Chem. B*, **105**, 1115.

63 Wang, X., Zhi, L.J., and Müllen, K. (2008) *Nano Lett.*, **8**, 323.

64 Yoon, S.H., Park, C.W., Yang, H.J., Korai, Y., Mochida, I., Baker, R.T.K., and Rodriguez, N.M. (2004) *Carbon*, **42**, 21.

65 Yan, A.H., Xiao, X.C., Kulaots, I., Sheldon, B.W., and Hurt, R.H. (2006) *Carbon*, **44**, 3116.

66 Compton, O.C. and Nguyen, S.T. (2010) *Small*, **6**, 711.

67 Dikin, D.A., Stankovich, S., Zimney, E.J., Piner, R.D., Dommett, G.H.B., Evmenenko, G., Nguyen, S.T., and Ruoff, R.S. (2007) *Nature*, **448**, 457.

68 Eda, G., Fanchini, G., and Chhowalla, M. (2008) *Nat. Nanotechnol.*, **3**, 270.

69 Chen, C.M., Yang, Q.H., Yang, Y.G., Lv, W., Wen, Y.F., Hou, P.X., Wang, M.Z., and Cheng, H.M. (2009) *Adv. Mater.*, **21**, 3007.

70 Lee, S.H., Kim, H.W., Hwang, J.O., Lee, W.J., Kwon, J., Bielawski, C.W., Ruoff, R.S., and Kim, S.O. (2010) *Angew. Chem. Int. Ed.*, **49**, 10084.

71 Lee, D.H., Kim, J.E., Han, T.H., Hwang, J.W., Jeon, S., Choi, S.Y., Hong, S.H., Lee, W.J., Ruoff, R.S., and Kim, S.O. (2010) *Adv. Mater.*, **22**, 1247.

72 Lee, S.H., Lee, D.H., Lee, W.J., and Kim, S.O. (2011) *Adv. Funct. Mater.*, **21**, 1338.

73 Kim, J.E., Han, T.H., Lee, S.H., Kim, J.Y., Ahn, C.W., Yun, J.M., and Kim, S.O. (2011) *Angew. Chem. Int. Ed.*, **50**, 3043.

74 Xu, Z. and Gao, C. (2011) *ACS Nano*, **5** (4), 2908.

75 Guo, F., Kim, F., Han, T.H., Shenoy, V.B., Huang, J., and Hurt, R.H. (2011) *ACS Nano*, **5**, 8019.

第6章

单壁碳纳米管六铬配合物的合成与表征

Irina Kalinina，Elena Bekyarova，Santanu Sarkar，

Mikhail E. Itkis，Sandip Niyogi，Neetu Jha，Qingxiao Wang，Xixiang Zhang，

Yas Fadel Al-Hadeethi 和 Robert C. Haddon

6.1 引言

　　作为一种实现可溶性材料的方法，碳纳米管（CNT）的化学功能化已被广泛研究[1,2]，用于制备功能结构和器件[3-5]，调节与分子和聚合物间的相互作用[6-8]，改善电子和光学性质[9,10]，并促进生物医学应用[11-13]。除了电子结构以外，碳纳米管的化学反应性还受曲率引起的锥形化与 π 轨道的错位控制，这让碳纳米管成为一种与众不同的材料，介于反应性更强的富勒烯和平面石墨烯结构之间[14,15]。碳纳米管的端基功能化和侧壁化学加成反应受到了广泛的关注[16,17]。此外，还广泛研究了使用各种分子、原子和配合物对纳米管进行内层填充，用于制备纳米线及储能和药物递送等应用。碳纳米管的内腔能够使用富勒烯、金属[18-22]、金属氧化物[23]、碱金属氢氧化物[24,25] 和（非共价形式包覆的）过渡金属配合物[26] 进行填充。

　　有机金属的功能化（本工作的主题）[27-29] 与金属原子在不同形式的空心碳同素异形体中的物理内嵌，认清两者的区别十分重要。在富勒烯的首个研究报告中就已经预见了受物理约束的金属原子[30]，而且很快就找到了此类物质存在的证据，现如今具有此类晶体结构的物质是十分常见的[31-37]。过渡金属-富勒烯化合物通常可分为两种主要类别：一类为金属包合（内嵌），一般包括由金属到富勒烯笼的电荷转移形成的离子键合[35,37]，另一类为形成共价键合的 η^2-过渡金属配合物[31,38]，能够缓解富勒烯结构中的应变[39,40]。然而，富勒烯的曲率不利于形成哈普托数更高的内嵌金属配合物，由于环碳原子的再次杂化将导致富勒烯 π 轨道远离金属，因此 C_{60} 难以作为配体发生五配位（η^5）或六配位（η^6）配合反

应[40,41]。五取代的 C_5 富勒烯衍生物的制备表明，功能化可以改善某个环戊二烯环的曲率[42,43]，并首次制备了五配位的内嵌有机金属富勒烯衍生物[42-49]。在 C_{60} 中，π 轨道轴矢量（POAV）偏离了各环的中心，让 16° 角度方向（POAV2）成为五元环平面的法线方向，并让 26° 角度方向（POAV2）成为六元环平面的法线方向，因此，相对于五配位（η^5）配合，六配位（η^6）配合更加难以形成[40]。

尽管金属-碳纳米管配合物在催化、光化学过程和电子学方面具有很大的潜力，但碳纳米管的有机金属化学性质却相当有限[31]。一些分离出的化合物包括：以 Vaska 配合物形式存在的铱配合物 [$trans$-IrCl(CO)(PPh$_3$)$_2$]，其以 η^2 配位形式与纯单壁碳纳米管（SWNT）进行配位[50]；以 Wilkinson 配合物形式存在的铑配合物 [RhCl(PPh$_3$)$_3$]，其与氧化 SWNT 中的氧发生配位[51]；以及与氧化 SWNT 配位的 Zn(OAc)$_2$[52]。合成了一种 HiPCO SWNT 的铬配合物，并被用于 Diels-Alder 反应的催化剂[53]。

尽管已证实铬配合物具有显著的抗分离性，但由于巴基碗提供了许多凹面和凸面[54]，为高哈普托数的有机金属功能化反应提供了有趣的平台[55]。因此，此类化合物不断增多，而且现在能够对外接与内嵌模式的有机金属配位巴基碗进行结构表征[56-60]。

最近，我们研究了石墨材料的有机金属化学性质，并证实了铬能够与石墨烯、石墨和单壁碳纳米管发生 η^6 配合反应[15,27-29,61]。所有这些扩展的周期性 π 电子体系对试剂 Cr(CO)$_6$ 和（η^6-benzene）Cr(CO)$_3$ 都表现出一定程度的反应性，并且我们能够证明形成了（η^6-arene）Cr(CO)$_3$、（η^6-arene）Cr（η^6-benzene）或（η^6-arene）$_2$Cr，其中 arene 为剥离石墨烯（XG）、外延生长石墨烯（EG）和高温热解石墨（HOPG），并形成了（η^6-arene）Cr（η^6-benzene）配合物，其中 arene 为 SWNT。研究发现，与石墨烯相比，SWNT 更难发生配位反应，可能是曲率对形成六配位键的影响造成的。

通过优化反应条件（温度与试剂的摩尔比），但尤其是通过使用可溶性 SWNT 作为起始材料，Cr(CO)$_6$ 和（η^6-benzene）Cr(CO)$_3$ 与 SWNT 侧壁的反应性可大幅提升，在本章中我们报道了 SWNT-Cr 配合物的合成，该配合物是由纯化的 SWNT 和十八胺端基功能化的 SWNT（SWNT-CONH(CH$_2$)$_{17}$CH$_3$）[1,62] 与六羰基铬和苯三羰基铬反应而制得的[28]。值得注意的是，SWNT-CONH(CH$_2$)$_{17}$CH$_3$ 材料的铬配合物和金属簇加合物仍然可溶于有机溶剂，这使得它们能够通过光谱技术进行详细的表征，并且我们证实了这些化合物中有机金属键合的显著共价性质[28]。尽管如此，在如此分类的情况下，我们讨论了这些有机金属化合物中的反向电荷转移现象（供体-受体极性转换）[63]，并讨论了多环芳烃的 η^6 金属配合物中经常会提到的键合位置问题[64-66]。为此，我们进一步拓宽了研究，通过对 SWNT 薄膜进行第六族金属的电子束蒸镀，来考察双六配位键合对 CNT 结电阻的影响[28,67,68]。

6.2 实验部分

电弧法 (EA) 制备的纯化 SWNT (P2-SWNT) 和十八胺功能化的 SWNT (SWNT-CONH(CH_2)$_{17}CH_3$, P5-SWNT) 购自于 Carbon Solutions, Inc. (http://www.carbonsolution.com)。P2-SWNT 材料的金属含量为 4.2%,而 SWNT-CONH(CH_2)$_{17}CH_3$ 材料的金属含量为 4.5%。EA-SWNT 的直径估计为 $d = 1.34$[69],1.55nm[70]。无水 N,N-二甲基甲酰胺 (DMF) 购自于 EMD Chemicals, Inc.。所有其他化学品购自于 Aldrich,并且未经进一步纯化即使用。在铬配合反应之前,使用正己烷和索氏萃取法对 SWNT-CONH(CH_2)$_{17}CH_3$ 材料进行了清洗;最终材料的质量组成为 ODA:SWNT=35:65,ODA 为十八胺。所有与铬配合物有关的反应都在黑暗处中进行,并在惰性气氛下使用标准 Schlenk 管技术并使用无水溶剂和烘干的玻璃器皿。所有的操作必须在通风橱中进行。

超声在水浴超声仪中进行 (Aquasonic 50HT, VWR Scientific, 超声功率为 75W,频率约为 40kHz)。

热重分析 (TGA) 数据由 Pyris 1 TGA 热重分析仪 (Perkin-Elmer) 在空气中以 5℃/min 的加热速度记录。

使用 Varian Cary 5000 分光光度计测量了 4000~40000cm^{-1} 频率范围的紫外-可见-近红外光谱。FT-IR 和 ATR-IR 光谱由 Nicolet Nexus 670 FT-IR 光谱仪获得,分辨率为 8cm^{-1},200 次扫描,频率范围为 400~4000cm^{-1}。对于光谱测量,利用 5min 的水浴超声处理制备了材料在四氯化碳中的分散液,并在 1mm 石英比色皿中记录光谱,在室温度下使用相同的分散液滴铸在 ZnSe 衬底上制备薄膜。

将粉体放在铝块上,并使用 Nicolet Almega XR 仪器测量拉曼光谱,激光波长为 532nm 和 780nm,光谱分辨率为 6cm^{-1},空间分辨率为 0.7μm。

使用 Kratos Axis Ultra 光谱仪 (Kratos Analytical, Manchester, UK) 对样品进行 X 射线光电子能谱测量,激发源为 1486eV 的 Al Kα 射线,气压约为 1×10^{-9}Torr (1Torr=133.322Pa)。通过在 Si/SiO$_2$ 衬底上沉积 CCl$_4$ 分散液滴并在空气中干燥来制备材料的薄膜。在 X 射线功率为 270W 和通过能为 160eV 的条件下记录了样品的全谱。灯丝所释放出的低能量电子被用于电荷中和。

TEM 图像由 Philips Technai 12 显微镜在 120kV 电压下获得。将少量样品在乙醇中稀释并滴到直径为 3.05mm 的覆有碳膜的铜网上用于成像。在电镜观察之前,铜网在环境气氛中干燥。

高分辨率 TEM 图像由 FEI Titan 80-300kV (ST) S/TEM 在 300kV 条件下获得,TEM 模式下的点分辨率约为 0.205nm。

6.2.1 (η^6-SWNT)Cr(CO)$_3$ 配合物(3a)的合成

将 P2-SWNT 材料 (50mg, 4.17mmol 碳) 在无水正丁醚 (20mL) 中用水浴超

声波仪超声处理 2h 以形成均匀悬浮液，再用氩气脱气 1h。在无光条件下将六羰基铬（114mg，0.52mmol，FW（相对分子质量）= 220.06）加入悬浮液中，在 110℃下加热五天。然后反应混合物冷却至室温，并使用 0.22 μm 的 PTFE（聚四氟乙烯）滤膜过滤。用正丁醚和正己烷洗涤去除过量的六羰基铬。将产物在干燥器中真空避光干燥 3 天，得到 99mg 的（η^6-SWNT）Cr(CO)$_3$ 配合物，为黑色固体。

6.2.2 [η^6-SWNT-CONH(CH$_2$)$_{17}$CH$_3$]Cr(CO)$_3$配合物（4a）的合成

将 SWNT-CONH（CH$_2$）$_{17}$CH$_3$ 材料（52.4mg，4.37mmol 碳）在无水正丁醚（20mL）中用浴超声波仪超声处理 2h，并用氩气脱气 1h。将六羰基铬（240mg，1.1mmol，FW = 220.06）加入到 SWNT-CONH（CH$_2$）$_{17}$CH$_3$ 的正丁醚悬浮液中，并且将所得混合物在无光和氩气条件下 110℃加热 5 天。冷却至室温后，在无光条件下将产物收集到滤膜上，用正丁醚和正己烷洗涤数次以除去过量的六羰基铬，然后在干燥器中真空干燥 3 天，获得 140.87mg 的 [η^6-SWNT-CONH(CH$_2$)$_{17}$CH$_3$]Cr(CO)$_3$ 配合物，为黑色固体。

6.2.3 （η^6-SWNT）Cr(η^6-C$_6$H$_6$）配合物（5a）的合成

将 P2-SWNT 材料（50mg，4.17mmol 碳）在无水正丁醚（20mL）中超声处理 2h 以获得均匀悬浮液。然后在装有气体出口和冷凝器的烧瓶中在无光情况下用氩气将悬浮液脱气 1h。将（η^6-苯）三羰基铬（112mg，0.52mmol，FW = 214.14）加入到悬浮液中，并在氩气和无光条件下，将混合物在 120℃加热 5 天。将混合物用 0.22μm 的 PTFE 膜过滤，并用正丁醚和正己烷洗涤数次。（η^6-SWNT）Cr(benzene) 配合物在无光条件下的干燥器中真空干燥 3 天，得到 80.3mg 的黑色固体。

6.2.4 [η^6-SWNT-CONH(CH$_2$)$_{17}$CH$_3$]Cr(η^6-C$_6$H$_6$)配合物（6a）的合成

将 SWNT-CONH（CH$_2$）$_{17}$CH$_3$ 材料（54.5mg，4.54mmol 碳）在无水正丁醚（20mL）中超声处理 2h 以获得均匀悬浮液。在没有光的情况下，悬浮液用氩气脱气 1h。在室温下加入（η^6-Benzene）Cr(CO)$_3$（250mg，1.17mmol），并在氩气和无光条件下，将混合物在 120℃加热 9 天。将溶液冷却至环境温度，使用正丁醚和正己烷过滤及洗涤。将残留的黑色固体在无光条件下的干燥器中真空干燥 3 天，获得 203.5mg 的 [η^6-SWNT-CONH(CH$_2$)$_{17}$CH$_3$]Cr(η^6-C$_6$H$_6$)配合物。

6.2.5 去配合反应

为了研究 SWNT 配体的去配合反应，通过 30min 超声处理将 [(η^6-SWNT-CONH(CH$_2$)$_{17}$CH$_3$)]Cr(CO)$_3$（**4a**）和 [η^6-SWNT-CONH(CH$_2$)$_{17}$CH$_3$]Cr(C$_6$H$_6$)（**6a**）分散于 1,3,5-三甲基苯中，然后在 150℃和氩气气氛下加热 3 天，过滤反应

后的混合物，并使用 1，3，5-三甲基苯和正己烷洗涤，将得到的黑色固体干燥后供 TGA 分析。黄色滤液最终产生橙色沉淀。

6.2.6　电子束金属蒸镀制备的 SWNT 薄膜的高真空电导率研究

此实验方法的细节已经在别处描述[28,67,68,70]；简而言之，我们使用了厚度约 8nm 的纯化 SWNT（P2-SWNT）薄膜，对应于 1~3 层高表面积的 SWNT 束，从而大部分的 SWNT 束能够与金属原子流充分接触。为了测量电导率，将 SWNT 薄膜置于一组叉指金电极（电极间隔为 100 μm）的顶端。每个基底由四套独立的叉指电极构成，其中三组用于支撑相同的 SWNT 通道，余下的一组保留空白以直接形成金属沉积，用于测量沉积金属膜的电导率。带有 SWNT 薄膜的衬底在 10^{-7}Torr 的真空下经过 350℃ 退火 2h，并立即转移到 Temescal BJD 1800 电子束蒸镀室中进行金属沉积。在金属沉积之前，在电子束蒸镀设备中进行第二次退火。利用石英晶体微量天平在沉积期间监测金属薄膜的生长。在 10^{-7}Torr 的压力下，基体上的金属沉积速度为 0.2~0.3Å/s，单次沉积周期为 20s，在此过程中通过使用多通道 Keithley 2700 数据采集系统，可连续监测每个叉指信道的电阻随时间的变化情况。退火的 SWNT 薄膜的典型起始电阻约为 500Ω，对应的导电率为 $\sigma_{RT} = 250 S/cm$。

6.3　结果与讨论

6.3.1　SWNT-Cr 配合物的合成与键合

在最初的研究中，我们证实了纯化的 EA SWNT 对（η^6-benzene）Cr（CO）$_3$ 表现出一定程度的反应活性，尽管与石墨和石墨烯这种平面延伸的周期性 π 电子体系相比，其反应程度仍旧是降低的[27]。随后，我们证明了通过优化反应条件（主要是通过改变反应温度、溶解度和试剂的摩尔比），铬前体对 SWNT 侧壁的反应活性可显著提高，并且本章中我们报道了 SWNT-Cr 配合物的合成与表征，该配合物是通过纯化的 SWNTs 和十八胺功能化的 SWNTs（SWNT-CONH（CH$_2$）$_{17}$CH$_3$）与六羰基铬和三羰基苯铬反应而制备的（示意图 6-1）[28]。

从分离产率和分析的角度上讲，温度更高（110~120℃）、反应时间更长（5~9 天）、使用正丁醚条件下的反应比我们之前的研究中使用的条件［THF（四氢呋喃），72℃，12h］要更加充分[27]。

正如前面所讨论的[27]，这些有机金属配合物中金属配位的性质有望使其成为内嵌或外掺配合物，并且有可能在 SWNT 侧壁的 η^6-arene 功能化中形成金属簇[40]。

碳纳米管的外壁还是内壁发生配合反应的选择是对立因素的微妙平衡（示意图 6-2），因为外表面上 POAV 偏离的方向表明与金属轨道形成的重叠可能受到

示意图 6-1 SWNT (1) 和 SWNT-CONH(CH$_2$)$_{17}$CH$_3$ (2) 与

六羰基铬和 (η^6-苯) 三羰基铬的反应

SWNT 表面曲率的抑制（明显该因素阻止了简单富勒烯结构的 η^6 配合物形成，比如 C$_{60}$)[40,41]，而 SWNT 中碳原子的凸角的重新杂化明显倾向于该配位模式（示意图 6-2）。

CNT 碳原子中诱发的锥形化要远少于富勒烯，因为纳米管仅在一维空间中发生弯曲[16]。例如，发现锥形化角度为 $\theta_P = 11.64°$ [C$_{60}$, $d = 7.1$Å]，$\theta_P = 6.00°$ [(5,5)SWNT, $d = 6.76$Å，形式上与 C$_{60}$ 的直径相同]，$\theta_P = 3.00°$[(10,10)SWNT, $d = 13.52$Å] 和 $\theta_P = 2.59°$[(20, 0)SWNT, $d = 15.61$Å][16,69]，因此与简单的富勒烯相比，CNT 外掺 η^6-arene 配合物中的轨道重叠将更加有效，特别是那些直径比较大的。

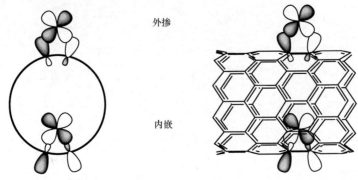

示意图 6-2　参与 η^6-SWNT 配合物中金属 d 轨道重叠的重新杂化 SWNT 碳原子的外掺和内嵌键合的主要区别示意图

$$h_\pi = \left(\,m+1\,\right)^{-1/2}\left(m^{1/2}\,s + p\,\right) = \left(m+1\right)^{-1/2}\left(m^{1/2}\,\bigcirc + \right) = \Longrightarrow \qquad \theta_{\sigma\pi}$$

$$s^m p \qquad\qquad \theta_P = \theta_{\sigma\pi} - 90°$$

示意图 6-3　重新杂化和锥形化的关系，其中重新杂化轨道为 h_π，锥形化角度为 θ_P
（与文中极坐标系中所用的 θ 无关）

　　外掺 η^6 配合中 POAV 向内弯曲的实际情况有望增加与金属原子的轨道重叠，其中金属原子必然位于环中心的上方（示意图 6-2）。然而，该效果必将被由另一个实际情况所抵消，由于与 s 轨道电子发生相互作用，伴随锥形化的重新杂化必将增强 CNT 中 π 轨道的外瓣而削弱了内瓣（示意图 6-2 和示意图 6-3）。

　　鉴于重新杂化在这些化合物中键合的重要性，有必要进一步量化并体现出富勒烯和 CNT 中 π 轨道受到这种影响的表现，其中重新杂化总是存在的[16,69,71]。在杂化理论的原始形式中，鲍林固定了杂化轨道中的 s 轨道含量而考虑 p 轨道含量是变化的（sp^n 记号法）[72,73]，这种方法在简单的键合构型情况下（sp^3、sp^2、sp）表现出明显的优势，并且已被普遍采用。然而，为了处理三维空间中的 π 电子，我们引入了替代符号（$s^m p$），其中杂化轨道中 p 轨道含量固定但 s 轨道含量不同[74,75]。当基准点为纯 p 轨道时，这种方法是有利的，因为这是平面 π 电子体系中的键合特征，并且对于正交四面体杂化（$s^{1/3} p$）以及全部中间杂化仍然有效，这是 π 共轭锥形化（非平面）碳原子的特征[71,74,75]。

　　鲍林在处理杂化时，认为[72]"在两个与 r 具有同样相关性的特征函数中，键方向取值较大的特征函数将形成更强的键，对于给定的特征函数，键会倾向于在特征函数值最大的方向上形成"。为了验证这种分析，鲍林从氢原子轨道开始，但认为 s 和 p 轨道的径向部分足够相似，以至于波函数的这个分量可以忽略不计。因

此，特征函数仅取决于波函数的角度部分，所以在极坐标系中，s = 1，$p_x = 3^{1/2}\sin\theta\cos\varphi$，$p_y = 3^{1/2}\sin\theta\sin\varphi$，$p_z = 3^{1/2}\cos\theta$（用 4π 归一化）。为了便于表示，可以很简便地将特征函数的绝对值投影到（xz）平面，得到 s = 1，$|p_x| = |3^{1/2}\sin\theta|$，因此 s 轨道在所有方向上均为球对称且取值为 1，$|p_x|$ 由沿 x 轴的两个球体组成，沿 x 轴的最大值为 $3^{1/2}$（1.732）。对 $|p_y|$ 和 $|p_z|$ 的处理与沿 y 轴和 z 轴的最大值类似，并且在此基础上，鲍林得出结论："p 电子将形成比 s 电子更强的键，并且一个原子中的 p 电子构成的键相互之间倾向于形成直角"。随后认为，形成单键的最佳特征函数（键形成的方向为 x 轴）为 $\psi_1 = 1/2(s + 3^{1/2}p_x)$，其中沿 x 轴的最大值为 2[72,76]，函数 $|p_x| = |3^{1/2}\sin\theta|$（纯 p 轨道）和 $|\psi_1| = |1/2 + 3/2\sin\theta|$（四面体 sp³ 杂化轨道）在图 6-1 中绘出（在文献［66，72］的图3中，$|\psi_1| = |1/2 + 3/2\sin\theta|$ 各瓣的相对大小似乎表示有误）。

可以直接对我们的杂化表达式 $h_\pi = (m+1)^{-1/2}(m^{1/2}s+p)$[74,75] 进行这种分析，因此我们得到 $|\psi_\pi| = |(m+1)^{-1/2}(m^{1/2} + 3^{1/2}\sin\theta)|$，并且该函数的特征值在下方给出（图 6-1）。如图 6-1 所示，重新杂化的 π 轨道的外瓣和内瓣之间的不对称性在大直径 CNT 中要比在富勒烯中小得多，因此在 EA-SWNT 中有望发生 η^6 配位。以上的分析，加上大直径的 EA-SWNT 以及在直径相对小的 HiPCO SWNT 中观察到的铬原子键合的实际情况，支持了 EA-SWNT 能够发生大量 η^6-arene 外掺和内嵌配合反应的想法。

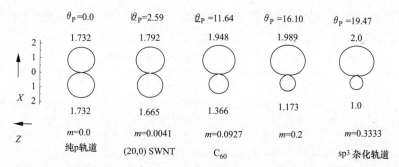

图 6-1　POAV1 的锥形化角度[74,75]，杂化轨道的本征函数（ψ_π）[72] 和杂化[74,75]。需要注意的是，θ_P 与极坐标系中的 θ 没有关系（文献［28］，经 Wiley 许可）

6.3.2　热重分析（TGA）与铬的化学计量比

为了估计配合物中铬的含量，我们比较了起始材料 SWNT 和产物（η^6-SWNT）-Cr 的 TGA 结果，并假设 TGA 实验中的残余物由金属氧化物构成。纯化的 SWNT 的残留物含量为 5.4%，由 Ni 和 Y 的氧化物组成（4.2% 金属），而产物（η^6-SWNT）Cr(CO)₃（3a）的残留物含量为 23%，由于存在 Cr_2O_3 而提升了 17.6%，这相当于配合物中含有 13.3% 或 4.4%（原子百分数）的 Cr。

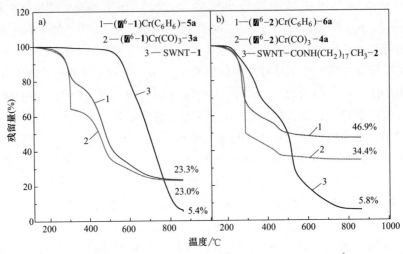

图 6-2 a) 提纯的 SWNT 及其配合物：SWNT，$(\eta^6\text{-SWNT})Cr(CO)_3$，$(\eta^6\text{-SWNT})Cr(C_6H_6)$

b) 十八胺官能化 SWNT 及其配合物：$SWNT\text{-}CONH(CH_2)_{17}CH_3$，

$(\eta^6\text{-SWNT-CONH}(CH_2)_{17}CH_3)Cr(CO)_3$，$[\eta^6\text{-SWNT-CONH}(CH_2)_{17}CH_3]Cr(\text{benzene})$

的 TGA 测量结果和残余金属氧化物（MeO）含量（文献[28]，经 Wiley 许可）

对全部的 $(\eta^6\text{-SWNT})\text{-Cr}$ 产品使用类似的分析，结果汇总于表 6-1 中，该分析以两种格式呈现：一种是假设每个铬原子只与一个 SWNT 芳环 $[(\eta^6\text{-SWNT})CrL$，$L=(CO)_3$，苯] 结合，另一种是假设每个铬原子与 2 个 SWNT 芳烃环 $[(\eta^6\text{-SWNT})2Cr]$ 发生配合。

表 6-1　TGA 测量结果中获得的 SWNT-铬配合物中的铬含量

配　合　物	铬质量分数（%）	铬原子含量（原子百分数,%）	C∶Cr
$(\eta^6\text{-SWNT})Cr(CO)_3$ (**3a**)	13.3	4.4	20∶1
$(\eta^6\text{-SWNT})_2Cr$ (**3b**)	12.5	3.3	29∶1
$(\eta^6\text{-SWNT})Cr(C_6H_6)$ (**5a**)	13.5	4.4	20∶1
$(\eta^6\text{-SWNT})_2Cr$ (**5b**)	12.7	3.4	29∶1
$(\eta^6\text{-SWNT-CONH}(CH_2)_{17}CH_3)Cr(CO)_3$ (**4a**)	21.8	13.3	5∶1
$(\eta^6\text{-SWNT-CONH}(CH_2)_{17}CH_3)_2Cr$ (**4b**)	20.4	8.5	10∶1
$(\eta^6\text{-SWNT-CONH}(CH_2)_{17}CH_3)Cr(C_6H_6)$ (**6a**)	31.2	25	2∶1
$(\eta^6\text{-SWNT-CONH}(CH_2)_{17}CH_3)_2Cr$ (**6b**)	29.3	13	6∶1
用 1,3,5-三甲基苯将铬配合物去配合后			
$(\eta^6\text{-SWNT-CONH}(CH_2)_{17}CH_3)Cr(CO)_3$ (**4a**)	14.6	7.3	11∶1
$(\eta^6\text{-SWNT-CONH}(CH_2)_{17}CH_3)_2Cr$ (**4b**)	13.6	4.8	19∶1
$(\eta^6\text{-SWNT-CONH}(CH_2)_{17}CH_3)Cr(C_6H_6)$ (**6a**)	26.0	17.4	4∶1
$(\eta^6\text{-SWNT-CONH}(CH_2)_{17}CH_3)_2Cr$ (**6b**)	24.4	10.4	8∶1

为充分理解 TGA 的结果，我们将讨论 SWNT 的铬配合的一些模型化学计量比，为便于展示，我们将 SWNT 以石墨带形式表示（示意图 6-4）。之前我们采用了石

墨烯的 Clar 形式（**7**）[77-79] 来合理化铬原子的六配合物[27]，在该配位示意图中可以看出，每六个苯环组成的环（一个 Clar 六隅体）都与一个铬原子发生配合，因此每个碳原子仅与一个铬原子相连（**8**）[27]，这意味着 C∶Cr=6∶1，但原子空间排列情况却表现为更高比例的碳铬比例[80]。然而，还是有铬掺入量较高的例子[64,65]，因此我们纳入了结构 **9** 和 **10**，它们给出了在单侧表面上单层铬结合的上限，在这种情况下 C∶Cr=2∶1，如果铬能够与芳烃环的两面都发生结合，则化学计量比会下降到 C∶Cr=1∶1[81]。

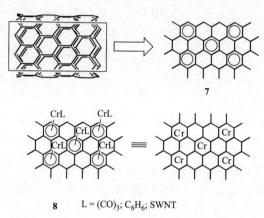

7

8　　L=(CO)$_3$; C$_6$H$_6$; SWNT

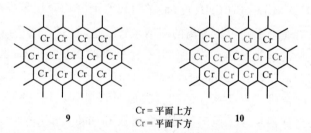

9　　　　Cr = 平面上方　　　　**10**
　　　　　　 Cr = 平面下方

示意图 6-4　碳纳米管与铬金属发生配合的几种模式的示意图。单根碳纳米管选区（**7**），Clar 结构的铬配合（**8**），全部外掺杂化（**9**），其中铬金属仅在面上发生配合，以及混合了外掺杂化和内嵌杂化（**10**）的 Clar 结构形式。需要重点注意的是，结构 **9** 为铬簇的形成提供了一个潜在的装载模体，并且 SWNT 表面经过适当的处理，以模板化该反应。

为了能够容纳高含量的铬掺入，有必要考虑金属团簇的形成，尽管含有 Cr—Cr 键的团簇在有机金属化学中并不常见[82-84]。在金属团簇形成的情况下，结构 **9** 提供了一个合理的表面覆盖，并且似乎 SWNT 表面可以模板化形成这些团簇。如果我们使用 1.42Å 作为石墨键长[85]，那么可以将结构 **9** 中 Cr 原子间距 [d(Cr—Cr)] 等同于平面结构中的 d(Cr—Cr)=2.54Å（示意图 6-3）。然而，考虑到单壁碳纳米管的弯曲结构[69,70]，以及铬原子稳定地位于 SWNT 表面之上的实际情况，可以延长该间距，基于 SWNT 铬配合的有机金属化学性质，我们估计结构 **9** 中的

$d(\mathrm{Cr-Cr}) \approx 3\text{Å}^{[67,86,87]}$。这种增大的间距与在分子铬簇化合物中表现的 $d(\mathrm{Cr-Cr})$ 值一致[82,84]，因此很明显，SWNT 表面保持了良好的几何形状以支持金属团簇的形成。石墨表面的电子结构的分析表明，它们非常适合促进有机金属功能化[15]，并且石墨表面上铬基团的高迁移率[15,80] 以及我们反应中使用的更高温度，都可能促进金属团簇的生长。

对于纯化的 SWNT，两种配合物的 TGA 数据都显示出 C：Cr 的最大比值约为 20：1，这说明在这种化学计量比值情况下，结构 **8** 中只有约三分之一的 Clar 六隅体（**7**）参与了配合。如上所述，以 ODA 功能化材料的形式溶解 SWNT 的能力导致反应程度的显著增加，并且这反映在 TGA 数据中，显示出更高含量的铬参与配合（图 6-2 和表 6-1）。SWNT-CONH(CH$_2$)$_{17}$CH$_3$ 材料的配合物中更高的铬含量归因于其在有机溶剂中的高分散和剥离能力[62]，这让 SWNT 的外表面与铬试剂充分接触，并使试剂更易接近内表面。

为了理解 (η^6-SWNT)Cr 的配合过程，我们研究了 (η^6-SWNT)CrL 配合物在配体竞争反应中的反应性，因此我们将 [η^6-SWNT-CONH(CH$_2$)$_{17}$CH$_3$]Cr(CO)$_3$ 和 [η^6-SWNT-CONH(CH$_2$)$_{17}$CH$_3$]Cr(C$_6$H$_6$) 配合物与过量的均三甲苯反应以研究 SWNT-铬配合物的去配合反应，TGA 分析结果显示材料中的 Cr 含量减少（表 6-1）。TGA 数据明显说明[η^6-SWNT-CONH(CH$_2$)$_{17}$CH$_3$]Cr(CO)$_3$（**4a**）和[η^6-SWNT-CONH(CH$_2$)$_{17}$CH$_3$]Cr(C$_6$H$_6$)（**6a**）在 150℃ 下与均三甲苯发生去配合反应，但在 3 天内并没有完全重新产生游离的碳纳米管，这与(η^6-石墨烯)-铬配合物的行为形成了对比，该配合物在 24h 内会产生不含金属的石墨烯[27]。我们认为这种反应性差异可能与内嵌铬配合[endo-(η^6-SWNT)CrL]、金属团簇形成以及常规的 exo-(η^6-SWNT)CrL 配合模式有关。因此，类似于石墨烯，均三甲苯很容易在 CNT 的外表面发生芳烃交换反应，但却不易与金属簇和 endo-(η^6-SWNT) CrL 配合物发生这种反应。在 (η^6-SWNT) 铬配合物中发现的高铬含量同样也支持了金属簇的形成这一观点，并且在 CNT 中，endo-(η^6-SWNT) CrL 配合物提供了非常稳定的键合模式。

6.3.3 透射电子显微镜（TEM）

为了直接研究铬的外掺及内嵌配位，我们用两种不同的仪器获取了 TEM 图像，结果分别在图 6-3 至图 6-5 中给出。在第一组 TEM 图像中（图 6-3），我们研究了起始材料 [未经任何处理的 SWNTs（**1**）和有机可溶性 SWNT-CONH(CH$_2$)$_{17}$CH$_3$（**2**）]，**1** 和 **2** 与六羰基铬反应后的反应产物 **3a** 和 **4a**（图 6-3c、d），以及相同的 SWNT-铬配合物与富电子均三甲苯反应后的去配合产物（图 6-3e、f）。可以看出，SWNT 以成束的形式存在，并且不出所料，发现 SWNT-CONH(CH$_2$)$_{17}$CH$_3$（**2**）的束尺寸比未经处理的 SWNT（**1**）要小得多。如图 6-3 所示，反应产物 **3a** 和 **4a** 中 SWNT

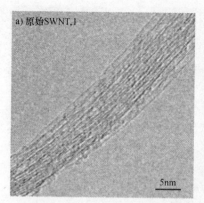
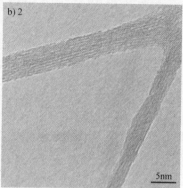

解络反应后

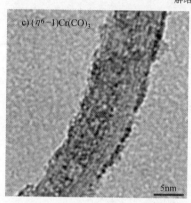
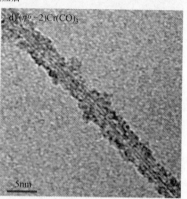

解络反应后

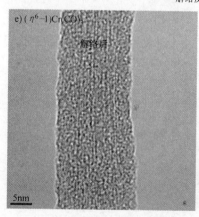
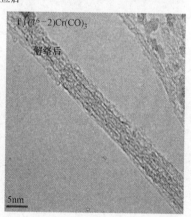

图 6-3　SWNT-Cr 配合物的 TEM 照片（文献 [28]，Wiley 许可）

a）未经处理的 SWNT，**1**　b）有机可溶性起始反应物 SWNT-CONH（CH$_2$）$_{17}$CH$_3$，**2**

c）（η^6-SWNT）Cr（CO）$_3$ 配合物，**3a**

d）[η^6-SWNT-CONH（CH$_2$）$_{17}$CH$_3$] Cr（CO）$_3$ 配合物，**4a**

e）使用均三甲苯解络 **3a** 后　f）使用均三甲苯解络 **4a** 后

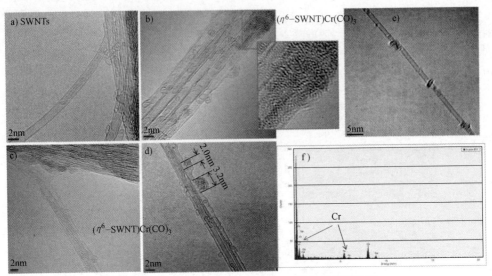

图 6-4　SWNT-Cr 配合物的 HRTEM 照片及能谱分析

a) 提纯的 SWNT 的 HRTEM 图像

b) ~ e) Cr 官能化的 SWNT 即（η^6-SWNT）Cr（CO）$_3$（**3a**）的 HRTEM 图像

f)（η^6-SWNT）Cr（CO）$_3$（**3a**）的 EDS 分析结果，证实了 Cr 的存在

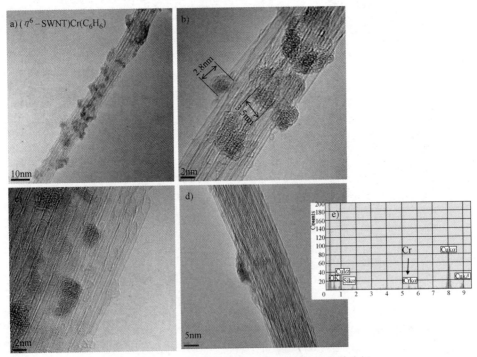

图 6-5　SWNT-Cr 配合物的 HRTEM 照片及能谱分析

a) ~ d) Cr 官能化 SWNT 即（η^6-SWNT）Cr（C$_6$H$_6$）（**5a**）的 HRTEM 图像

e)（η^6-SWNT）Cr（C$_6$H$_6$）（**5a**）的 EDS 分析结果，证实了 Cr 的存在

上出现了大量非常小的铬粒子，证实了铬金属的存在。纳米管束中铬粒子的分布相对均匀，并且在纳米管内部或在同一束内的两根纳米管之间有大量的铬原子。TEM 图像显示，SWNT-Cr 配合物去配合后，SWNT 束外表面上的铬粒子消失，相反，可以清晰地观察到已制备的 $(\eta^6\text{-SWNT})Cr(CO)_3$ 和 $[\eta^6\text{-SWNT-CONH}(CH_2)_{17}CH_3]Cr(CO)_3$ 配合物的表面上仍然连接着铬粒子。这些观察结果表明，均三甲苯主要除去了以外掺有机金属原子铬原子（Cr_{exo}）形式存在的铬原子，同时在纳米管之间保留了在纳米管内部配合的完整铬原子（内嵌铬原子，CR_{endo}），并以双六配合以及团簇的形式（Cr_{in}）存在。

第二组 TEM 图像如图 6-4 和图 6-5 所示，这些高分辨率 TEM 图像揭示了关于铬原子与 SWNT 的结合方式的额外信息。在配有单色器和图像校正器的 FEI Titan 80-300kV 透射电子显微镜上拍摄了高分辨率图像。此外，使用此台配有 EDS（能量色散光谱）的 Cs 校正 TEM 进行了元素分析。为了减少成像和元素分析中电子束对样品的损伤，显微镜在 6 万倍下进行测量。在单色器的帮助下，以及使用图像校正器仔细校正物镜的三阶像差，实现了点分辨率为 0.12nm 的高分辨率图像。在 STEM 模式下使用高角度环形暗场（HAADF）检测器得到了 SWNT 上铬团簇的 Z 衬度成像，其中较重的铬原子比 SWNT 中的原子显得更亮。特别值得注意的是，图 6-4 和图 6-5 中可明显观察到附着在 SWNT 壁上的小团簇。这些团簇的平均尺寸约为 2~3nm，EDX（能量色散 X 射线光谱）分析证实了铬的存在。铬团簇似乎附着于 SWNT 和 SWNT 束的外表面。

6.3.4 中红外光谱（IR）

振动光谱能够研究新型配合物中键合的性质，图 6-6 给出了起始原料以及铬配合物在 CO 伸缩频率区域（ν_{CO}）的中红外光谱，并进行了比较。在 SWNT 材料与 $Cr(CO)_6$-$(\eta^6\text{-SWNT})Cr(CO)_3$ 和 $[\eta^6\text{-SWNT-CONH}(CH_2)_{17}CH_3]Cr(CO)_3$ 反应制备的配合物的光谱中观察到了羰基伸缩频率 ν_{CO}。

已知 CO 基团的红外吸收频率对取代基配体的电子效应敏感，当 CO 配体被芳烃取代时，观察到频率下降，从而增加了铬原子的电子密度[88-90]。$(\eta^6\text{-SWNT})Cr(CO)_3$ 和 $[\eta^6\text{-SWNT-CONH}(CH_2)_{17}CH_3]Cr(CO)_3$ 配合物的 CO 伸缩振动分别发生在 $\nu_{CO}=1971cm^{-1}$ 和 $1982cm^{-1}$ 处。相比较而言，$(\eta^6\text{-}C_6H_6)Cr(CO)_3$ 的红外

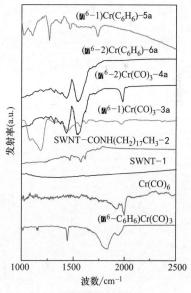

图 6-6 六羰基铬，$(\eta^6\text{-}$苯$)$ 三羰基铬，未经处理的 SWNT，十八胺官能化的 SWNT，以及它们的铬配合物的 ATR-IR 光谱图

（文献［28］，Wiley 许可）

光谱在 ν_{CO} = 1971cm^{-1} 和 1982cm^{-1} 处显示出了频带，而 HOPG 和石墨烯与 Cr (CO)$_3$ 的配合则分别将伸缩振动移动至 1948cm^{-1} 和 1939cm^{-1}，这意味着，就作为供电子配体的能力而言，SWNT 位于苯与石墨烯之间。

两种由 (η^6-C$_6$H$_6$)Cr(CO)$_3$ 制备的配合物的光谱并没有表现出任何的 CO 拉伸振动，因此表明 CO 配体被 CNT 替代，得到具有 (η^6-SWNT)Cr(C$_6$H$_6$) 和 [(η^6-SWNT-CONH(CH$_2$)$_{17}$CH$_3$)]Cr(C$_6$H$_6$) 结构的配合物。此外，在这些配合物的光谱中观察到的 CH 拉伸频率与之前在石墨和石墨烯铬配合物中报道的那些频率吻合得较好[27]。

6.3.5　X 射线光电子能谱（XPS）

使用 XPS 可进一步分析铬和 SWNT 之间的键合情况。包括 SWNT 和 SWNT-CONH (CH$_2$)$_{17}$CH$_3$ 在内的碳纳米管材料与它们的铬配合物的 XPS 全谱图如图 6-7 所示。

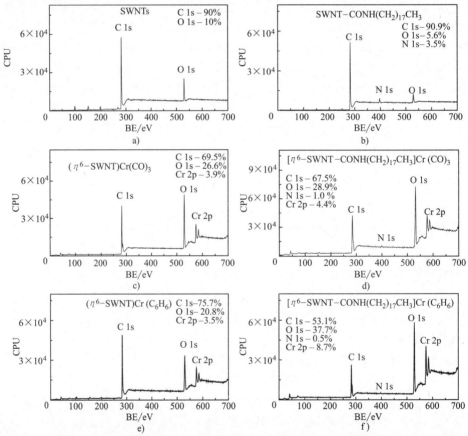

图 6-7　SWNT，SWNT-CONH(CH$_2$)$_{17}$CH$_3$ 及其铬配合物的 XPS 全谱图（文献 [28]，Wiley 许可）
a) SWNT, **1**　b) SWNT-CONH (CH$_2$)$_{17}$CH$_3$, **2**　c) 铬配合物 (η^6-SWNT)Cr(CO)$_3$, **3a**
d) [(η^6-SWNT-CONH (CH$_2$)$_{17}$CH$_3$)] Cr (CO)$_3$, **4a**　e) (η^6-SWNT)Cr(C$_6$H$_6$), **5a**
f) [(η^6-SWNT-CONH(CH$_2$)$_{17}$CH$_3$)]Cr(C$_6$H$_6$), **6a**

值得注意的是，从 XPS 获得的纯化 SWNT 的配合物（配合物 **3a** 和 **5a**）中铬的含量与 TGA 数据（表 6-1）非常吻合。对于 ODA 功能化的 SWNT 配合物，由 XPS 获得的铬含量值明显低于由 TGA 数据计算出的数值。这可能是由于 XPS 仅能提供表面（深度为 5~10nm）的成分信息，而 TGA 测量反映的是体相成分。因此，由 XPS 分析发现的 $SWNT-CONH(CH_2)_{17}CH_3$ 配合物中较低的铬含量表明，由于当 Cr 位于大纳米管束的深处时，XPS 测试可能检测不到大部分金属。

6.4　拉曼光谱

基于 SWNT 的已知吸收光谱（将在后面讨论）[91]，532nm（18797cm^{-1}）激光与半导体手性的三级带间跃迁（S_{33}）发生共振，而 780nm（12820cm^{-1}）激光主要与金属手性的 M_{11} 跃迁产生共振 [特征是 G 带中的低频 Breit-Wigner-Fano（BWF）线][92]。图 6-8a~f 给出了与铬配合前后纯化 SWNT（P2-SWNT，**1**）的拉曼光谱，图 6-8g~l 给出了与铬配合前后十八胺功能化 SWNT（SWNT-CONH $(CH_2)_{17}CH_3$，**2**）的拉曼光谱。在这两种类型的 SWNT 样品中，RBM 和 G 带的强度变化可能是电子结构的改变所造成的，这是由配合反应引起的，并在下文中结合电子吸收光谱结果进行更详细的讨论。

在 $[\eta^6-SWNT-CONH(CH_2)_{17}CH_3]Cr(CO)_3$ 和 $[\eta^6-SWNT-CONH(CH_2)_{17}CH_3]Cr(C_6H_6)$ 配合物（分别为 **4a**，**6a**）中，观察到 BWF 线的强度明显降低（图 6-8i，l），这表明金属配合物上金属型碳纳米管的电子结构发生了变化。

SWNT 的拉曼光谱带的位置对掺杂是十分敏感的[93]，因此我们下面通过研究 $(\eta^6-SWNT)Cr(CO)_3$ 和 $(\eta^6-SWNT)Cr(\eta^6-benzene)$ 配合物中 G 峰和 2D 峰的位置，考察了 $Cr(CO)_3$ 和 $Cr(\eta^6-benzene)$ 单元的配合作用。在这些配合物中，已知 $Cr(CO)_3$ 单元发生了反向电荷转移，其中六配位键被极化，使得电子密度向铬原子迁移[88-90]。从这个意义上讲，相比于同极的 $(\eta^6-arene)Cr(\eta^6-benzene)$ 配合物，在一个 $(\eta^6-arene)Cr(CO)_3$ 键合构成中，可将 $Cr(CO)_3$ 单元视为强电负性[63,94]。

正如 $SWNT-CONH(CH_2)_{17}CH_3$（**2**）的拉曼光谱所示，$Cr(\eta^6-benzene)$ 配合后的 G 峰位置并无明显变化，起始材料 **2** 和产物 $(\eta^6-\textbf{2})Cr(\eta^6-benzene)$ 中的 G 峰位置分别为 1595cm^{-1} 和 1594cm^{-1}（图 6-8g、i）。然而，结构 **2** 的 $Cr(CO)_3$ 配位令 G 峰位置降低了 6cm^{-1}，即 $(\eta^6-\textbf{2})Cr(CO)_3$ 的 G 峰出现在 1589cm^{-1}，说明 $(\eta^6-\textbf{2})Cr(CO)_3$ 配合物中存在较弱的电荷转移作用，在 $(\eta^6-\textbf{2})Cr(CO)_3$ 配合物的光谱结果中观察到类似的较弱电荷转移作用，如图 6-10c、d 所示。类似地，$(\eta^6-\textbf{2})Cr(CO)_3$ 的 2D 峰（2660cm^{-1}）比起始材料 **2**（2671cm^{-1}）降低了 11cm^{-1}，而 $(\eta^6-\textbf{2})Cr(\eta^6-benzene)$ 的 2D 峰位置为 2674cm^{-1}。伴随强供体和受体对 SWNT 进行掺杂所

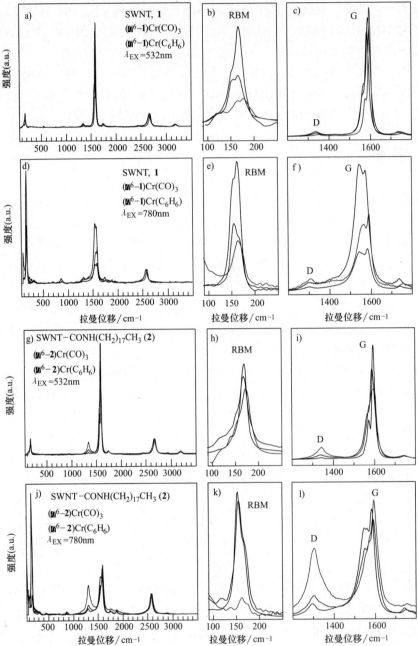

图 6-8　SWNT，SWNT-CONH（CH$_2$）$_{17}$CH$_3$ 及其铬配合物的 Raman 光谱图，并使用 2660cm^{-1} 峰强度对全部光谱进行了归一化处理（文献 [28]，Wiley 许可）

a)~c) SWNT，（η^6-SWNT）Cr(CO)$_3$ 和（η^6-SWNT）Cr(C$_6$H$_6$），激光波长为532nm　d)~f) SWNT，（η^6-SWNT）Cr(CO)$_3$ 和（η^6-SWNT）Cr(C$_6$H$_6$），激光波长为780nm　g)~i) SWNT-CONH(CH$_2$)$_{17}$CH$_3$，[（η^6-SWNT-CONH(CH$_2$)$_{17}$CH$_3$）]Cr(CO)$_3$ 和 [（η^6-SWNT-CONH(CH$_2$)$_{17}$CH$_3$)Cr(C$_6$H$_6$）]，激光波长为532nm　j)~l) SWNT-CONH(CH$_2$)$_{17}$CH$_3$，[（η^6-SWNT-CONH(CH$_2$)$_{17}$CH$_3$）]Cr(CO)$_3$ 和 [（η^6-SWNT-CONH(CH$_2$)$_{17}$CH$_3$）Cr(C$_6$H$_6$）]，激光波长为780nm

产生的发达离子特性导致了 SWNT 中 G 峰的大幅移动，而碘掺杂并不能引发电子转移，但高频切向振动模式发生了细微变化，从 $1593cm^{-1}$（未经处理的 SWNT）移动到 $1587cm^{-1}$[93]，类似于 SWNT 的 $Cr(CO)_3$ 配合作用。

6.4.1 紫外-可见-近红外-远红外光谱（UV-Vis-NIR-FIR）

可通过 UV-Vis-NIR-FIR 光谱范围内的吸收光谱，研究化学功能化对 SWNT 电子结构的影响，其中主要吸收特征是位于 π 等离子激元尾部顶端（即在紫外光谱范围内由其最大值延伸）的半导体型（S_{11} 和 S_{22}）和金属型（M_{11}）SWNT 的光吸收频带[1,9,16,95]。我们已经证明，带间电子跃迁提供了 SWNT 侧壁上化学官能团性质的明确特征，并且可以区分出两种极限情况（图 6-9 中嵌图）。

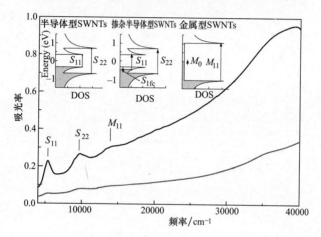

图 6-9 起始反应物 SWNT-CONH（CH_2）$_{17}CH_3$，**2**（黑线），及其与六羰基铬的

反应产物 [（η^6-SWNT-CONH(CH_2)$_{17}CH_3$）]$Cr(CO)_3$，**4a**（红线）在浓度为

0.25mg/mL 的四氯化碳分散液中测得的吸收光谱（全部光谱已归一化处理）。嵌图显

示了半导体型，掺杂半导体型和金属型 SWNT 的态密度（DOS）以及相应的带间跃迁

（S_{11}，S_{22} 和 M_{11}）和自由载流子（S_{1FC} 和 M_0）激发的示意图（文献［28］，Wiley 许可）

在氧化、离子（掺杂）化学的情况下，半导体型 SWNT 的 S_{11} 跃迁和某些情况下的 S_{22} 跃迁由于价带损耗而在近红外（NIR）光谱中丧失了光谱权重，而 FIR 中的 M_{11} 跃迁则变得更加活跃，因为半导体型 SWNT 价带中的空穴产生了低能量的带间激发 [S_1 自由载流子（S_{1FC}）]（图 6-9 中嵌图）。侧壁的共价化学性质在本质上会引入缺陷，最终破坏晶格的平移对称性，将在金属型 SWNT 中引入带隙并在 FIR 中消除了费米能级处的光谱权重，并同时削弱了半导体型 SWNT 中的带间跃迁 S_{11} 和 S_{22}。因此，对于半导体型和金属型 SWNT 的一般性统计混合物的化学性质而言，最重要的光谱特征是在离子化学功能化（掺杂）的情况下 FIR 强度增加，而共价侧壁化学功能化的 FIR 强度减小。

SWNT-CONH$(CH_2)_{17}CH_3$ 材料 (**2**) 和铬配合物 $[\eta^6$-SWNT-CONH$(CH_2)_{17}CH_3]Cr$ $(CO)_3$(**4a**)的溶液相光谱如图 6-10 所示，溶剂为浓度为 0.25mg/mL 的四氯化碳。**4a** 的光吸收光谱在整个光谱范围内呈下降的趋势，这可能是由于铬官能团的加入而导致的产物中 SWNT 成分减少，也可能是包括 π 等离子激元在内的全部 SWNT 吸收的晶振强度降低。此外，显然 S_{11}、S_{22} 和 M_{11} 特征相对于基线被进一步抑制，这点在 $[\eta^6$-SWNT-CONH$(CH_2)_{17}CH_3]Cr(C_6H_6)$ (**6a**) 和 $[\eta^6$-SWNT-CONH $(CH_2)_{17}CH_3]Cr(CO)_3$(**4a**)配合物的归一化光谱中非常明显，分别如图 6-10a，c 分别所示。

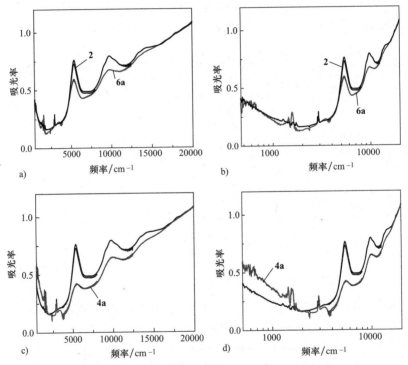

图 6-10　分散于 CCl_4 中的官能化 SWNT 及其铬配合物的可见-近红外-
中红外光谱图（文献［28］，Wiley 许可）
a)、b) 十八烷基胺官能化 SWNT 即 SWNT-CONH$(CH_2)_{17}CH_3$,**2**,
及其铬配合物$[(\eta^6$-SWNT-CONH$(CH_2)_{17}CH_3)Cr(C_6H_6)]$,**6a**
c)、d) 十八烷基胺官能化 SWNT 即 SWNT-CONH$(CH_2)_{17}CH_3$,**2**,
及其铬配合物$[(\eta^6$-SWNT-CONH$(CH_2)_{17}CH_3)]Cr(CO)_3$,**4a**

正如上面所讨论的，芳烃骨架与铬的配合导致了 CNT 中 π 共轭体系的修饰，从而抑制了带间电子跃迁，而且这种抑制作用很明显与多环芳烃中形成六配位有机金属键的能力有关[63-66]。SWNT 带间跃迁的抑制作用不如使用二氯卡宾对 SWNT 侧壁进行功能化那样强烈，碳碳双键在形式上从 sp^2 转化为 $sp^{3[96]}$，并导致在侧壁功能化程度约 25% 时即可完全消除 SWNT 的电子能带跃迁[9,95]。以添加二氯卡宾为例的共价碳碳键形成侧壁官能团的化学过程[9,95] 与铬配合物中更温和的六配位的化学过程相比，两者表现出明显的区别，后者几乎没有重新杂化并且保留 SWNT 的电子能带结构（甚至是完全覆盖时）[29]。

添加 $Cr(CO)_3$ 对半导体型 SWNT 带间跃迁的抑制作用（图 6-10c）要强于添加 $Cr(\eta^6\text{-}C_6H_6)$（图 6-10a），并且这可以由 S_{11} 和 S_{22} 吸收带的强度比值所反映（图 6-11）。

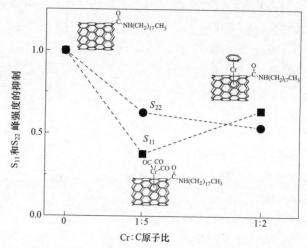

图 6-11　$[\eta^6\text{-}SWNT\text{-}CONH(CH_2)_{17}CH_3]Cr(CO)_3$（$Cr : C = 1 : 5$）和

$[\eta^6\text{-}SWNT\text{-}CONH(CH_2)_{17}CH_3]Cr(C_6H_6)$（$Cr : C = 1 : 2$）

的铬产物的 S_{11}（方块）和 S_{22}（圆点）带间电子跃迁的峰强度抑

制与 $Cr : C$ 原子比率的关系。通过将产物的 S_{11} 和 S_{22} 峰的峰

强度用起始材料 $SWNT\text{-}CONH(CH_2)_{17}CH_3$ 的峰强度进行归一化，

可获得峰值抑制的数值（文献 [28]，经 Wiley 许可）

通过使用对数标尺能够扩展低能量光谱区域（图 6-10b, d），这使得 $[\eta^6\text{-}SWNT\text{-}CONH(CH_2)_{17}CH_3]Cr(CO)_3$（**4a**，图 6-10d）在中红外和远红外光谱范围内的吸收增强能够清晰可见；因此，对于 **4a**，我们观察到光谱权重从 S_{11} 带间吸收移动到带内自由载流子吸收的低能量尾端，其通常是由于半导体型 SWNT 中价带的电荷转移耗尽，正如离子化学性质所导致的半导体型 SWNT 掺杂中所观察到的一样[9,91,95]。

这与 $Cr(CO)_3$ 消除一个连接的芳烃环的电子密度的已知能力是一致的[63,88-90]，而对于 $[\eta^6\text{-}SWNT\text{-}CONH(CH_2)_{17}CH_3]Cr(C_6H_6)$（**6a**）而言，并无电荷转移的光谱证据（图 6-10b），因为（$\eta^6\text{-}arene$）$_2Cr$ 键合构成有望在两个芳烃环系统之间保持相当平衡的电子密度分布。此结果同样也符合 $[\eta^6\text{-}SWNT\text{-}CONH(CH_2)_{17}CH_3]Cr(C_6H_6)$（**6a**）的功能化水平高于 $[\eta^6\text{-}SWNT\text{-}CONH(CH_2)_{17}CH_3]$

$Cr(CO)_3$（**4a**）的实际情况，这是连接的 $Cr(CO)_3$ 基团令 SWNT 的电子结构失效的结果。

6.4.2 电子束金属蒸镀制备 SWNT 薄膜的高真空电导率研究

在电子束蒸镀研究中，我们通过将少量金属缓慢蒸发到预成型的 SWNT 膜上，来研究双六金属配位对 SWNT 网络电导率的影响，目的是令金属原子沿 SWNT 的表面扩散，直到它们遇到 SWNT-SWNT 连接点或束内接触点，并在这些点位上能够形成一种双六配位键合（η^6-SWNT）M（η^6-SWNT）的几何结构（示意图 6-5）。

我们已经报道了钛、铬、铁和金的结果[28,67,68]，众所周知，金属原子在室温下易于在苯型六配合位点间迁移，而 SWNT 束内范德瓦尔斯间隙为 3.15Å[97]，非常适合无修饰的第一副族过渡金属原子，例如，（η^6-benzene）$_2$Cr 中苯环的间距为 3.226Å[98,99]。已知第一副族过渡金属在共轭碳表面上是可移动的，并可形成一系列有机金属化学物质[59,63,65,94,100-107]。早期电子束研究中制备的（η^6-SWNT）$_2$Cr 配合物有效地降低了 SWNT 薄膜的电阻率[67,68]，但相比之下，（η^6-SWNT）$Cr(CO)_3$[27] 的电导率降低。

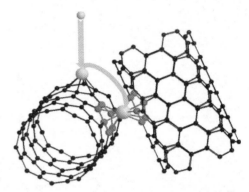

示意图 6-5 金属原子迁移轨迹的示意性模型，显示了初始形成的（η^6-SWNT）M 配合物以及随后的金属原子迁移以形成（η^6-SWNT）$_2$M 双六配合 SWNT 的 CNT 间连接点。

从图 6-12 可以看出，SWNT 薄膜对钼和钨沉积的响应不如铬那样明显：在开始铬沉积之后 SWNT 薄膜的电导率立刻就增加了 100% 以上，并且当铬金属沉积小于 0.5Å 时就发生了这种变化[67,68]。在沉积过程中，金属直接在空白（参考）通道上的沉积并未表现出可测量的电导率，因此，电导率的增加无法通过在 SWNT 膜上形成连续金属膜的平行电导率来解释。

石墨材料（如富勒烯、碳纳米管和石墨烯）对金属的电导率响应通常是通过电子转移过程（掺杂）导致的载流子浓度的变化来解释的[108-110]。然而，我们曾经在其他地方认为，考虑到所涉及的金属的性质，以及金属与碳的比值在非常小的情况下就能实现最大电导率的事实情况，这不太可能用掺杂来解释[67,68]。此外，如上所述，[η^6-SWNT-$CONH(CH_2)_{17}CH_3$]$Cr(C_6H_6)$（**6a**）的光谱显示并不存在电荷转移过程，正如在光谱的远红外区域所观察到的行为所证实的那样（图 6-10b）。

本工作中研究的 SWNT 薄膜由网络状的独立 SWNT 和 SWNT 束所组成[111-113]，电性能受 CNT 间的高电阻接触点所控制[111-114]。因此，对于铬、钼和钨的沉积引起的 SWNT 网络的电导率增加，最可能的解释是，金属通过形成双六配位的金属

配合物 $[(\eta^6\text{-SWNT})_2M$，其中 $M=$ Cr，Mo，W] 以桥接 CNT 网络接触点的能力，因为这些金属原子具有 6 个价电子，而且它们与两个 η^6-苯环配体发生配合，形成了一个含有 18 个电子的结构[94]。

如图 6-12 所示，金属原子沉积对 SWNT 薄膜电导率的影响以 Cr> Mo>W 的顺序急剧减弱，为了解释这一行为，我们简要查阅了关于第六族金属的芳烃配合物的结构和能量的文献。$(\eta^6\text{-C}_6\text{H}_6)_2M$ 配合物中苯环的间距为：3.23Å（$M=Cr$，电子衍射）[98]；3.22Å（$M=Cr$，DFT-

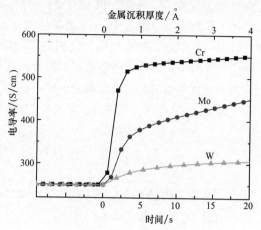

图 6-12 SWNT 膜的电导率与金属沉积持续时间的关系（文献 [28]，经 Wiley 许可转载）

TPSS）；3.57Å（$M=Mo$，DFT-TPSS）；3.60Å（$M=W$，DFT-TPSS）[115]，第六族金属的双六配位苯环配合物的热化学衍生的气相金属-配体键的解离焓如下：[116,117]

$$Cr(\eta^6\text{-C}_6\text{H}_6)_2 \rightarrow Cr + 2C_6H_6 ; \Delta H = 330\text{kJ/mol} \ (3.42\text{eV})$$

$$Mo(\eta^6\text{-C}_6\text{H}_6)_2 \rightarrow Mo + 2C_6H_6 ; \Delta H = 494\text{kJ/mol} \ (5.02\text{eV})$$

$$W(\eta^6\text{-C}_6\text{H}_5\text{CH}_3)_2 \rightarrow W + 2C_6H_5CH_3 ; \Delta H = 608\text{kJ/mol} \ (6.30\text{eV}) , C_6H_5CH_3 = $$
甲苯

因此，根据 $(\eta^6\text{-arene})_2M$ 配合物中的苯环键能，可以预见 $(\eta^6\text{-SWNT})_2M$ 配合物可在钨和钼的情况下易于形成，当然，这必须与最初形成的配合物 [推测其结构为 $(\eta^6\text{-SWNT})M$（示意图 6-5）] 的稳定性及金属原子进一步迁移的倾向相平衡。钼和钨的另一个问题是，为了在 CNT 间结接触点处形成 $(\eta^6\text{-SWNT})_2M$，需要增加芳烃-芳烃的间距，这在铬的情况下是必要的，能够在 SWNT 束内 3.15Å 的范德瓦尔斯间隙中容纳配合的金属原子[97]。

6.5 结论

在本研究中，我们使用纯化且未经处理的 SWNT 和十八胺功能化的 SWNT 研究了 SWNT 侧壁作为铬的六配位配体的潜力，并使用 TGA、TEM、XPS、UV-Vis-NIR-FIR、ATR-IR 和拉曼光谱对反应产物进行了深入的表征分析。根据光谱分析和使用富电子的均三甲苯配体对 SWNT-Cr 配合物进行去配位反应的结果，我们得出结论，铬配合物的内嵌和外掺模式都是可能的，并且我们发现铬可能以单原子的形式或以金属簇的形式参与配位。金属与纳米管的内嵌配位中，金属 d_π 轨道与 CNT 的杂化 π 轨道有效地重叠，是此前从未发现过的，我们的工作表明碳纳米管侧壁与铬试剂形成新型、稳定的键合模式，部分地保留了碳纳米管的能带电子结构。我们证实了铬的片段和簇与 SWNTs 之间的键合本质上主要是共价键。铬团簇的形成在有机金属化学中是非常少见的，我们将目前情况下该反应的效率归结于 SWNT 的电子结构及其模板化形成致密铬原子的能力，以及铬碎片在石墨表面上的移动能力。我们采用了高真空电子束金属蒸镀的电导率研究，从而建立起通过构建 M（η^6-SWNT）$_2$ 键合（M＝Cr，Mo，W）来降低在 SWNT 薄膜中 CNT 间接触点电阻率的能力。

致　　谢

我们感谢 DOD/DMEA H94003-10-2-1003 和 NSF-MRSEC DMR-0820382A 的经费支持。SEM 和 TEM 成像在 CFAMM-UCR 完成。XPS 测试在 UCSB-MRL 和 UCLA 完成。HR-TEM 在 KAUST 进行。

参 考 文 献

1 Chen, J., Hamon, M.A., Hu, H., Chen, Y., Rao, A.M., Eklund, P.C., and Haddon, R.C. (1998) *Science*, **282**, 95–98.

2 Bahr, J.L. and Tour, J.L. (2001) *Chem. Mater.*, **13**, 3823–3824.

3 Zhao, B., Hu, H., Mandal, S.K., and Haddon, R.C. (2005) *Chem. Mater.*, **17**, 3235–3241.

4 Guo, X.F., Small, J.P., Klare, J.E., Wang, Y.L., Purewal, M.S., Tam, I.W., Hong, B.H., Caldwell, R., Huang, L.M., O'Brien, S., Yan, J.M., Breslow, R., Wind, S.J., Hone, J., Kim, P., and Nuckolls, C. (2006) *Science*, **311**, 356–359.

5 Kuila, B.K., Park, K., and Dai, L.M. (2010) *Macromolecules*, **43**, 6699–6705.

6 Bekyarova, E., Davis, M., Burch, T., Itkis, M.E., Zhao, B., Sunshine, S., and Haddon, R.C. (2004) *J. Phys. Chem. B*, **108**, 19717–19720.

7 Gao, J., Zhao, B., Itkis, M.E., Bekyarova, E., Hu, H., Kranak, V., Yu, A., and Haddon, R.C. (2006) *J. Am. Chem. Soc.*, **128**, 7492–7496.

8 Qu, L., Connell, J.W., and Sun, Y.-P. (2004) *Macromolecules*, **37**, 6055.

9 Kamaras, K., Itkis, M.E., Hu, H., Zhao, B., and Haddon, R.C. (2003) *Science*, **301**, 1501.

10 Barone, P.W., Baik, S., Heller, D.A., and Strano, M.S. (2005) *Nat. Mater.*, **4**, 86–92.

11 Bekyarova, E., Ni, Y., Malarkey, E.B., Montana, V., McWilliams, J.L., Haddon, R.C., and Parpura, V. (2005) *J. Biomed. Nanotechnol.*, **1**, 3–17.

12 Bianco, A., Kostarelos, K., and Prato, M. (2005) *Curr. Opin. Chem. Biol.*, **9**, 674–679.

13 Kalinina, I., Worsley, K., Mandal, S., Bekyarova, E., and Haddon, R.C. (2011) *Chem. Mater.*, **23**, 1246–1253.

14 Sarkar, S., Bekyarova, E., and Haddon, R.C. (2012) *Acc. Chem. Res.*, **45**, 673–682.

15 Bekyarova, E., Sarkar, S., Wang, F., Itkis, M.E., Kalinina, I., Tian, X., and Haddon, R.C. (2013) *Acc. Chem. Res.*, **46**, 65–76.

16 Niyogi, S., Hamon, M.A., Hu, H., Zhao, B., Bhowmik, P., Sen, R., Itkis, M.E., and

Haddon, R.C. (2002) *Acc. Chem. Res.*, **35**, 1105–1113.

17 Tasis, D., Tagmatarchis, N., Bianco, A., and Prato, M. (2006) *Chem. Rev.*, **106**, 1105–1136.

18 Sloan, J., Hammer, J., Zwiefka-Sibley, M., and Green, M.L.H. (1998) *Chem. Commun.*, **3**, 347–348.

19 Kiang, C.-H., Choi, J.-S., Tran, T.T., and Bacher, A.D. (1999) *J. Phys. Chem. B*, **103**, 7449–7451.

20 Chu, A., Cook, J., Heesom, R.J.R., Hutchinson, J.L., Green, M.L.H., and Sloan, J. (1996) *Chem. Mater.*, **8**, 2751–2754.

21 Govindaraj, A., Satishkumar, B.C., Nath, M., and Rao, C.N.R. (2000) *Chem. Mater.*, **12**, 202–205.

22 Liu, S., Zhu, J., Mastai, Y., Felner, I., and Gedanken, A. (2000) *Chem. Mater.*, **12**, 2205–2211.

23 Mittal, J.M., Monthioux, M., Allouche, H., and Stephan, O. (2001) *Chem. Phys. Lett.*, **339**, 311–318.

24 Shao, L., Tobias, G., Huh, Y., and Green, M.L.H. (2006) *Carbon*, **44**, 2855–2858.

25 Thamavaranukup, N., Hoppe, H.H., Ruiz-Gonzalez, L., Costa, P.M.F.J., Sloan, J., Kirkland, A., and Green, M.L.H. (2004) *Chem. Commun.*, **15**, 1686–1687.

26 Li, L.J., Khlobystov, A.N., Wiltshire, J.G., Briggs, G.A.D., and Nicholas, R.J. (2005) *Nat. Mater.*, **4**, 481–485.

27 Sarkar, S., Niyogi, S., Bekyarova, E., and Haddon, R.C. (2011) *Chem. Sci.*, **2**, 1326–1333.

28 Kalinina, I., Bekyarova, E., Sarkar, S., Wang, F., Itkis, M.E., Tian, X., Niyogi, S., Jha, N., and Haddon, R.C. (2012) *Macromol. Chem. Phys.*, **213**, 1001–1019.

29 Sarkar, S., Zhang, H., Huang, J.-W., Wang, F., Bekyarova, E., Lau, C.N., and Haddon, R.C. (2012) *Adv. Mater.*, **25**, 1131–1136.

30 Kroto, H.W., Heath, J.R., O'Brien, S.C., Curl, R.F., and Smalley, R.E. (1985) *Nature*, **318**, 162–164.

31 Balch, A.L. and Olmstead, M.M. (1998) *Chem. Rev.*, **98**, 2123–2165.

32 Ciric, L., Pierzchala, K., Sienkiewicz, A., Magrez, A., Nafradi, B., Alexander, D., Warner, J., Shinohara, H., Ruemmeli, M.H., Pichler, T., Briggs, G.A.D., and Forro, L. (2008) *Phys. Status Solidi B*, **245**, 2042–2046.

33 Kitaura, R., Imazu, N., Kobayashi, K., and Shinohara, H. (2008) *Nano Lett.*, **8**, 693–699.

34 Chaur, M.N., Melin, F., Ortiz, A.L., and Echegoyen, L. (2009) *Angew. Chem. Int. Ed.*, **48**, 7514–7538.

35 Miyazaki, T., Sumii, R., Umemoto, H., Okimoto, H., Ito, Y., Sugai, T., Shinohara, H., and Hino, S. (2010) *Chem. Phys.*, **378**, 11–13.

36 Yamada, M., Akasaka, T., and Nagase, S. (2010) *Acc. Chem. Res.*, **43**, 92–102.

37 Lu, X., Akasaka, T., and Nagase, S. (2011) *Chem. Commun.*, **47**, 5942–5957.

38 Fagan, P.J., Calabrese, J.C., and Malone, B. (1992) *Acc. Chem. Res.*, **25**, 134–142.

39 Haddon, R.C. (1993) *Science*, **261**, 1545–1550.

40 Haddon, R.C. (1998) *J. Comput. Chem.*, **19**, 139–143.

41 Rogers, J.R. and Marynick, D.S. (1993) *Chem. Phys. Lett.*, **205**, 197–199.

42 Sawamura, M., Iikura, H., and Nakamura, E. (1996) *J. Am. Chem. Soc.*, **118**, 12850–12851.

43 Matsuo, Y., Tahara, K., and Nakamura, E. (2006) *J. Am. Chem. Soc.*, **128**, 7154–7155.

44 Nakamura, E. and Sawamura, M. (2001) *Pure Appl. Chem.*, **73**, 355–359.

45 Sawamura, M., Kuninobu, Y., Toganoh, M., Matsuo, Y., Yamanaka, M., and Nakamura, E. (2002) *J. Am. Chem. Soc.*, **124**, 9354–9355.

46 Toganoh, M., Matsuo, Y., and Nakamura, E. (2003) *J. Am. Chem. Soc.*, **125**, 13974–13975.

47 Matsuo, Y., Muramatsu, A., Kamikawa, Y., Kato, T., and Nakamura, E. (2006) *J. Am. Chem. Soc.*, **128**, 9586–9587.

48 Matsuo, Y. and Nakamura, E. (2008) *Chem. Rev.*, **108**, 3016–3028.

49 Halim, M., Kennedy, R.D., Suzuki, M., Khan, S.I., Diaconescu, P.L., and Rubin, Y. (2011) *J. Am. Chem. Soc.*, **133**, 6841–6851.

50 Banerjee, S. and Wong, S.S. (2002) *Nano Lett.*, **2**, 49–53.

51 Banerjee, S. and Wong, S.S. (2002) *J. Am. Chem. Soc.*, **124**, 8940–8948.

52 Meng, L., Fu, C., Fei, Z., Lu, Q., and Dyson, P.J. (2010) *Inorg. Chim. Acta*, **363**, 3926–3931.

53 Menard-Moyon, C., Dumas, F., Doris, E., and Mioskowski, C. (2006) *J. Am. Chem. Soc.*, **128**, 14764–14765.

54 Rabideau, P.W. and Sygula, A. (1996) *Acc. Chem. Res.*, **29**, 235–242.

55 Stoddart, M.W., Brownie, J.H., Baird, M.C., and Schmider, H.L. (2005) *J. Organomet. Chem.*, **690**, 3440–3450.

56 Seiders, T.J., Baldridge, K.K., O'Connor, J.M., and Siegel, J.S. (1997) *J. Am. Chem. Soc.*, **119**, 4781–4782.

57 Petrukhina, M.A., Sevryugina, Y., Rogachev, A.Y., Jackson, E.A., and Scott, L.T. (2006) *Angew. Chem. Int. Ed.*, **45**, 7208–7210.

58 Filatov, A.S., Jackson, E.A., Scott, L.T., and Petrukhina, M.A. (2009) *Angew. Chem. Int. Ed.*, **48**, 1–5.

59 Filatov, A.S. and Petrukhina, M.A. (2010) *Coord. Chem. Rev.*, **254**, 2234–2246.

60 Petrukhina, M.A. (2007) *Coord. Chem. Rev.*, **251**, 1690–1698.

61 Bekyarova, E., Sarkar, S., Niyogi, S., Itkis, M.E., and Haddon, R.C. (2012) *J. Phys. D: Appl. Phys.*, **45**, 154009.

62 Worsley, K.A., Kalinina, I., Bekyarova, E., and Haddon, R.C. (2009) *J. Am. Chem. Soc.*, **131**, 18153–18158.

63 Hubig, S.M., Lindeman, S.V., and Kochi, J.K. (2000) *Coord. Chem. Rev.*, **200-202**, 831–873.

64 Bush, B.F., Lynch, V.M., and Lagowski, J.J. (1987) *Organometallics*, **6**, 1267–1275.

65 Bush, B.F. and Lagowski, J.J. (1988) *Organometallics*, **7**, 1945–1948.

66 Arrais, A., Diana, E., Gervasio, G., Gobetto, R., Marabello, D., and Stanghellini, P.L. (2004) *Eur. J. Inorg. Chem.*, **2004**, 1505–1513.

67 Wang, F., Itkis, M.E., Bekyarova, E., Sarkar, S., Tian, X., and Haddon, R.C. (2012) *J. Phys. Org. Chem.*, **25**, 607–610.

68 Wang, F., Itkis, M.E., Bekyarova, E., Tian, X., Sarkar, S., Pekker, A., Kalinina, I., Moser, M., and Haddon, R.C. (2012) *Appl. Phys. Lett.*, **100**, 223111.

69 Hamon, M.A., Itkis, M.E., Niyogi, S., Alvaraez, T., Kuper, C., Menon, M., and Haddon, R.C. (2001) *J. Am. Chem. Soc.*, **123**, 11292–11293.

70 Wang, F., Itkis, M.E., and Haddon, R.C. (2010) *Nano Lett.*, **10**, 937–942.

71 Haddon, R.C. (1988) *Acc. Chem. Res.*, **21**, 243–249.

72 Pauling, L. (1931) *J. Am. Chem. Soc.*, **53**, 1367–1400.

73 Pauling, L. (1960) *The Nature of the Chemical Bond*, Cornell University Press, Ithace, NY.

74 Haddon, R.C. (1986) *J. Am. Chem. Soc.*, **108**, 2837–2842.

75 Haddon, R.C. (1987) *J. Am. Chem. Soc.*, **109**, 1676–1685.

76 Pauling, L. and Sherman, J. (1937) *J. Am. Chem. Soc.*, **59**, 1450–1456.

77 Wassmann, T., Seitsonen, A.P., Saitta, A.M., Lazzeri, M., and Mauri, F. (2010) *J. Am. Chem. Soc.*, **132**, 3440–3451.

78 Bekyarova, E., Itkis, M.E., Ramesh, P., and Haddon, R.C. (2009) *Phys. Status Solidi RRL*, **3**, 184–186.

79 Sarkar, S., Bekyarova, E., Niyogi, S., and Haddon, R.C. (2011) *J. Am. Chem. Soc.*, **133**, 3324–3327.

80 Avdoshenko, S.M., Ioffe, I.N., Cuniberti, G., Dunsch, L., and Popov, A.A. (2011) *ACS Nano*, **5**, 9939–9949.

81 Lamanna, W.M. (1986) *J. Am. Chem. Soc.*, **108**, 2096–2097.

82 Chisholm, M.H. (1995) *Early Transition Metal Clusters with p-Donor Ligands* (ed. M.H. Chisholm), Wiley-VCH Verlag GmbH, New York, p. 289.

83 Dyson, P.J. and McIndoe, J.S. (2000) *Transition Metal Carbonyl Cluster Chemistry* (Series eds Pual O'Brien, David Phillips, and Stanley Roberts), Gordon and Breach Science Publishers, p. 166.

84 Shieh, M., Ho, L.-F., Jang, L.-F., Ueng, C.-H., Peng, S.-M., and Liu, Y.-H. (2001) *Chem. Commun.*, 1014–1015, doi: 10.1039/B101283P.

85 Dresselhaus, M.S. and Dresselhaus, G. (2002) *Adv. Phys.*, **51**, 1–186.

86 Crabtree, R.H. (1994) *The Organometallic Chemistry of the Transition Metals*, John Wiley & Sons, Inc., New York.

87 Elschenbroich, C. (2006) *Organometallics*, 3rd edn, Wiley-VCH Verlag GmbH, Weinheim.

88 Cataliotti, R., Poletti, A., and Santucci, A. (1970) *J. Mol. Struct.*, **5**, 215–226.

89 Solladie-Cavallo, A. (1985) *Polyhedron*, **4**, 901–927.

90 Shufler, S.L., Sternberg, H.W., and Friedel, R.A. (1956) *J. Am. Chem. Soc.*, **78**, 2687–2688.

91 Itkis, M.E., Niyogi, S., Meng, M., Hamon, M., Hu, H., and Haddon, R.C. (2002) *Nano Lett.*, **2**, 155–159.

92 Jorio, A., Saito, R., Dresselhaus, G., and Dresselhaus, M.S. (2004) *Philos. Trans. R. Soc. London, Ser. A*, **362**, 2311–2336.

93 Rao, A.M., Eklund, P.C., Bandow, S., Thess, A., and Smalley, R.E. (1997) *Nature*, **388**, 257–259.

94 Pampaloni, G. (2010) *Coord. Chem. Rev.*, **254**, 402–419.

95 Hu, H., Zhao, B., Hamon, M.A., Kamaras, K., Itkis, M.E., and Haddon, R.C. (2003) *J. Am. Chem. Soc.*, **125**, 14893–14900.

96 Chen, Z., Nagase, S., Hirsch, A., and Haddon, R.C. (2004) *Angew. Chem. Int. Ed.*, **43**, 1552–1554.

97 Thess, A., Lee, R., Nikolaev, P., Dai, H., Petit, P., Robert, J., Xu, C., Lee, Y.H., Kim, S.G., Rinzler, A.G., Colbert, D.T., Scuseria, G.E., Tomanek, D., Fischer, J.E., and Smalley, R.E. (1996) *Science*, **273**, 483–487.

98 Haaland, A. (1965) *Acta Chem. Scand.*, **19**, 4146.

99 Jimenez-Halla, J.O.C., Robles, J., and Sola, M. (2008) *Chem. Phys. Lett.*, **465**,

181–189.

100 Kundig, E.P. (2004) *Top. Organomet. Chem.*, **7**, 3–20.

101 Kundig, E.P., Perret, C., Spichiger, S., and Bernardinelli, G. (1985) *J. Organomet. Chem.*, **286**, 183–200.

102 Kundig, E.P. and Timms, P.L. (1977) *J. Chem. Soc., Chem. Commun.*, **24**, 912–913.

103 Seyferth, D. (2002) *Organometallics*, **21**, 2800–2820.

104 Pape, A.R., Kaliappan, K.P., and Kundig, E.P. (2000) *Chem. Rev.*, **100**, 2917–2940.

105 Cretu, O., Krasheninnikov, A.V., Rodriguez-Manzo, J.A., Sun, L.T., Nieminen, R.M., and Banhart, F. (2010) *Phys. Rev. Lett.*, **105**, 196102.

106 Sargolzaei, M. and Gudarzi, F. (2011) *J. Appl. Phys.*, **110**, 064303.

107 Sevincli, H., Topsakal, M., Durgun, E., and Ciraci, S. (2008) *Phys. Rev. B*, **77**, 195434.

108 Lee, R.S., Kim, H.J., Fischer, J.E., Thess, A., and Smalley, R.E. (1997) *Nature*, **388**, 255–257.

109 Haddon, R.C., Kochanski, G.P., Hebard, A.F., Fiory, A.T., and Morris, R.C. (1992) *Science*, **258**, 1636.

110 Kochanski, G.P., Fiory, A.T., Hebard, A.F., and Haddon, R.C. (1992) *Science*, **255**, 184.

111 Hu, L., Hecht, D.S., and Gruner, G. (2004) *Nano Lett.*, **4**, 2513–2517.

112 Bekyarova, E., Itkis, M.E., Cabrera, N., Zhao, B., Yu, A., Gao, J., and Haddon, R.C. (2005) *J. Am. Chem. Soc.*, **127**, 5990–5995.

113 Gruner, G. (2006) *J. Mater. Chem.*, **16**, 3533–3539.

114 Fuhrer, M.S., Nygard, J., Shih, L., Forero, M., Yoon, Y.-G., Mazzoni, M.S.C., Choi, H.J., Ihm, J., Louie, S.G., Zettl, A., and McEuen, P.L. (2000) *Science*, **288**, 494–497.

115 Johansson, M.P. and Patzschke, M. (2009) *Chem. Eur. J.*, **15**, 13210–13218.

116 Connor, J.A., Martinhosimoes, J.A., Skinner, H.A., and Zafaranimoattar, M.T. (1979) *J. Organomet. Chem.*, **179**, 331–356.

117 King, W.A., Di Bella, S., Lanza, G., Khan, K., Duncalf, D.J., Cloke, F.G.N., Fragala, I.L., and Marks, T.J. (1996) *J. Am. Chem. Soc.*, **118**, 627–635.

第7章

具有奇妙纳米结构和形貌的碳材料的化学合成

An-Hui Lu，Guang-Ping Hao，Qiang Sun，
Xiang-Qian Zhang 和 Wen-Cui Li

7.1 引言

人类从史前时代就开始使用碳材料，包括金刚石、石墨和木炭。虽然这些材料简单地由碳原子组成，但它们具有惊人的功能，并涵盖了广泛的性能。例如，金刚石是高度透明的，而且是已知最坚硬的材料之一，但石墨是不透明、黑色和柔软的，足以在纸上留下痕迹。随着现代科学技术的发展，已经利用多种物理和化学过程合成了大量形貌和纳米结构可控、明确的新型碳材料，例如富勒烯、碳纳米管（CNT）、石墨洋葱、碳线圈、碳纤维等。碳材料在过去的 15 年中曾三次获奖：富勒烯，1996 年诺贝尔化学奖；碳纳米管，2008 年卡夫利纳米科学奖；石墨烯，2010 年诺贝尔物理学奖。迄今为止，我们可以认为碳材料研究正处于最快速的发展时期——"新型碳材料时代"。

纳米结构碳是一种多功能材料，通常可用于纳米复合材料、电子器件、能源收集、储存和转换、传感、吸附、净化和催化等领域。这些应用严重依赖于它们的结晶度、微观结构和微观形貌，而这些又取决于化学合成方法。纳米结构碳材料的合成策略取决于由前体控制的热解、化学气相沉积（CVD）定向合成、模板化和表面介导合成、自组装、表面接枝和改性等方法。因此，在碳纳米结构上进行精确的可控合成，将为从分子水平上真正理解碳材料的物理和化学性质，从而有效地指导实际应用提供了有前景的机会。在这篇综述中，着重介绍了各种化学方法合成新型碳材料的最新进展和未来发展前景。为了清晰起见，碳材料可以大致根据维度分为四类：零维的量子点与球体；一维的纤维、管和线；二维的薄膜和功能膜；三维的块体结构。应当指出，这里提到的维度并不是物理学角度的严格定义。作为碳材料的起源，碳量子点（CD）和碳球首先进入人们的视线。渐渐地，随着维度扩展及

尺寸扩大，碳纳米纤维（CNF）、碳膜和碳块体依次出现。章后的参考文献肯定要比我们在这里能够介绍的要多得多。具有完美石墨结晶度的碳，例如富勒烯和碳纳米管，并不在本章所讨论的范围内。

7.2 零维碳材料：碳量子点与碳球

在本节中，我们将讨论碳量子点和碳球的研究进展。由于它们的球形结构，所以被归类为零维碳材料。需要指出的是，这里提到的零维并不是物理学角度的严格定义。碳几乎从不被认为是一种本质上有毒的元素。当制备的纳米碳材料足够小时，通常尺寸为 2~10nm 时，它们就会产生较强的荧光效果。这些纳米粒子（NP）被称为碳量子点（CD），通常需要进行表面钝化处理，然后才能变得明亮和多彩或光致发光，物理化学和光化学稳定，并且无闪烁[1]。碳的量子效应在根本上和技术上都极其重要[2]。与那些金属量子点相比，碳量子点的化学惰性好，细胞毒性低，并且具备优异的生物相容性[3]。因此，碳量子点引起了生物和生物医学研究者的巨大兴趣，比如体内光学成像[4] 和多光子生物成像[5]。这些环境友好的碳纳米材料可以通过石墨的激光烧蚀法[6]、石墨的电化学氧化法[7]、恰当前体的化学氧化法[8]、纳米金刚石的质子束辐照法[9,10]、微波辅助法[11] 以及恰当前体的热氧化法[12-14] 制备。在表面功能化之前，碳颗粒核心还可以掺杂 ZnS 等无机盐，以显著提高荧光亮度[4]。

尺寸和表面官能团可调节的碳球在药物递送[15-18]、活性物质封装[19-22]、气体储存[23]、催化剂载体[24-37] 和电极材料[38-43] 等方面具有广阔的应用前景。在早期的工作中，已经制备了许多种球形碳材料，例如碳珠、碳洋葱、碳球、炭黑等。由于之前开发的合成方法的局限性，所获得的碳球通常倾向于彼此聚集或桥接以形成项链状、珠状或甚至链状结构。如今，精确控制的合成能够保证制备出单分散性高的碳球，而"球"一词被特别用作通用术语，用于描述具有球形的高度单分散碳材料。以碳球的单分散性为关键目标，对控制碳球的高效合成开展了大量研究。业已开发了诸多方法用于合成碳球以及金属/碳复合球，包括乳液法[44]，水热还原法[18,31,32,45-51]，自组装法[17,27,29,52-55] 和模板法[33,34,40,41,56-62]。本节对各种碳球的化学合成方法进行了全面的综述。为了清晰起见，碳球分为实心球，空心球和核壳结构。同时，简要介绍了碳球的主要应用。

7.2.1 实心碳球

合成高度均匀的实心碳球，尤其尺寸小于 200nm 的实心碳球，是极为困难的，而且依然是一个巨大的挑战。在药物递送[63-65]、生物诊断[66]、催化色谱法[67]、胶体催化剂[31,32,45,68-72]、粒子模板[73-82]、光子晶体[83-85]、构筑复杂结构[83] 和纳米器件[86] 领域，有必要严格控制单分散性且粒径小于 200nm 的实心碳球[18,87]。这促使研究人员在合成单分散的碳球方面进行长期不懈的努力。

7.2.1.1　富碳聚合物球的热解（溶液化学）

一般来讲，碳球由聚合物同型物的碳化来制备。在这种情况下，聚合物前体需要具有热稳定性，并且能够在高温热解后形成碳残留物。由酚类（例如苯酚、间苯二酚、间苯三酚）与醛类（例如甲醛、糠醛）聚合而成的酚醛树脂，凭借优异的性能特点引起了广泛的兴趣，例如耐高温性、热磨损性和碳转化率高。因此，已经报道了多种用于制备树脂聚合物和碳球的化学合成方法[17,27,38,44,52,88]。尤其是，Dong 等人报道了一种简单和低成本的碳纳米球制备方法，该方法采用碱性氨基酸（L-赖氨酸）作为催化剂，对间苯二酚-甲醛（RF）聚合形成纳米球并将其碳化的。通过调节 L-赖氨酸和间苯二酚的量，RF聚合物纳米球的直径能够在 $30\sim650nm$ 的范围内进行调节。所得到的碳纳米球的比表面积为 330 至 $400m^2/g$。

二氧化硅球的 Stöber 法合成需要在室温和碱性条件下（例如氨水）的乙醇/水混合物中，对硅醇盐（例如正硅酸四乙酯，TEOS）进行缩合。巧合的是，RF 前体与硅烷具有结构上的相似性，即配位点位与四面体型组成单元，所以它们的缩合路径应类似于硅醇盐的水解和随后的缩合。受这一想法的启发，Liu 及其合作者在Stöber 法的基础上开发了一种合成单分散 RF 树脂聚合物胶体球及其碳质类似物的方法（参见图 7-1）[27,28]。在反应体系中使用氨水是成功合成这种聚合物球的关键；他们认为，它的作用不仅在于加速 RF 的聚合，而且还在于提供黏附在球体外表面的正电荷，从而防止粒子团聚。通过改变乙醇/水的比例、氨水含量和 RF 前体的用量，使用具有短烷基链的醇或引入三嵌段共聚物表面活性剂，能够精细地调整所得的 RF 树脂胶体球的粒径。

众所周知，单分散胶体球只有在粒径分布小于 5% 时才能自组装成三维周期性胶体晶体[89]。这对于建立一种能够合成真正的单分散碳纳米球的新型、简易的方法是一个特别的挑战[90]。最近，Wang 及其合作者基于苯并恶嗪的化学性质确立了一种高度均匀的碳纳米球的新型合成方法，能够精确调控粒径并达到高的单分散性。他们使用间苯二酚，甲醛和 1,6-二氨基己烷作为前体，Pluronic F127 作为表面活性剂，在精确设定的反应温度下合成了基于聚苯并恶嗪纳米球。通过设定一组初始反应温度（IRT），可在 $95\sim225nm$ 的范围内精确地调整聚合物纳米球的尺寸。随后，由于这种聚苯并恶嗪聚合物具有良好的热稳定性和高炭化产率，所以聚合物纳米球可以被假晶性且均匀地转化为碳纳米球。结果表明，纳米球尺寸与 IRT 的关系非常符合二次函数模型（见图 7-2）。因此，聚合物和碳纳米球的尺寸可以通过二次函数来计算。从图 7-2 可以看出，合成的纳米球可以自组装为沿（111）方向密排面排列的周期性结构。此外，所制备的聚合物纳米球本身就能作为制备胶体钯/碳催化剂的极好材料，在温和条件下，苯甲醇生成苯甲醛的选择性氧化反应中钯纳米颗粒分散性好、催化活性高、重复使用性好，并且再生能力强[29]。

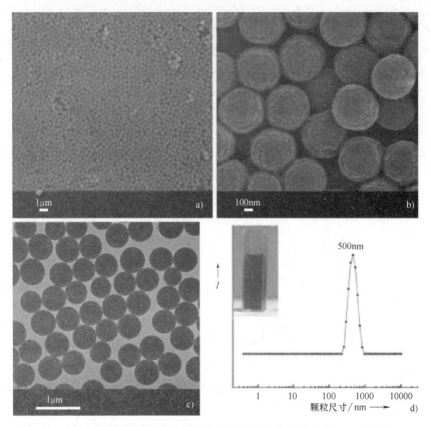

图 7-1　RF 聚合物颗粒的电子显微镜照片及动态光散射（DLS）结果

（文献 [28]，Wiley 许可）

a）、b）RF 聚合物颗粒不同放大倍数的 SEM 照片

c）扩展 Stöber 方法制备的 RF 树脂球的 TEM 照片

d）扩展 Stöber 方法制备的 RF 树脂球的 DLS 图，内插照片为 RF

树脂球在乙醇中的分散情况

　　同样，Zhao 的课题组最近在纳米介孔球的合成方面也取得了突破性进展。他们在早期工作中，通过对三嵌段共聚物 F127 和苯酚-甲醛（PF）酚醛树脂进行水溶液中有机物-有机物组装，合成了尺寸均匀（约 5μm）的菱形十二面体介孔碳（MC）的三维立方单晶，最佳搅拌速度和反应温度分别为（300±10）r/min 和约66℃[53,54]。最近，他们展示了一种新型的低浓度水热合成生物相容有序 MC 纳米球的方法，尺寸可在 20nm 到 140nm 之间进行调节（见图 7-3）。在它们的合成中，通过使用 PF 树脂作为碳前体，使用三嵌段共聚物 Pluronic F127 作为结构导向剂，获得了具有球体外形和均匀尺寸的高度有序的体心（Im3m）立方相 MC 纳米颗粒[17,53,54]。通过改变试剂浓度可以调节中间相球的直径。这种合成方法为碳纳米结构的制备提供了一种替代"经典"方法的路径，更适用于 MC 纳米球[17]。

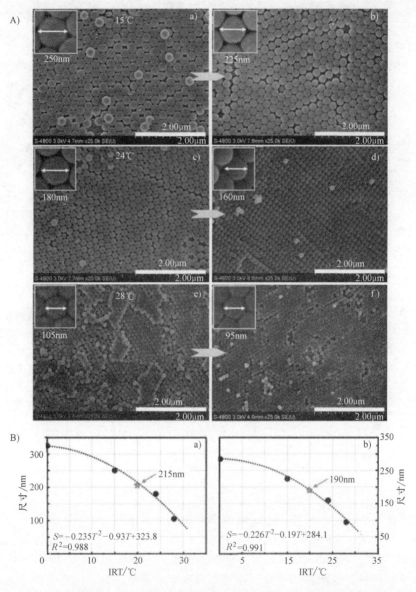

图 7-2　不同初始反应温度下制备的单分散聚合物纳米球和碳化产物的 SEM
照片，以及初始反应温度（IRT）与纳米球尺寸的关系（文献［28］，Wiley 许可）

A）不同初始反应温度下制备的单分散聚合物纳米球和碳化产物的 SEM 照片

a）初始反应温度为 15℃ 时制备的单分散聚合物纳米球　b）初始反应温度为 15℃ 时制
备的单分散聚合物纳米球的碳化产物　c）初始反应温度 24℃ 时制备的单分散聚合物
纳米球　d）初始反应温度为 24℃ 时制备的单分散聚合物纳米球的碳化产物

e）初始反应温度 28℃ 时制备的单分散聚合物纳米球　f）初始反应温度为 28℃ 时制
备的单分散聚合物纳米球的碳化产物　B）IRT 与纳米球尺寸的关系曲线

a）聚苯并恶嗪基聚合物纳米球　b）碳纳米球

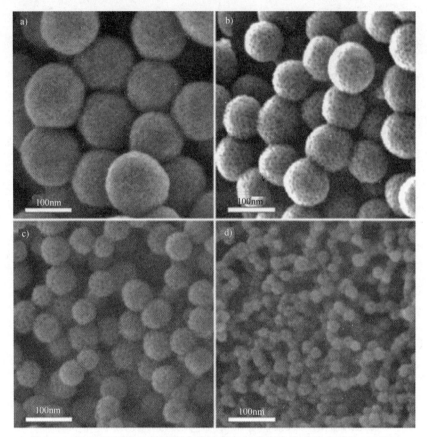

图 7-3　在 130℃ 下通过低浓度水热法制备的有序介孔碳纳米球的 HRSEM
图像（文献［28］，经 Wiley 许可）

a）碳纳米球直径为 140nm　b）碳纳米球直径为 90nm　c）碳纳米球直径为 50nm
d）碳纳米球直径为 20nm

　　聚糠醇（PFA）是另外一种高碳产率的碳源。以糠醛为原料，采用缓慢聚合与成球两步法合成了 PFA 球。然后，通过对"不粘"的聚合物球体进行碳化而获得胶体碳球[91]。另外，Nakamura 及其合作者报道了一种使用 MCM-41 型介孔二氧化硅作为牺牲模板，糠醇作为碳源，控制合成高度单分散的纳米多孔碳球。通过改变二氧化硅模板的尺寸，将纳米多孔碳球的直径控制在亚微米范围内。此外，所得球体的尺寸足够均匀，能够形成 3D 有序阵列[92]。最近，Zeng 及其合作者证实，通过使用苯乙烯-二乙烯基苯共聚物作为碳源成功合成了碳球[56]。关键在于使用 Friedel Crafts 烷基化构建球内及球间—CO—交联桥接。

　　碳材料中的氮原子掺杂已被用于调控其物理和化学性质，即化学反应性、电导率和吸附性能[30,39,55,93-95]。含氮聚合物的直接热解可以生成含氮碳材料[30,39,55,93,94]。例如，Friedel 及其合作者描述了一种使用三聚氰胺-甲醛（MF）树脂制备含氮碳球的方法，该树脂是通过三聚氰胺和甲醛在水溶液中的缩合反应生成的。图7-4所示给出了一个特定批次的转化过程，可观察到单分散 MF 球的初始直径为1.6μm（由上述方法合成），并生成了直径为400nm的单分散碳球和光滑的表面。富氮的碳球表现出绝对均匀的收缩，而且在树脂分解反应过程中并无任何变形。这种含氮的碳球可于催化[30] 和电极材料等[39,94] 领域。

7.2.1.2　碳球的水热碳化（HTC）合成

近年来，生物质（尤其是分离碳水化合物）的水热碳化（HTC）工艺被认为是一种简便、低成本、环保且无毒的新型碳基球体的制备方法，具有广泛的应用前景[46]。在160~200℃温度下的 HTC 过程有利于从碳水化合物碳源生成胶体碳质球体，如葡萄糖[18,31,32,37,47-49,51]、环糊精[50]、果糖[51] 和蔗糖[45]。HTC 工艺包括四个步骤：脱水、缩合、聚合和芳构化。如此合成的碳质球通常具有本征多孔结构和表面官能团，可用于催化、生物医药和纳米器件等许多潜在的应用。

Sun 及其合作者报道了葡萄糖的 HTC 合成单分散胶体碳球（图7-4）。碳球具有亲水性表面并且在水相体系中显示出良好的稳定性。有趣的是，贵金属（Ag、Au、Pd、Pt）纳米颗粒能够负载到碳球基体之上或之内，从而形成杂化结构[31]。令人不满意的是，所得到的碳球具有无孔结构，并且颗粒尺寸相对较大（高至微米尺度）。最近，Gu 等人报道了一种水热合成方法，以三维互连的 MCM-48 介孔二氧化硅纳米球作为硬模板，制备孔径结构互补的200nm 以下的均匀 MC 纳米球。首先对介孔二氧化硅纳米球进行氨基化修饰，这为固体模板孔表面带正电荷的铵根离子和带负电的碳质多糖之间提供了静电引力。所制备的 MC 纳米球作为喜树碱的载体，能够有效地抑制 MCF-7（人乳腺癌）癌细胞的生长[18]。此外，Meng 的研究

图7-4　MF 微球和碳球的电子显微镜照片（文献［28］，Wiley 许可）

A）MF 微球的 SEM 照片　a）合成的 MF 微球　b）高度单分散性　c）MF 微球在900℃下热解后
形成的碳球的表面情况　B）不同条件下制备的碳球的电子显微镜照片

a）0.5mol/L，160℃，3.5h 条件下制备的碳球的 SEM 照片

b）1mol/L，180℃，10h 条件下制备的直径为1500nm 碳球的 TEM 照片

c）单个碳球的高倍 TEM 图像

小组利用一种改进的水热过程合成了单分散的碳球。通过对 $Ag(NH_3)_2^+$ 水溶液中的纳米多孔碳球悬浮液（其中聚 N-乙烯基吡咯烷酮作为还原剂）进行微波处理，可以将 Ag 纳米颗粒掺杂到所合成的碳球中。以这种方式，所制备的 Ag-NP/C 复合材料对硼氢化钠还原 4-硝基苯酚的反应表现出优异的催化活性[45]。Titirici 及其同事报道了在丙烯酸存在的情况下，通过葡萄糖的一步 HTC 工艺方法制备了富含羧酸的碳质材料[47]。

7.2.2 空心碳球

近十多年来，空心碳球（HCS）凭借着优越的物理和化学性能，受到越来越多的关注。这些精心设计的球体的空心腔可以充当储存器或纳米反应器，而壳体能够为内嵌物提供可控的释放途径，并为反应提供可观的表面积。众所周知，模板法被认为是构建空心结构最直接的方法。我们大致将这些方法分为两类，即硬模板和软模板方法，这取决于模板在中空内腔形成中的作用。接下来，我们将讨论空心碳球的合成方法以及空心结构在锂电池、催化和生物医学领域中的应用情况。

7.2.2.1 硬模板法

使用硬模板法制备空心碳球涉及三个主要过程：（ⅰ）硬模板的合成；（ⅱ）用选定的碳源涂覆模板；以及（ⅲ）去除模板以获得中空结构。广泛使用的硬模板包括单分散二氧化硅纳米球[33,49,57-62]，金属或金属化合物颗粒[40,41] 和聚合物乳胶胶体[96-98]。这些模板具有许多优势，包括其尺寸分布窄，使用常规前体且合成简易，以及模板可在温和条件下去除。一般认为用某种碳源对模板进行表面涂覆是关键一步，因为需要一种简便的涂覆方法，来有效地在基体上形成纳米或微米尺寸范围的壳体。在大多数情况下，模板的表面与碳源是不相容的。然而，为了解决这一问题，可通过对模板表面进行选择性功能化或修饰，形成所需的官能团或静电荷。此外，表面活性剂偶尔也会用于辅助表面涂覆。应该注意的是，当去除模板（核心）时，通常需要特别注意保留完美的外壳结构。

在过去的几十年里，许多研究致力于使用硬模板法合成空心碳球。早在 2002 年，Yoon 及其合作者使用实心核与介孔壳二氧化硅球作为模板，成功合成了空心介孔（HCMS）结构的碳胶囊[61]。HCMS 的结构是实心核/介孔壳二氧化硅球的复制。这种 HCMS 碳胶囊的比表面积与总孔容分别为 $1230m^2/g$ 和 $1.27cm^3/g$。在该项开创性工作之后，HCMS 的应用已经扩展到药物递送[16]、电化学储氢[23]、酶固定化[24] 和催化[25,26] 领域。

同样，Ikeda 及其合作者在氨基化的二氧化硅球上涂覆了一层葡萄糖水热处理生成的多糖，该球体有一个无孔的核与一个多孔的外壳[62]。最近，Liu 及其合作者开发了一种通用简便的方法，以多巴胺作为碳源合成了极薄壳层（厚度为 4nm）的空心碳球[33]，如图 7-5 所示。多巴胺被认为是一种强大的表面涂层剂[99,100]，具有高碳收率。通过将二氧化硅球体简单地浸入多巴胺水溶液中，然后进行碳化并去除模板，即可获得均匀一致的碳胶囊。

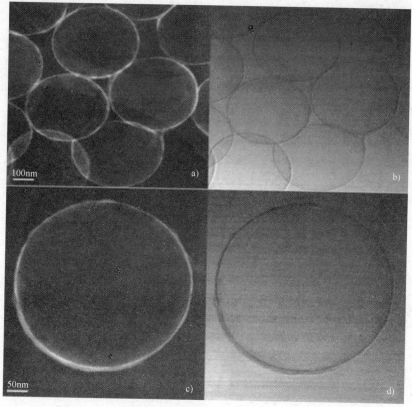

图 7-5　中空碳球的 STEM 图像（［28］，经 Wiley 许可）
a)、c) *Z* 衬度图像　b)、d) 明场像

石墨炭具有导电性好、低成本等优点，是目前商用锂离子电池中最常见的负极材料。Müllen 的研究小组利用盘状纳米石墨烯（十六烷基取代的六苯并蔻）作为结构单元，并使用二氧化硅/空间/介孔二氧化硅球作为模板，合成了纳米石墨烯构成的空心碳球（NGHC）（图 7-6）。合成的 NGHC 具有一致的尺寸并由双壁结构组成，即含有垂直纳米通道的外部介孔壳层和内部石墨实心壳，有利于锂离子从不同取向进行扩散，而内部石墨实心壁可促进循环过程中电子的收集和运输。因此，当 NGHC 作为锂离子电池中的负极材料时，表现出高可逆容量（约 600mAh/g）和优异的高倍率性能（10℃ 的倍率下约为 200mAh/g）[43]。

为了节省硬模板法过程中的模板去除步骤，除了二氧化硅纳米球以外，聚苯乙烯纳米球凭借着热挥发性，也是硬模板的一个理想选择。例如，White 等人使用葡萄糖作为碳源，并使用十二烷基硫酸钠（SDS）作为表面活性剂进行水热反应，然后对复合材料进行高达 500℃ 的碳化处理后去除聚合物模板，从而制备了空心碳球[96]。Yang 的小组报道了一种相对简单的方法，以磺化聚苯乙烯球为模板、聚苯

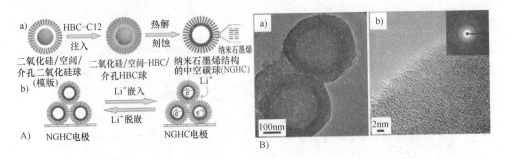

图 7-6　NGHC 的示意图及电子显微镜照片（文献［28］，Wiley 许可）

A）NGHCs 的示意图

a）NGHCs 的制备过程

b）NGHC 电极在放电（嵌入）和充电（脱嵌）过程中锂离子和电子的扩散

B）1000℃下热解的 NGHC 的电子显微镜照片

a）TEM 照片　b）HRTEM 照片（内插图为 SAED 图）

胺为碳源制备了空心碳球[97]。利用相同的方法，他们还在氮气氛条件及 800℃ 下对 PF 复合空心球进行碳化，从而制备了 PF 复合空心球及空心碳球[98]。显然，碳纳米结构在高温退火过程中发生颗粒团聚的趋势是不可避免的。团聚的碳纳米颗粒在胶体催化剂、药物载体、纳米器件和油墨等许多应用中存在一定的局限性。最近，Lu 及其合作者描述了一种被称为"限域纳米空间热解"的新方法，用于合成离散、均匀和高分散性的酚醛树脂基空心碳球，具有可调控的壳厚度和空腔尺寸（图 7-7）。关键是要在聚合物纳米球表面包裹一层无机外层二氧化硅壳，作为纳米

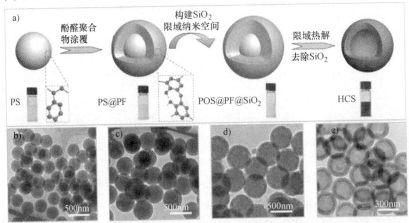

图 7-7　空心纳米碳球的纳米空间限域热解的过程示意图及每步产

物的 TEM 照片（文献［28］，Wiley 许可）

a）空心纳米碳球的纳米空间限域热解的过程示意图，嵌图为每步产物的稳定水悬浮液的照片

b）PS 的 TEM 照片　c）PS@PF 的 TEM 照片　d）PS@PF@SiO₂ 的 TEM 照片

e）HCS 的 TEM 照片

反应器为 PF 聚合物的高温热解提供一个受限的纳米空间。同时，该无机壳层也可以作为高温处理过程中防止聚合物/碳粘连的边界[101]。因此，Lu 的方法确保即使在高温热解后，也可以根除碳质材料常见的颗粒粘连现象。这在需要严格控制空心碳球的单分散性、粒径和分散性的应用领域内尤为重要。这种方法获得的空心碳球不仅在先进的储存材料，吸附剂，催化剂载体，药物输送载体和模板等许多方面具有广阔的应用前景，而且是研究碳胶体物理化学性质的理想基础模型体系。

7.2.2.2 软模板法

虽然硬模板方法被认为是合成孔结构可控的空心碳球的有力工具，但它仍有一些固有缺点，包括多步合成过程的产物收率低和模板去除后壳体结构稳定性不足。与硬模板法相比，使用表面活性剂[34,102] 和聚合物[103] 作为结构导向剂的软模板法可以省去硬模板法步骤中的制备和去除，并克服了硬模板法带来的内在局限性。然而，模板和聚合物前体之间的自组装能力被认为是实现软模板方法的先决条件，并且模板在自组装过程中应具有化学稳定性。在过去的十多年中，软模板化方法引起了最大的关注并取得了显著的进展。

Li 的研究小组在 SDS 的帮助下，使用葡萄糖作为碳源制备了空心碳球[102]。然而，所获得的空心碳球的尺寸分布较宽，从几十纳米到几微米。最近，Lu 的小组开创了一种新型的、可广泛推广的水热合成各种空心纳米球的方法，包括聚合物、碳、石墨和金属掺杂的空心纳米碳球。合成机理基于弱酸碱相互作用（—COO^-/NH_4^+/—COO^-）诱导的组装。弱酸碱相互作用是由二羟基苯甲酸、铵根离子和油酸产生的。首先，采用氨催化二羟基苯甲酸与甲醛的聚合反应制备了空心聚合物球（HPS），其中油酸乳液形成空心球腔。HPS 的直径和空心核体的尺寸可以分别在 100~200nm 和 30~80nm 的范围内调节。结果表明，约 61% 的 NH_3 添加量保留在 HPS 产物中。由于 COO^- 官能团的存在，金属阳离子（例如 Fe^{3+} 和 Ag^+）能够被引入到这些 HPS 上，使 HPS 随后可以转化为空心石墨化纳米球和掺银催化活性空心碳球。值得注意的是，HPS 可以通过直接热解而假晶性地转化为碳质纳米球[34]。

Xu 的团队以聚合物为模板，创建了一种制备具有规则球状的单分散碳纳米球的新方法[103]。合成方法包括三个步骤：首先，通过无皂乳液聚合合成单分散聚苯乙烯球；其次，通过 Friedel Crafts 烷基化反应作为后交联反应来提高聚苯乙烯球的表面交联度；第三，碳化反应产物。通过调整交联后的反应时间，可以精确调节空心核体的尺寸。这是碳球制备领域的一种新方法[56,103]。

空心球的大空腔体积在主客体化学中具有很强的吸引力。在壳层形成的过程中，尽管官能团或原位封装的客体分子可能重新填充空心内部，但仍是非常具有挑战性的。这一难题引发了人们对更简单的合成方法的兴趣，制备出空心外壳，从而可以方便地封装和释放客体物质。最近，Lu 的小组报道了一种新型的具有碳或石墨化外壳的多功能、微米级、均匀的空心球合成方法，该方法由同一种类型的固体聚合物球衍生而来，这种实心聚合物球体是由赖氨酸催化的二羟基苯甲酸和甲醛在乙醇中聚合而成。有趣的是，一个令人惊讶的简单水洗步骤就能够掏空由聚合物壳层与离子对盐类低聚物的内部构成的实心聚合物球，从而形成空心结构。如此合成的聚合物球经热解可以很容易地转化成碳球。在石墨化催化剂的存在下，可以实现石墨化外壳（图7-8）。该合成作为碳质球的三种选择，被称为"三重优势"，并且易于扩大以获得大量高纯度产品[104]。

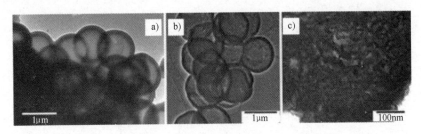

图 7-8　聚合物球和中空石墨球的电子显微镜照片（文献［28］，Wiley 许可）

a）聚合物球的 TEM 照片

b）酸浸处理后制备的中空石墨球（CS-Fe）的 TEM 照片

c）CS-Fe 经过酸浸和研磨处理后的 STEM 照片

7.2.3　核壳结构的碳基复合材料

　　贵金属或金属氧化物是许多催化反应中的活性剂。合成金属纳米颗粒包埋在空心壳体内的核壳结构催化剂，是一种制备高温稳定和环境稳定的催化剂的便捷方法。众所周知，碳质材料具有热稳定性（惰性气氛下）和化学稳定性，因此可以在苛刻的条件下使用。另一方面，碳的高导电性使其在电子设备中可用作电极材料。因此，金属纳米粒子上的碳涂层可显著提高电极材料的电导率，从而提高倍率性能。金属纳米粒子的性质得以改善。由于其独特的结构和组分，这种复合材料显示出独特的化学和物理性能，可能在催化[33,35,36]、锂离子电池[40-42]、生物测定应用等领域得到应用[22]。

　　Kim 及其合作者报道了一种合成碳胶囊的方法，该碳胶囊由空心核体和含有包埋金颗粒的介孔壳层所组成，由实心核/介孔壳二氧化硅球和包埋的金晶粒复制而制备。通过改变实心核/介孔壳二氧化硅球的结构，可以调节这种碳胶囊的核体尺寸、壳层厚度和纳米孔度。此外，该方法应适用于各种金属颗粒和无机胶囊材料[19]。目前该类研究工作正在快速向前发展。借助于类似的方法，Dai 的团队合成了 Au@C 蛋黄-蛋壳纳米复合材料，所得到的纳米复合材料在还原 4-硝基苯酚时表现出了高催化能力和稳定性[33]。

　　其他研究人员则致力于通过用碳材料包裹金属纳米粒子来合成核壳结构材料。例如，Lou 的研究小组以介孔 SnO_2 空心纳米球作为模板，制备了 SnO_2@双壳碳空心球。在该合成中，碳化温度不能超过550℃，因为金属氧化物和碳前体在高温下会发生反应而破坏空心纳米结构。通过选择性去除夹心的多孔 SnO_2 壳层，能够获得不同寻常的双壳碳空心球[40]。Lou 的研究小组还利用简单的水热法在二氧化硅 @ SnO_2 核-壳纳米球的表面上制备了葡萄糖衍生多糖涂覆的同轴 SnO_2 @ C 空心球[41]。上述合成的全部 SnO_2/碳复合材料都在锂离子电池应用中表现出高可逆容量和高库仑效率。在类似的思路下，Zhang 及其合作者在水热过程中用葡萄糖部分还原单分散的赤铁矿纳米粒子，合成了碳包覆的纺锤形 Fe_3O_4 纳米结构。碳包覆的纺锤形 Fe_3O_4 纳米结构可作为锂离子电池的优异负极材料，与未包裹的纺锤形赤铁矿和商用磁铁矿颗粒相比，具有可逆容量高，首个循环的库仑效率高，循环性能好以及倍率容量高等特点[42]。此外，我们可以想象，通过恰当地调整纳米颗粒的表面性质，能够将这种合成方法扩展到具有类似胶囊结构的其他碳涂覆的金属氧化物、金属、甚至碳涂覆沸石的合成。Yu 及其合作者展示了一种"一锅法"方法，通过在中温条件下使用葡萄糖和硝酸铁的水热共水解-碳化工艺制备了碳包覆的 Fe_xO_y 球体。所制备的纳米复合材料在 Fischer-Tropsch 合成反应中显示出良好的稳定性和选择性[36]。此外，还使用一步 HTC 过程合成了 Pd@ C 核-壳纳米粒子，并发现它们是羟基芳香族衍生物分批部分氢化的选择性催化剂[105]。有趣的是，氧化石墨烯（GO）片和碳纳米管可以作为包封剂用于聚（甲基丙烯酸缩水甘油酯）或聚苯乙烯基聚合物微球的表面涂层[106,107]。

将金属盐溶液浸渍到碳球的空心芯体中是制备金属@ 碳复合材料的一种直接方法。例如，Fuertes 及其合作者提出了一种简单新颖的合成方法，制备了空心 MC 壳体由磁性纳米颗粒组成的核壳材料[21]。这种方法已扩展到封装各种磁性纳米粒子，比如 Fe_3O_4/γ-Fe_2O_3、$CoFe_2O_4$、$LiCoPO_4$、NiO 和 Cr_2O_3[22,24]。如图 7-9 所示，大孔芯体内部可被纳米粒子充分填充，并且碳壳的孔洞中几乎不含沉积的纳米颗粒。作者们展示了这种复合材料在一种酶（溶菌酶）固定中的应用，通过外部磁场即可进行简易操作[22]。

合成各种碳基球的成功之处就是在于为调控它们的物理和化学性质提供了机会。这些进展反过来又促进了越来越多的应用领域探索，比如环境、催化、电子、传感和生物应用。然而，应该注意的是，在许多情况下，对于基础研究和实际应用而言，更需要高质量（例如，单分散、均匀一致、可控尺寸以及可调整的表面性质）的碳质球体。一项文献调研显示，即便少数产品能够在合成过程中得到精细控制，但生产这种高质量碳基球体的方法仍然非常有限。另外，许多合成碳球的方法都是基于溶液合成，其收率非常低。然而，将这些实验室规模的合成方法推广到这类碳球的工业规模生产，并同时保持其尺寸和形态，是一项巨大的挑战。应对未来的这些挑战和问题，将进一步提高合理设计各种碳球的能力，并扩大实际应用。

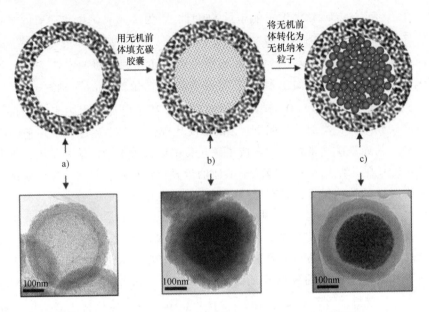

图 7-9　合成过程的示意图（文献［28］，经 Wiley 许可）

a）碳胶囊　b）负载无机前体的碳胶囊　c）包埋在介孔碳壳内的无机纳米粒子

7.3　一维（1D）碳材料

当我们谈论一维碳材料时，碳纳米管可能是最容易想到的。自从 Iijima[108] 首次通过类石墨电极间的电弧合成碳纳米管以来，一维碳材料凭借其卓越的性能，比如优异的化学和热稳定性、高比表面积、独特的电子性质以及在电子、吸附、水净化、催化等领域的巨大应用潜力，得到了极其深入的研究[109-116]。迄今为止，CVD[117,118] 和静电纺丝技术[113,119] 已被广泛用于生产一维碳材料。然而，对所合成的碳材料的性质（比表面积，孔径和表面官能团）进行精确控制是非常困难的。已经有非常多的关于碳纳米管的研究文章和全面综述。在此，我们不讨论碳纳米管；相反，我们主要关注使用化学合成法新合成的一维碳材料，如水热法、自组装法和模板法[88,114-116,120-122]。

模板法是一种广泛用于制备一维碳材料的方法之一。例如，阳极氧化铝（AAO）[120,123-125]，介孔二氧化硅[122] 和碲纳米线[114] 已成功用于合成碳管、纤维和线材。Kyotani 的研究小组率先使用丙烯在 AAO 膜的孔壁上进行热解碳沉积，然后用 HF 清洗去除模板，制备了均匀且笔直的 CNTs 和亚微米管[124]。Holmes 的团队利用这种模板化过程，于 2007 年在硅晶片上制备了无支撑、排列整齐的 MC 纳米纤维阵列[125]。图 7-10 显示了在 600℃ 煅烧后 MC 纳米纤维阵列的扫描电子显微镜（SEM）图像。随后，Steinhart 等人报道了一种直接和无溶剂方法，合成了具有高长径比和低缺陷密度的 MC 纳米线和微丝。在这种方法中，首先使用被处理过的前体混合物（F127、间苯三酚、甲醛和痕量 HCl）浸渍了多孔氧化铝作模板，然后在 500℃ 的中温下碳化[120]。最近，通过将表面活性剂模板化过程（有机酚醛树脂的自组装）与天然蟹壳模板化过程相结合，制备了新型的高度有序的 MC 纳米纤维阵列，其中蟹壳被用作形成纳米纤维阵列的硬模板，而三嵌段共聚物 Pluronic P123 被用作组装介孔的软模板[123]。通过使用介孔二氧化硅纳米纤维模板，Chae 等人成功制备了一维 MC 纳米纤维。获得的纳米纤维主要由碳纳米团簇组成，内部介观结构为环状缠绕的纳米通道排列[122]。最近，Liang 及其合作者采用所谓的 HTC 工艺合成了一种无支撑的纤维膜，该工艺使用了碲纳米线和葡萄糖，并随后用 H_2O_2 除去了碲核[114]。所获得的 CNF 具有足够的灵活性和机械强度，可用于从溶液中过滤和分离不同尺寸的 NP[126]。

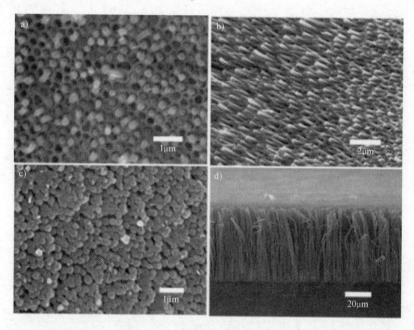

图 7-10 600℃下煅烧 3h 后的介孔碳纳米纤维阵列扫描电子显微照片

（文献 [28]，Wiley 许可）

a) AAO 薄膜的孔内的介孔碳纳米纤维阵列的上视图 b) AAO 薄膜的孔内的介孔碳纳米纤维阵列的侧视图 c) AAO 薄膜溶解后利用超临界 CO_2 干燥工艺在硅晶片上制备的纳米纤维阵列的上视图 d) AAO 薄膜溶解后利用超临界 CO_2 干燥工艺在硅晶片上制备的纳米纤维阵列的侧视图

迄今为止，有几个研究小组报道了通过一维聚合物的碳化直接合成多孔碳纳米纤维，但制备的纤维总是具有小孔径和低的比表面积[127,128]。最近，Zhao 的研究小组使用基于溶液生长工艺的新型自模板方法制备了 CNF，该方法使用乙二醇（EG）作为碳前体，$Zn(CH_3COO)_2$ 作为结构构造剂及致孔剂，其中最初形成的乙酸锌在随后的碳化过程中充当了内置模板。这些纤维具有良好的一维纳米结构和三维相连介孔结构、均匀大小的介孔和高比表面积，以及表面有丰富的含氧官能团，因此作为电化学电容器（EC）的电极材料，表现出优异的性能[116]。为了在碳纳米纤维中形成孔隙，Fu 及其合作者通过制备及随后碳化交联的聚磷腈纳米纤维来制备均匀的多孔碳纳米纤维[129]。在这种合成中，直接热解过程中即可形成孔洞，而无须额外的活化步骤。

此外，Jang 和 Bae 利用盐辅助的微乳液聚合和碳化工艺合成了具有高长径比的聚丙烯腈（PAN）纳米纤维和 CNF[130]。Fujikawa 等人证实了树脂聚合物纳米线和纳米球可以制备出具有高表面积的单分散碳纳米线和碳球。该合成过程中，TMB（三甲基苯）和 tBuOH 作为助表面活性剂，通过调节 tBuOH 的含量，合成材料的形状可从球状调整为线状[88]。通过二醋酸纤维素（CDA）纳米纤维的 Pt 催化热解，Nam 的团队利用铂纳米颗粒的各向异性催化活化反应合成了一种发达的碳纳米棒结构。所得到的碳/铂气凝胶具有高比表面积（$311m^2/g$）的 MC 结构，并且提供了高达 56% 的高铂负载量。在各种催化和电化学体系中显示出巨大的应用潜力[131]。

目前，尽管多孔 CNF 的制备研究已经取得了很大的进步，但如具有高比表面积、大孔径和丰富表面官能团的纳米碳纤维的简便方法的开发仍然是一个巨大的挑战。

7.4 二维（2D）碳材料：薄膜与功能膜

二维碳材料是一种有趣的材料，通常是指碳薄膜和功能膜，由于具有特殊的物理、化学和力学性能，在净化和分离、电化学储能、锂离子电池、电池电极和催化剂载体等方面有广泛的应用。碳薄膜和功能膜可以通过硬模板法和软模板法、有机聚合物前体的热解法、化学和物理气相沉积法以及电化学法来合成[132]。近年来，许多综述文献报道了碳薄膜的制备和应用[132-134]。本文综述了近年来 CNT 薄膜、无支撑碳纤维薄膜、可拉伸石墨烯薄膜和其他薄膜的最新研究进展。

近年来，由碳纳米管组成的一类新型碳薄膜越来越受到人们的关注，它可用作超级电容器、晶体管和透明电极。通过 CVD 工艺，在硅衬底上生长了垂直排列纳米管的均匀薄膜[135,136]。通过使用单壁碳纳米管（SWNT）油墨，并通过"浸渍和干燥"工艺，Cui 等人制备了具有优异柔性和拉伸性能的高导电性织物，证实了 SWNT 和目标织物之间存在强附着力[137]。另一类合成是基于溶液的工艺，可通过将 SWNT 与金属纳米线相结合来制备储能器件[138]。基于这些 CNT 薄膜或 CNT 复合材料的优异性能，已成功制备了超级电容器、电极及其他器件[139]。

纤维在没有任何黏结剂的情况下转化成膜，已经引起了极大的兴趣。最近，Yu 的团队通过溶剂蒸发诱导自组装（EISA）工艺，使用高度均匀的葡萄糖基碳质纳米纤维构建了无支撑膜[114]。图 7-11 显示了一个典型的方形无支撑 CNF 膜，尺寸为 17 cm× 9 cm。尺寸可控的薄膜具有高通量和出色的尺寸选择性抑制性能，可用于通过简单的过滤工艺从溶液中过滤和分离不同尺寸的纳米粒子。通过纤维素纤维的铂催化碳化，Kunitake 等人以一张无绒纤维素纸（PS-2，Bemcot，100%纤维素）作为起始基体，制备了铂纳米粒子和无定形碳膜的复合材料。然后将铂/纤维素复合材料置于氮气氛下的石英管炉中，并在400℃下碳化。该工艺有利于用催化金属纳米粒子（例如催化剂）设计制备各种碳基功能材料[140]。

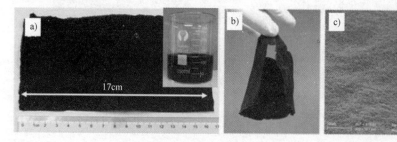

图 7-11　柔性 CNF 膜的照片（文献［28］，Wiley 许可）
a）、b）柔性 CNF 膜的照片，内插图为用于流延膜的 CNF 溶液照片
c）CNF-50 膜表面形貌的低倍和高倍（内插图）SEM 照片

在纳米多孔碳材料的模板合成方法中，通过将固体模板分散在碳前驱体溶液中，或将碳前体浸渍到固体模板中，制备了由碳前体和固体模板（例如沸石，二氧化硅，聚合物等）组成的复合材料。通过在合适的模板上对一层薄薄的酚醛树脂进行碳化，Gierszal 和 Jaroniec 报道了一种孔容大，孔径一致和厚度可控的均匀碳膜的合成方法[141]。首先在二氧化硅胶体晶体或胶体二氧化硅聚集体的孔壁上形成均匀的聚合物膜，然后进行碳化和模板溶解，获得碳膜产物。

碳膜的大尺寸有序化仍然是一个巨大的挑战。值得注意的是，通过直接碳化在非水溶液的碱性介质中自组装的 F108（$EO_{132}PO_{50}EO_{132}$）和 RF 复合材料，合成了具有立方相 Im3m 对称性的高度有序的 MC[142]。Liang 等人证实了一种逐步自组装方法来制备大尺寸、高度有序的纳米多孔碳膜（见图 7-12）。结构规整的多孔碳膜合成包括四个步骤：（ⅰ）单体嵌段共聚物薄膜浇注；（ⅱ）通过溶剂退火进行结构优化；（ⅲ）碳前体的聚合；（ⅳ）碳化[143]。最近，Zhao 等人报道了通过简单的涂层蚀刻方法制备具有高度有序多孔结构的无支撑 MC 薄膜[144]。该 MC 薄膜是首次通过在预氧化硅晶片上涂覆酚醛树脂前体/Pluronic 共聚物溶液而合成的，形成基于有机-有机自组装的高度有序的聚合物介孔结构，然后在600℃下碳化并最终对碳膜和硅基板之间的原生氧化层进行刻蚀。与先前报道的技术相比，温和的反应条件和较宽的组成范围是这种方法的明显优点[145-147]。

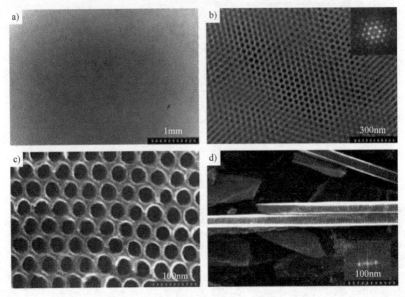

图 7-12　碳膜的电子显微图像（文献［28］，经 Wiley 许可）

a）在 4×3mm 区域内大尺寸均匀碳膜的 Z 衬度图像　b）显示了高度有序的碳结构细节的 Z 衬度图

c）具有均匀六角形孔阵列的碳膜表面的 HRSEM 图像，孔径为（33.7 ± 2.5）nm，

壁厚为（9.0 ± 1.1）nm　d）薄膜横截面的 SEM 图像，显示了与薄膜表面垂直的全部平行直线通道

石墨烯纳米片的出现为二维（2D）纳米材料的科学技术开辟了一个令人兴奋的新领域[134]。近年来，石墨烯纳米片组装成膜状宏观结构或制备新型复合材料的工作已经取得了大量成果[148-152]。Yang 等人利用在液体/空气界面处的自组装过程制备了无支撑的 GO 膜，且膜厚度可控，面积可调[153]。近年来，Müllen 及其同事在制备透明石墨烯薄膜和石墨烯基复合薄膜或片材方面做出了巨大贡献[154-157]。例如，他们提出了一种新型的由下而上的化学方法来合成透明的石墨烯结构薄膜（TGF），这种方法是通过对巨大多环芳烃（PAH）合成的纳米石墨烯分子进行热处理而实现的（见图 7-13）[154]。这些合成的薄膜表现出卓越的导电性，出色的机械柔性和良好的光学透明性，在锂离子电池[158]，场效应晶体管[156,159] 等电子应用中表现出色。Luong 等人通过将还原的 GO 和氨基化的纳米纤维素纤维混合，制备了一种具有高力学性能和电性能的石墨烯/纤维素纳米复合纸[160]。此外，还原的 GO 片可以自组装成高度有序、多孔形态可调的柔软性碳膜，该方法通过对预先存在的组分进行自发的由下而上的组装而形成图案化的结构[161]。进一步的氮掺杂处理增强了碳基组装体的电性能和超级电容器性能，并提供了化学官能团。

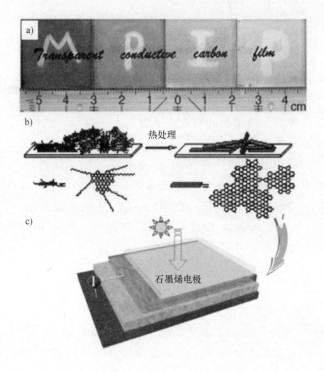

图 7-13　多环芳烃热处理合成纳米石墨烯分子，进而制备透明石墨烯结构薄膜（TGF）
（文献［28］，Wiley 许可）

a）尺寸为 2.5cm×2.5cm 的石英板上厚度为 30nm、22nm、12nm 和 4 nm 的 TGF，
分别标有"M""P""I"和"P"字母，并在热处理前从膜上抹去

b）纳米石墨烯（PAHs）分子间缩合为石墨网络的机理示意图

c）太阳能电池的示意图，由底部到顶部的四层分别是 Ag、P$_3$HT
与 PCBM 的混合物、TGF 及石英

　　碳化物衍生碳薄膜是另一种具有吸引力的薄膜，可通过在各种基底材料上水热分解碳化物前体，然后在高温下使用氯选择性地从金属碳化物上蚀刻金属制备。这些薄膜总是具有高比表面积和高比电容[162-164]。由于不含聚合物黏结剂，大孔体积减小，集电体和活性材料之间的附着力好，所以该方法合成的多孔碳膜在集成超级电容器方面具有的巨大潜力[165]。

　　综上所述，目前已经用模板法、有机聚合物膜的受控热解以及化学和电化学等方法合成了各种碳薄膜。由于薄膜的结构和性能决定了它们的效率，所以新型纳米结构碳膜的开发以及它们的特性研究将会继续进行。考虑到对电能储存和分离的需求日益增加，开发简单有效的技术来合成孔隙和结构可控的新型多孔碳膜是当务之急。一种可能的解决方案是使用元素策略在碳纳米结构和表面上引入其他原子，从而提高相应应用的性能。

7.5 三维（3D）碳材料：宏观体

多孔碳是一种多用途的材料，不仅在微观上而且在宏观上都具有广泛的形貌。宏观上，与粉体相比，宏观体通常具有较大的操作灵活性[166]。微观上，宏观体结构具有三维双连续多级孔隙结构的特点，通常具有压降低、传热和传质快、接触效率高、易于处理等显著优点[167-169]。

宏观体碳材料的合成一般依赖于溶胶-凝胶法、纳米浇注法和自组装法等手段[170,171]。近年来，人们一直致力于开发功能增强的新型宏观体碳材料，包括开发新的聚合体系（溶剂或前体）、针对多峰多孔的精确孔隙控制，以及定向表面/体相功能化[172-176]。本节将重点介绍近年来发展起来的孔隙相互连接的宏观体碳材料的化学合成方法，并简要讨论了它们的一些应用。

7.5.1 溶胶-凝胶法

7.5.1.1 新型合成方法

溶胶-凝胶法是制备孔道完全相互连通的块体碳材料最常规的方法之一。碳气凝胶是具有代表性的宏观体材料，其合成通常包含基于溶胶-凝胶化学反应的分子前体向高度交联有机凝胶的转化过程[177]。自 Pekala 的开创性工作[178] 以来，基于聚合物的碳宏观体在新的聚合体系和进一步的表面/本体功能化方面取得了显著的成就。Fairén-Jiménez 及其合作者将 RF 聚合物在水、甲醇、乙醇、四氢呋喃和丙酮等多种溶剂中制备的有机气凝胶碳化，合成了密度为 $0.37 \sim 0.87 g/cm^3$ 的碳气凝胶[179]。他们发现，密度大于 $0.61 g/cm^3$ 的样品具有微孔和中孔，但没有大孔。Monte 的研究团队利用离子液体（IL）（低共熔溶剂）作为溶剂或作为碳质前体和结构导向剂，制备了具有高收率（80%）和中孔直径可调的碳宏观体[180-182]。Sotiriou-Leventis，Leventis 及其同事近年来开发了多种新型聚合体系，如异氰酸酯交联 RF 凝胶、聚脲（PUA）凝胶、聚酰亚胺凝胶等，在制备聚合物气凝胶和碳材料宏观体方面具有高度的灵活性[183-185]。碳产物具有互连的多级孔隙网络和三维双连续形态，具有较高的表面积和较大的孔体积。例如，可以通过精细控制丙酮中 Desmodur RE（异氰酸酯）/水/三乙胺（催化剂）的相对比率来制备 PUA 凝胶，最终转化为密度范围很宽的高度多孔的气凝胶（体积分数高达 98.6%）（图 7-14）。非常值得在接下来的研究中探索它们作为催化剂载体、吸附剂和电极的应用。

或者，碳前体和一种或多种其他改性剂（即含杂原子的组分）之间的共聚和/或协同组装可用于直接合成功能性碳材料[186]。Sepehri 等人合成了一系列氮硼共掺碳冷冻凝胶，该方法在溶剂交换过程中将氨硼烷均匀分散在 RF 水凝胶中，然后进行冷冻干燥和热解。氮硼共掺杂导致多孔结构发生大的变化，并且与未改性的碳相比，电化学性能得以改善[187]。最近，Lu 的研究小组报道了通过间苯二酚、甲

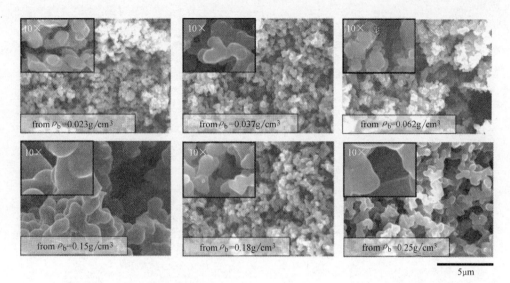

图 7-14　由 Desmodur RE 三异氰酸酯制成的聚脲气凝胶所合成的碳气凝胶的 SEM 照片，
图中给出了聚脲气凝胶的密度（文献［28］，Wiley 许可）

碳制品的真实密度依次为：未测量（样品破碎）、$(0.29\pm0.06)\,g/cm^3$、$(0.40\pm0.02)\,g/cm^3$、

$(0.62\pm0.08)\,g/cm^3$、$(0.72\pm0.03)\,g/cm^3$、$(0.78\pm0.01)\,g/cm^3$

醛和 L-赖氨酸的溶胶-凝胶共聚作用合成新型氮掺杂宏观体碳材料的省时方法（图 7-15）。宏观体碳材料显示出高度互连的大孔和丰富的微孔，具有优异的 CO_2 捕集能力，25℃时的容量为 3.13 mmol/g[95]。

7.5.1.2　功能化集成

后处理是一种通过诸如 CVD[188-190]、浸渍[191-193]、金属转移反应[194] 等工艺制备功能强大的先进碳材料的通用方法。García-Martínez 及其同事报道了一种无溶剂的液相合成方法，能够合成形状和形貌各异的自组装碳泡沫，而无须任何黏结剂。采用气相接枝法负载钯催化剂之后，即使在多次 Heck 反应后，钯/碳泡沫复合材料仍然表现出较高的活性。他们认为，包括半结晶和导电骨架，高比表面积和相互连通的多孔结构在内的独特特征使得 Pd 团簇可以高度分散而不发生生长和团聚[195]。Long 等人通过苯酚、三聚氰胺和甲醛的溶胶-凝胶聚合和随后的碳化工艺制备了碳气凝胶[196]。用 Na_2CO_3 浸渍的碳气凝胶可作为 H_2S 低温氧化的活性催化剂。催化结果表明，浸渍碳表现出非常高的活性（每克催化剂高达 3g 硫）和高选择性，这是由于该种材料具有大孔径尺寸、三维介孔和大孔体积，使得反应物和产物易于扩散，并可用于储集主要的硫。Nielsen 等人使用类似的过程，通过纳米限域化学法制备了 $2LiBH_4\text{-}MgH_2$/碳气凝胶体系作为储氢材料[197]。在这种设计的复合材料中，$LiBH_4$ 和 MgH_2 纳米粒子嵌入了孔径为 21nm 的纳米多孔碳气凝胶中，在释放氢气的过程中发生反应并形成 MgB_2。

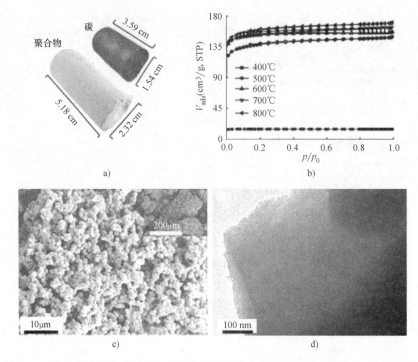

图 7-15　溶胶凝胶共聚法制备的新型氮掺杂碳块体材料（文献［28］，Wiley 许可）

a）制备的聚合物块体及其碳化产物的照片

b）在不同温度下热解获得的块体碳的 N_2 吸附等温线（P/P_0 为相对压力）

c）样品 RFL-500 的 SEM 照片（内插图为宏观结构）

d）样品 RFL-500 的 TEM 照片

　　添加剂的掺入同时也得到了广泛研究，其目的是提高催化、电、热和机械性能，并丰富复合材料的活性点位。直接共聚不仅适用于将分子官能团引入到碳产物中，而且适用于纳米粒子在整个碳骨架中的适当分散。劳伦斯利弗莫尔国家实验室的研究人员在碳宏观体气凝胶的合成和功能化方面取得了重大进展[198,199]。最近，他们报道了由碳热还原二氧化钛（或 ZnO）涂覆的碳气凝胶制备的 TiO_2/C、$TiCN/C$、ZnO/C 复合气凝胶。得到的宏观体由富氮的碳氮化钛（$TiC_{1-x}N_x$，$x=0.90$）纳米晶体或结晶良好的氧化锌纳米颗粒组成，其比表面积分别为 $1838m^2/g$ 和 $1500m^2/g$。此外，他们还成功地将碳纳米管或石墨烯片结合到溶胶-凝胶反应中，形成了力学性能和电性能显著改善的先进碳宏观体[200-203]。该方法使用了可与 GO 或 CNT 同时还原的有机 RF 黏结剂，从而在石墨烯或 CNT 网络中产生碳交联，这与石墨烯片或 CNT 网络中的那些碳交联实际上几乎没有区别。

　　如上所述，Worsley 等人制备了碳/石墨烯复合气凝胶，首先通过在 GO 的悬浮液中进行间苯二酚和甲醛的溶胶-凝胶聚合反应，然后在 1050℃下的热解过程中将 GO 碳热还原成石墨烯（图 7-16）。另外，Zhang 等人报道了一种用石墨烯水凝胶前体制备石墨烯气凝胶的简便方法，使用 L-抗坏血酸作为还原剂对 GO 进行化学还原[204]。由此得到的石墨烯气凝胶密度低（12～96mg/cm³），电导率高（约 10²S/m），以及发达的孔隙结构 [Brunauer-Emmett-Teller（BET）比表面积为 512m²/g，孔容为 2.48cm³/g]。值得注意的是，这种石墨烯气凝胶可以支撑其自重 14000 倍以上的重量（图 7-17）。近期的大量研究表明，自组装方法也是制备块体石墨烯或 GO 宏观体的实用方法。例如，Tang 等人报道了贵金属纳米晶体（Au、Ag、Pd、Ir、Rh、Pt 等）促进了单层 GO 形成三维宏观结构体的可控组装。该宏观体显示出非常低的密度（0.03g/cm³）和良好的机械性能（压缩强度为 0.042MPa，压缩模量为 0.26MPa），并已用作 Heck 反应的固定床催化剂，具有 100% 的选择性和转换率[205]。类似地，Yang 的小组报道了一种具有核壳结构的新型三维石墨烯宏观组装体，该方法以还原 GO 为起始材料，在大气压和低于 100℃ 的温度下，并在 KMnO₄ 的存在下，通过一锅法自组装过程合成，其中，KMnO₄ 被认为在自组装过程中起到了关键性作用[206]。他们还报道了一种有趣的 GO 衍生的固/液界面现象，水分散的 GO 与亲水性多孔介质即 AAO 发生强烈的相互作用，形成一种水凝胶状的 GO 基宏观结构体[207]。更进一步地，Xu 等人开发了一种新型和简便的三维自组装方法制备了 GO/DNA 复合水凝胶[189]。该项工作为基于 GO 的构建单元和其他分子或单元的组装提供了一种新方法，有助于合理设计多级石墨烯材料。Cheng 的团队通过 CVD 工艺，以泡沫镍为模板直接合成了一种三维泡沫状石墨烯宏观结构，即石墨烯泡沫（GF）。对于 GF/聚二甲基硅氧烷复合材料产品，即使 GF 的负载低至 0.5% 左右，也具有非常高的电导率（约 10S/cm），显著高于（大约六个数量级）化学合成的石墨烯基复合材料[208]。作者认为，这种性能的显著提升可能是源于交联的石墨烯网络，可作为载流子的快速传输通道从而实现了高电导率。

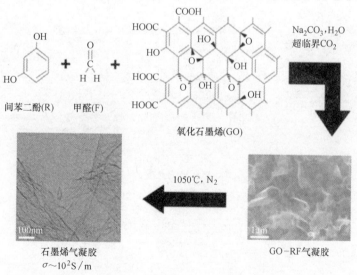

图 7-16　GO-RF 气凝胶和石墨烯气凝胶的合成步骤（文献 [28]，经 Wiley 许可）

最近，Leventis 等人报道了一种一锅法合成方法，获得了具有互相贯穿的无机/有机网络结构的 CuO/RF 气凝胶作为纳米结构能量材料，并证实了 CuO 的催化作用[209]。同样地，铁磁镍粒子[210]，铂催化剂[211]，ZnO 纳米粒子能够以类似的方式均匀地与三维碳基质材料结合。Li 及其同事报道了一种通过电化学沉积制备介孔 MnO_2/碳气凝胶复合材料的气泡辅助合成方法[212]。均匀分散的 MnO_2 纳米颗粒改善了这种 MnO_2/碳复合材料的电导率和离子电导率，从而使其作为超级电容器电极的性能最大化。

溶胶-凝胶法的确是一种合成大体积碳材料的简便直接方法，并已在实验室和工业中得到广泛使用。这种方法的主要缺点是合成周期长和湿凝胶干燥过程严格（即溶剂交换或超临界干燥），微小的变化可能引起结构特征的剧烈变化，从而导致性能的剧烈变化[213]。此外，孔隙堵塞和碳材料孔壁表面上和孔壁中活性位点有时不受控的分散仍然有待解决。

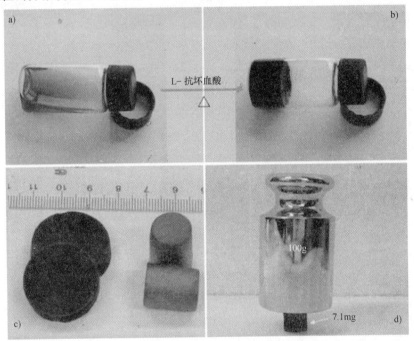

图 7-17 使用 L-抗坏血酸还原制得的石墨烯气凝胶材料（文献 [28]，Wiley 许可）

a) 小瓶中氧化石墨烯的水相悬浮液的照片

b) 小瓶中石墨烯水凝胶的照片，石墨烯水凝胶是由氧化石墨烯和维生素 C 的混合物加热但不搅拌而制得

c) 超临界 CO_2 干燥（左）和冷冻干燥（右）的石墨烯气凝胶照片

d) 直径为 0.62cm，高度为 0.83cm 的 7.1mg 石墨烯气凝胶柱能够支撑 100g 的砝码，超过其自重 14000 倍

7.5.2 纳米浇注法

纳米浇注是在纳米尺度上用前体填充模具（也称为硬模板，支架），并在加工后去除初始模具的过程。以这样的方式，主模具曾占据的空间因此转化为最终碳产物的孔隙，并且原始模板孔隙中的碳形成了连续的碳骨架。纳米浇注通常包括以下步骤：（ⅰ）制备具有孔隙可控的多孔模板；（ⅱ）通过诸如湿法浸渍，CVD 或它们的组合等技术将合适的碳前体引入模板孔隙中；（ⅲ）碳前体的聚合和碳化以生成有机-无机复合材料；（ⅳ）除去无机模板。在过去的几十年中，纳米浇注方法已被证明是一种在多个长度尺度上制备孔径可调的宏观体碳材料的可控方法。关键在于制备一个孔隙易于进入的模板，以及一种热稳定的碳前体（如酚醛树脂、蔗糖、糠醇、丙烯腈、乙腈、中间相沥青等）。接下来，我们将通过几个具有代表性的例子来讨论详细的合成原理。

7.5.2.1 由二氧化硅块材复制碳材料宏观体

在 Nakanishi 及其同事的贡献下，开发出了具有设计的孔隙结构的二氧化硅块体[214]，合成了一系列具有多种结构的碳材料宏观体。二氧化硅块体的复制形成了具有以下独特特征的碳材料宏观体：微米尺度上二氧化硅骨架的阳模复制，而在纳米级尺度上为阴模复制。Lindén 及其合作者利用具有完全交联的介孔和丰富的大孔的多级二氧化硅块体制备了含有虫孔状介孔和大孔的多级多孔块体碳（图 7-18）[170,215-217]。以类似的方式，Shi 等人使用多级二氧化硅块体作为模板制备了具有连续结构和三峰孔隙的碳材料宏观体[218]。Hu 等人通过使用中孔/大孔二氧化硅作为模板、中间相沥青作为前体，合成了具有相对较高石墨状有序碳结构的层级多孔碳材料宏观体[219]。由于具有高孔隙率和良好的电子导电性（约 0.1 S/cm），这种碳材料宏观体在可充电锂电池中表现出高可逆容量和优越的高倍率性能。不久之后，同组研究人员又向前迈进了一步，通过在纳米浇注碳材料宏观体上进行苯胺的恒电位沉积，制备了超级电容器的高性能聚苯胺电极，其比电容为 2200F/g，功率密度为 0.47kW/kg，能量密度为 300Wh/kg[220]。最近，Paraknowitsch 等人使用精挑细选的离子液体（3-甲基-N-丁基-吡啶-双氰胺和 N,N-乙基甲基-咪唑-双氰胺）作为碳前体，通过纳米浇注方法合成了具有双连续介孔/大孔孔隙的氮掺杂碳材料宏观体。由于多级孔隙和氮掺杂表面化学的结构特征，这类块体材料适合作为电极材料[221]。

Brun 等人报道了一种使用大蜂窝二氧化硅泡沫作为硬模板而合成的互相交联的大孔/微孔碳材料宏观体，其比表面积约为 600m^2/g。作为锂离子负极进行测试时，碳质宏观体显示出良好的循环性能[222]。介孔/大孔碳泡沫可通过两步纳米浇注法制备，首先用聚苯乙烯泡沫制备二氧化硅泡沫，然后将其用作制备碳泡沫的模板[223]。Gross 和 Nowak 在高内相乳液（HIPE）中通过流体模板合成了具有可独立调节介孔和大孔孔隙分布的多级碳泡沫。HIPE 由控制大孔尺寸的内部油相和控制

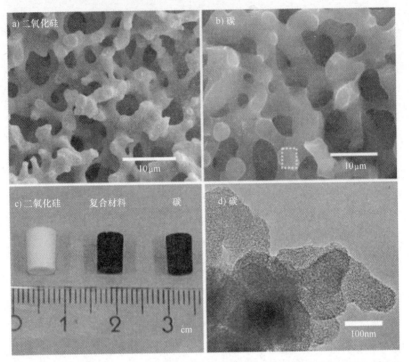

图 7-18　含有介孔和大孔的多级孔结构块状碳材料（文献［28］，Wiley 许可）
a）二氧化硅的 SEM 照片　b）碳块体的 SEM　c）二氧化硅、复合材料及碳块
体的实物照片　d）碳块体的 TEM 照片

中孔尺寸分布的 RF 前体水溶液外相组成。这种合成的优点是避免了固体模板的使用，因此省略了模板的去除过程[224]。

　　不难想象，当使用具有周期性孔隙的母模板时，获得的碳材料通常会继承孔隙的周期性。随着具有各种有序对称性的二氧化硅块体合成的成熟，有序介孔的模板化碳材料相继出现。Yang 等人通过使用具有相同周期对称性的介孔二氧化硅单块合成了具有双连续立方结构（*Ia3d* 对称性）的碳宏观体[225]。Wang 等人报道了一种多级结构碳材料宏观体的新型、有趣的合成方法，对小颗粒 NaCl 和 SBA-15/PFA 复合材料进行混合和成型，并随后经过自黏合和盐模板工艺。这是一种通用的方法，通过适当选择二氧化硅模板（如 M41S，SBA-*n* 系列等），可以扩展到其他宏观介孔碳材料宏观体的制备。同样，Feng 及其同事报道了使用六方或立方介孔结构体进行多级多孔碳材料宏观体的合成，该方法集成了凝胶浇注和浸渍技术，并使用有序介孔二氧化硅 SBA-15 或 KIT-6 粉末作为起始材料。通过 CVD 法对碳材料进行二次负载，有助于控制碳材料宏观体的多级孔隙度[190]。Mokaya 及其合作者已经使用介孔二氧化硅块体（SBA-15）作为模板通过 CVD 法制备了具有无定形特征的有序介孔碳材料宏观体。这种类型的碳材料宏观体在 2MPa 和 -196℃下表现出相当大的氢吸附能力（3.4%）[226]。

7.5.2.2 由胶体晶体复制碳材料宏观体

胶体晶体是由紧密堆积的均匀颗粒组成的自组装周期性结构。大多数情况下，胶体晶体（胶体二氧化硅/聚合物球）的复制材料具有三维空间的高度周期性。去除晶体模板即形成了一个具有三维有序大孔（3DOM）结构的复制材料。Stein、Velev 和 Lenhoff 的研究小组在胶体晶体及其相关领域各自独立地取得了许多重大成果。这里我们只讨论一个小的方面，那就是胶体晶体的模板化方法是获得具有高度有序大孔隙率的碳材料宏观体的有效途径。例如，Lee 等人使用聚甲基丙烯酸甲酯（PMMA）胶体晶体模板，并利用 RF 溶胶-凝胶工艺合成了硬质碳的 3DOM 宏观体。交联良好的孔隙和厚度可控的孔壁结构的特征提高了锂离子二次电池的倍率性能[227]。Adelhelm 等人还使用中间相沥青作为前体，并使用聚苯乙烯（PS）或聚甲基丙烯酸甲酯（PMMA）作为模板，通过离相分解合成了一种多级介孔和大孔碳材料[228]。

7.5.2.3 一步法纳米浇注技术

虽然上述的经典纳米浇注方法非常成功，但其涉及的多步骤和较长的合成周期却令人印象深刻。为了简化烦琐的程序，研究人员付出了巨大的努力。Han 及其同事开发了一种一步式纳米浇注技术，通过 β-环糊精与原硅酸四甲酯的共缩合，合成了具有非常高的 BET 比表面积（约 $1970 m^2/g$）和介孔尺寸约为 2nm 的微孔/介孔碳宏观体材料[229]。最近，Zhang 及其同事提出了一种一锅法，利用蔗糖作为碳源，通过胶体聚合物（280nm、370nm 和 475nm）和二氧化硅球（50nm）的原位自组装，合成了具有相互交联的大孔和介孔的多级双峰有序多孔碳。与传统的纳米浇注方法相比，这种方法非常简单，既不需要晶体模板的预合成也不需要额外的渗透，并且聚合物球在晶体模板中的自组装和渗透在同一体系中同时完成[230]。类似地，还使用双模板（PS/胶态二氧化硅和 PMMA/胶态二氧化硅）制备了具有多峰孔隙（大孔和介孔）的多级多孔碳，其中 PS（或 PMMA）用于形成三维有序大孔，而胶体二氧化硅负责生成球形介孔。这种类型的碳材料已经作为锂离子电池的阳极进行了测试，表现出增强的性能，特别是在循环性能和倍率能力方面。这主要是由于其具有非常优异的结构，即在有序大孔中存在着较大的开放性介孔。这种独特的结构使 Li 储存更加高效，并在充放电循环过程中充对体积变化起到缓冲的作用[231,232]。

最近，使用了杂原子掺杂的离子液体作为前体，如含氮或含硼的离子液体，通过一步式纳米浇注工艺制备了功能化的多孔碳宏观体（图 7-19）。Dai 及其同事提出了限域的碳化方法来制备基于离子液体的碳材料，也就是说，嵌在二氧化硅基体中的离子液体的碳化过程及随后的二氧化硅去除过程形成了具有连续孔隙的碳骨架[233]。这种以二氧化硅/表面活性剂中间相作为起始材料的一步式合成方法是一种节约成本的方法，因为它需要较少的合成步骤，尤其是不需要中间相在用作模板之前进行煅烧。该方法的一个主要挑战是模板中间相的不可控成型，这导致了精确孔隙加工中存在更多不可预测的变量。

7.5.3 碳材料宏观体的自组装制备方法

近年来，通过共聚物分子模板和碳前体的自组装，在多孔碳材料的直接合成方面取得了很大进展，特别是颗粒和薄膜形式的有序介孔碳材料。这为制备步骤更少、合成时间更短的多孔碳材料铺平了道路。然而，由于严格的要求，合成孔隙结构高度发达的碳宏观体，特别是在常规排列中产生介孔，仍然是一个巨大的挑战。第一，需要产碳前体和成孔组分之间形成完美的匹配相互作用，从而实现稳定的胶束纳米结构的自组装。第二，在维持产碳组分固化所需的温度期间，胶束结构应该是稳定的，但在碳化过程中可轻易地分解。第三，产碳组分应该能够形成高度交联的聚合物材料，在分解过程或造孔剂的去处过程中能够保持其纳米结构。为了获得具有良好介孔度的碳材料宏观体，这些条件缺一不可。

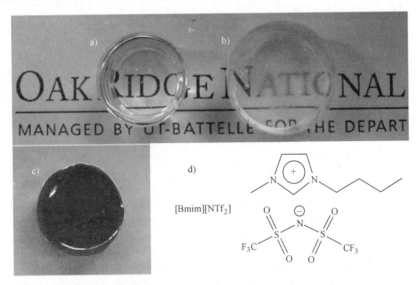

图 7-19　使用含氮或含硼离子液体前体合成的功能化多孔碳块体（文献［28］，Wiley 许可）
［Bmim］［NTf$_2$］含量不同的透明块体二氧化硅凝胶

a）$x=0.3$　b）$x=2.0$　c）在氮气氛下热处理后，透明块体变黑

d）［Bmim］［NTf$_2$］的分子结构

Dai 的研究小组使用聚苯乙烯-嵌段-聚（4-乙烯基吡啶）（PS-P4VP）作为软模板，N，N-二甲基甲酰胺（DMF）作为溶剂，采用溶剂退火加速自组装方法合成了高度有序的介孔碳薄膜[143]。自那以后，使用自组装方法制备多孔碳的方法得到了广泛研究。目前，产物主要以粉末或薄膜的形式存在。例如，Valkama 等人报道了一种能够制备任意形状碳产品的软模板法，并且只需简单改变固化的嵌段共聚物酚

醛树脂配合物的热解条件，孔隙可由介孔调整为多级微孔/介孔[234]。

最近，Dai 的研究团队基于软模板原理，报道了一种多孔碳（宏观体、薄膜、纤维、颗粒）的通用合成方法，以苯酚、间苯二酚/间苯三酚的酚醛树脂作为碳前体，并使用三嵌段共聚物（F127）作为模板。他们发现，由于三嵌段共聚物与氢键的相互作用增强，因此具有三个羟基的间苯三酚是一种优良前体，能够合成有序介孔结构的介孔碳材料[146]。随后，他们利用 RF 聚合物和嵌段共聚物在强酸性条件下的自组装方法，以及随后的离心和成型技术，制备了具有有序介孔的碳材料宏观体。$I^+X^-S^+$ 机制和氢键被认为是 RF 酚醛树脂和 F127 模板之间形成自组装的驱动力[235]。在间苯三酚/甲醛聚合物和嵌段共聚物的二元醇溶液中聚合诱导的离相分解也可用于制备双峰介孔/大孔碳宏观体[236]。

Zhao 的研究团队开发了一种水热合成方法，利用 F127 和 P123 作为双模板，苯酚/甲醛作为碳前体（苯酚与表面活性剂的摩尔比约为 46:1），然后在 100℃ 下水热老化 10h[237]。不久之后，Xiao 的研究团队也报道了一种甚至在更高温度和更长时间（即 260℃ 超过 17h）条件下的水热合成方法，制备了具有规整的六方或立方介孔体系的碳宏观体[238]。同时，Gutiérrez 等人合成了一种非常轻且高导电性（2.5S/cm）的碳宏观体，具有三维连续的微孔和大孔结构，由 PPO_{15}-PEO_{22}-PPO_{15} 嵌段共聚物辅助的 RF 聚合所制备。将所得的宏观体产物作为双电层电容器的电极，显示出优异的比质量电容，高达 225F/g[239]。

Zhang 的研究团队报道了一种有机-有机水溶液自组装方法，以硼酸或磷酸作为硼或磷的杂原子源，RF 树脂作为碳前体，以及三嵌段共聚物 Pluronic F127 作为介孔结构模板制备了硼/磷掺杂的有序介孔碳材料[240]。Lu 的研究团队通过软模板方法建立了一种快速且可放大的合成方法，制备了完全相互交联的大孔和有序介孔结构的无裂纹和氮掺杂宏观体碳材料。通过使用有机碱赖氨酸作为聚合剂和介孔结构组装促进剂，可利用 90℃ 下的快速溶胶-凝胶过程制备宏观体材料[241]。最近，同一研究组报道了一种新型多孔碳宏观体，是基于苯并恶嗪化学的自组装方法合成的[242]。获得的碳材料具有无裂纹的宏观形态，清晰的多尺度孔隙结构，含氮骨架和高机械强度（图 7-20）。正如预料的那样，采用这种设计的结构，即便有湿气存在，碳宏观体在室温下仍具有优异的 CO_2 捕获和分离能力，同时也表现出高选择性和易于再生性。

迄今为止，作为嵌段共聚物表面活性剂与碳前体之间的自组装驱动力的氢键相互作用已得到了广泛的研究。从目前的研究来看，氢键诱导自组装的成功仅限于较小的介孔范围（3~10nm）。在微孔尺度（<2nm）或更大的介孔范围（10~50nm）内实现有序孔隙度的突破性成就仍然是一个巨大的挑战。此外，就大多数当前的合成方法来讲，值得一提的特征是它们通常需要一天甚至更长时间，并且需要使用无机催化剂（HCl 或 NaOH）进行聚合和自组装。因此，探索时间效率更高的新型聚合体系（新型碳前体，有机催化剂）是一个令人兴奋的研究领域。更理想的是，

具有多峰孔隙的多级结构宏观体更适合于催化、分离、能量储存和转化等领域。

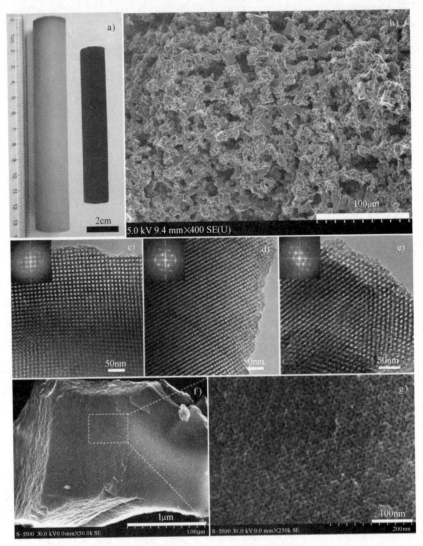

图 7-20　合成的聚合物和碳块体（文献［28］，Wiley 许可）

a）合成的聚合物和碳块体的实物照片　b）碳块体的 SEM 照片　c）~ e）［100］、［110］
和［111］方向的 TEM 照片，内插图为对应的快速傅里叶变换（FFT）衍射图像
f）、g）碳块体 HCM-DAH-1 的 HR-SEM 照片

7.5.4　双模板制备多级构碳宏观体：纳米浇注与自组装的结合

　　由于纳米浇注方法在孔隙加工方面的高精度，以及软模板形成胶束纳米结构的多样性，许多研究人员试图将这两种技术结合成一个相互依赖且相互作用的模块，目的在于获得高性价比的具有可控孔隙结构的多孔碳材料。Wang 等人通过气相法

将胶体晶体模板化与表面活性剂模板化相结合，制备了三维有序的大孔/介孔多孔碳[243]。在气相渗透过程中，可以通过渗透时间来控制碳材料的壁厚和窗口尺寸。将 PF 前体溶解在乙醇中[244]，利用硬模板（二氧化硅胶体晶体）和软模板（Pluronic F127）的双模板法，制备了多级有序的大孔/介孔碳材料。Zhao 的研究团队报道了用聚氨酯（PU）泡沫作为牺牲支架，大量制备了具有有序介孔的多级碳硅复合宏观体材料。大孔隙的 PU 泡沫为包覆的酚醛树脂-二氧化硅嵌段共聚物复合材料的 EISA 提供了一个较大的三维互连界面，从而为复合宏观体材料提供了多种大孔隙结构[245]。最近，该团队报道了一种具有均匀矩形形状的透明有序介孔结构的树脂-二氧化硅复合宏观体材料的直接合成方法，该方法采用了 EISA 工艺，即在三嵌段共聚物 Pluronic F127 作为模板，TEOS 和酚醛树脂发生共聚合反应[246]。该合成的关键因素是塑料有机树脂聚合物和二氧化硅刚性骨架具有良好的互用性和兼容性。因此，通过在氢氟酸溶液中去除二氧化硅或通过简单燃烧消除碳，能够实现产物的多种选择（与原始材料宏观形貌相似的有序 MC 或二氧化硅宏观体）。

通过上述方法获得的碳材料宏观体在大多数情况下都具有无定形碳壁，这些碳壁要么包含偶然的微孔，要么含有模板化的开放介孔。由于主要碳段的长程随机排列，无定形碳具有丰富的活性位点，并显示出各种孔隙度，从而具有较高的比表面积。这些性能都是由无定形的特点所赋予的，加上易于操作，无定形碳宏观体在催化、吸附/分离、储氢、脱盐等领域有着广泛的应用。

当需要高电导率时，具有高结晶特征的多孔碳表现出极大的优势。目前，在低热解温度（例如低于 900℃）下制备石墨多孔碳是具有挑战性的，通常低温会导致在原子尺度上的有序化严重缺乏。尽管高于 2000℃ 的高温热处理有助于转变为石墨相，但不幸的是，它经常导致孔隙结构的部分或全部塌陷，因此减少了可用的比表面积。通过使用石墨化催化剂（即 Fe 或 Co 盐）[247]，可以获得石墨多孔碳，需要额外的浸析过程以除去催化剂前体生成的最终金属氧化物。Liang 等人报道了一种具有双峰孔隙的石墨化碳柱的合成，该材料是利用纳米浇注法在二氧化硅珠的存在下对间苯二酚/铁（Ⅲ）配合物与甲醛的共聚物制成的柱体进行热解而制备的[248]。最近，Dai 的研究小组开创了一种实用的自组装方法，在不使用石墨化催化剂或高温热处理的条件下，在 850℃ 以下制备了介孔尺寸可调的有序石墨介孔碳纳米复合材料。在此方法中，酚醛树脂基接孔碳材料充当水泥，而高导电性炭黑或洋葱碳充当砖块，用于形成孔壁的石墨结构。由于电导率大幅提高，获得的纳米复合材料具有良好的电化学性能[249]。这一突破为在合适条件下高石墨化水平的多孔碳合成提供了一种新方法。

7.6 结论与展望

综上所述，碳基纳米结构材料自 20 世纪 80 年代以来一直处于快速发展时期。

合成了各种新型碳材料，如富勒烯、CNT、CNF、CD、石墨烯等。目前，以可控方式合成具有一定的纳米结构和形貌、比表面积和孔径尺寸可调的碳材料已成为可能。本文综述了近年来了主要是通过化学合成方法制备的具有奇妙纳米结构和形貌的碳材料的研究进展。这些材料是根据它们的维度进行总结的，例如，零位量子点和球体，一维纤维、管和线，二维薄膜和功能膜以及三维宏观体结构。这些碳材料的合成方法通常包括前体控制的热解法、CVD法、溶胶-凝胶法、自组装法、纳米浇注法和各种表面改性或接枝方法。这从分子水平上为根本理解碳材料的物理和化学性质提供了机会。反过来，它促进了高品质碳纳米结构的主观设计与合成，以满足实际应用。碳材料在能源收集、储存与转化，吸附与分离、催化以及纳米复合材料等应用领域表现出了强大的能力。考虑到能源和环境问题日益增长的需求，科学家们的一项紧迫而关键的任务是开发出简单、高效和创新的技术来构建高性能纳米结构碳材料。一种可行的解决方案是利用元素策略来选择性地引入外来原子对碳框架或碳表面进行修饰，或者将两者结合起来，从而构建出新的功能性复合材料或混合材料。当然，碳化学强烈需要引入跨学科知识，从其他学科如有机合成、高分子化学、固体化学等方面的知识中获益。我们有理由相信，随着碳化学和现代表征技术的发展，具有特定纳米结构和性质的碳材料的可控合成可以在不久的将来实现。

致　　谢

本项目得到了中央高校基本科研业务费专项资金资助，以及得到了中国高校新世纪优秀人才计划（NCET-08-0075），国家教育部留学回国人员科研启动金和国家教育部博士点基金资助项目（20100041110017）的经费支持。

参 考 文 献

1 Anilkumar, P., Wang, X., Cao, L., Sahu, S., Liu, J.-H., Wang, P., Korch, K., Tackett, K.N. II,, Parenzan, A., and Sun, Y.-P. (2011) *Nanoscale*, **3**, 2023.

2 Wang, X., Cao, L., Yang, S.-T., Lu, F., Meziani, M.J., Tian, L., Sun, K.W., Bloodgood, M.A., and Sun, Y.-P. (2010) *Angew. Chem. Int. Ed.*, **49**, 5310.

3 Zong, J., Zhu, Y., Yang, X., Shen, J., and Li, C. (2011) *Chem. Commun.*, **47**, 764.

4 Yang, S.-T., Cao, L., Luo, P.G., Lu, F., Wang, X., Wang, H., Meziani, M.J., Liu, Y., Qi, G., and Sun, Y.-P. (2009) *J. Am. Chem. Soc.*, **131**, 11308.

5 Cao, L., Wang, X., Meziani, M.J., Lu, F., Wang, H., Luo, P.G., Lin, Y., Harruff, B.A., Veca, L.M., Murray, D., Xie, S.-Y., and Sun, Y.-P. (2007) *J. Am. Chem. Soc.*, **129**, 11318.

6 Suda, Y., Ono, T., Akazawa, M., Sakai, Y., Tsujino, J., and Homma, N. (2002) *Thin Solid Films*, **415**, 15.

7 Zhao, Q.-L., Zhang, Z.-L., Huang, B.-H., Peng, J., Zhang, M., and Pang, D.-W. (2008) *Chem. Commun.*, 5116.

8 Liu, H., Ye, T., and Mao, C. (2007) *Angew. Chem. Int. Ed.*, **46**, 6473.

9 Neugart, F., Zappe, A., Jelezko, F., Tietz, C., Boudou, J.P., Krueger, A., and Wrachtrup, J. (2007) *Nano Lett.*, **7**, 3588.

10 Yu, S.-J., Kang, M.-W., Chang, H.-C., Chen, K.-M., and Yu, Y.-C. (2005) *J. Am. Chem. Soc.*, **127**, 17604.

11 Chandra, S., Das, P., Bag, S., Laha, D., and Pramanik, P. (2011) *Nanoscale*, **3**, 1533.

12 Selvi, B.R., Jagadeesan, D., Suma, B.S., Nagashankar, G., Arif, M., Balasubramanyar K., Eswaramoorthy, M., and Kundu, T.K. (2008) *Nano Lett.*, **8**, 3182.

13 Liu, R., Wu, D., Liu, S., Koynov, K., Knoll, W., and Li, Q. (2009) *Angew. Chem. Int. Ed.*, **48**, 4598.

14 Qiao, Z.-A., Wang, Y., Gao, Y., Li, H., Dai, T., Liu, Y., and Huo, Q. (2010) *Chem. Commun.*, **46**, 8812.

15 Wang, Y., Bansal, V., Zelikin, A.N., and Caruso, F. (2008) *Nano Lett.*, **8**, 1741.

16 Guo, L., Zhang, L., Zhang, J., Zhou, J., He, Q., Zeng, S., Cui, X., and Shi, J. (2009) *Chem. Commun.*, 6071.

17 Fang, Y., Gu, D., Zou, Y., Wu, Z., Li, F., Che, R., Deng, Y., Tu, B., and Zhao, D. (2010) *Angew. Chem. Int. Ed.*, **49**, 7987.

18 Gu, J.L., Su, S.S., Li, Y.S., He, Q.J., and Shi, J.L. (2011) *Chem. Commun.*, 2101.

19 Kim, J.Y., Yoon, S.B., and Yu, J.-S. (2003) *Chem. Commun.*, 790.

20 Ikeda, S., Ishino, S., Harada, T., Okamoto, N., Sakata, T., Mori, H., Kuwabata, S., Torimoto, T., and Matsumura, M. (2006) *Angew. Chem. Int. Ed.*, **45**, 7063.

21 Valdes-Solis, T., Valle-Vigon, P., Sevilla, M., and Fuertes, A.B. (2007) *J. Catal.*, **251**, 239.

22 Fuertes, A.B., Sevilla, M., Valdes-Solis, T., and Tartaj, P. (2007) *Chem. Mater.*, **19**, 5418.

23 Fang, B., Kim, M., Kim, J.H., and Yu, J.-S. (2008) *Langmuir*, **24**, 12068.

24 Fuertes, A.B., Valdes-Solis, T., and Sevilla, M. (2008) *J. Phys. Chem. C*, **112**, 3648.

25 Chai, G.S., Yoon, S.B., Kim, J.H., and Yu, J.-S. (2004) *Chem. Commun.*, 2766.

26 Fang, B., Kim, M., and Yu, J.-S. (2008) *Appl. Catal., B*, **84**, 100.

27 Liu, J., Qiao, S.Z., Liu, H., Chen, J., Orpe, A., Zhao, D., and Lu, G.Q. (2011) *Angew Chem. Int. Ed.*, **50**, 5947.

28 Lu, A.-H., Hao, G.-P., Sun, Q., Zhang, X.-Q., and Li, W.-C. (2016) *Macromol. Chen Phys.* **213**, 1107.

29 Wang, S., Li, W.-C., Hao, G.-P., Hao, Y., Sun, Q., Zhang, X.-Q., and Lu, A.-H. (2011) *J. Am. Chem. Soc.*, **133**, 15304.

30 Su, F., Tian, Z., Poh, C.K., Wang, Z., Lim, S.H., Liu, Z., and Lin, J. (2010) *Chem. Mater.*, **22**, 832.

31 Sun, X.M. and Li, Y.D. (2004) *Angew. Chem. Int. Ed.*, **43**, 597.

32 Cui, R.J., Liu, C., Shen, J.M., Gao, D., Zhu, J.J., and Chen, H.Y. (2008) *Adv. Funct. Mater.*, **18**, 2197.

33 Liu, R., Mahurin, S.M., Li, C., Unocic, R.R., Idrobo, J.C., Gao, H., Pennycook, S.J., and Dai, S. (2011) *Angew. Chem. Int. Ed.*, **50**, 6799.

34 Wang, G.-H., Sun, Q., Zhang, R., Li, W.-C., Zhang, X.-Q., and Lu, A.-H. (2011) *Chem. Mater.*, **23**, 4537.

35 Galeano, C., Güttel, R., Paul, M., Arnal, P., Lu, A.-H., and Schüth, F. (2011) *Chem. Eur. J.*, **17**, 8434.

36 Yu, G., Sun, B., Pei, Y., Xie, S., Yan, S., Qiao, M., Fan, K., Zhang, X., and Zong, B. (2010) *J. Am. Chem. Soc.*, **132**, 935.

37 Demir-Cakan, R., Makowski, P., Antonietti, M., Goettmann, F., and Titirici, M.-M. (2010) *Catal. Today*, **150**, 115.

38 Tien, B.M., Xu, M.W., and Liu, J.F. (2010) *Mater. Lett.*, **64**, 1465.

39 Li, W., Chen, D., Li, Z., Shi, Y., Wan, Y., Wang, G., Jiang, Z., and Zhang, D. (2007) *Carbon*, **45**, 1757.

40 Lou, X.W., Deng, D., Lee, J.Y., and Archer, L.A. (2008) *Chem. Mater.*, **20**, 6562.

41 Lou, X.W., Li, C.M., and Archer, L.A. (2009) *Adv. Mater.*, **21**, 2536.

42 Zhang, W.M., Wu, X.L., Hu, J.S., Guo, Y.G., and Wan, L.J. (2008) *Adv. Funct. Mater.*, **18**, 3941.

43 Yang, S., Feng, X., Zhi, L., Cao, Q., Maier, J., and Müllen, K. (2010) *Angew. Chem. Int. Ed.*, **22**, 838.

44 Horikawa, T., Hayashi, J., and Muroyama, K. (2004) *Carbon*, **42**, 169.

45 Tang, S.C., Vongehr, S., and Meng, X.K. (2010) *J. Phys. Chem. C*, **114**, 977.

46 Hu, B., Wang, K., Wu, L., Yu, S.-H., Antonietti, M., and Titirici, M.-M. (2010) *Adv. Mater.*, **22**, 813.

47 Demir-Cakan, R., Baccile, N., Antonietti, M., and Titirici, M.-M. (2009) *Chem. Mater.*, **21**, 484.

48 Baccile, N., Laurent, G., Babonneau, F., Fayon, F., Titirici, M.-M., and Antonietti, M. (2009) *J. Phys. Chem. C*, **113**, 9644.

49 Titirici, M.-M., Thomas, A., and Antonietti, M. (2007) *Adv. Funct. Mater.*, **17**, 1010.

50 Shin, Y., Wang, L.Q., Bae, I.T., Arey, B.W., and Exarhos, G.J. (2008) *J. Phys. Chem. C*, **112**, 14236.

51 Yao, C., Shin, Y., Wang, L.Q., Windisch, C.F., Samuels, W.D., Arey, B.W., Wang, C., Risen, W.M., and Exarhos, G.J. (2007) *J. Phys. Chem. C*, **111**, 15141.

52 Dong, Y.-R., Nishiyama, N., Egashira, Y., and Ueyama, K. (2008) *Ind. Eng. Chem. Res.*, **47**, 4712.

53 Zhang, F., Gu, D., Yu, T., Zhang, F., Xie, S., Zhang, L., Deng, Y., Wan, Y., Tu, B., and Zhao, D. (2007) *J. Am. Chem. Soc.*, **129**, 7746.

54 Gu, D., Bongard, H., Meng, Y., Miyasaka, K., Terasaki, O., Zhang, F., Deng, Y., Wu, Z., Feng, D., Fang, Y., Tu, B., Schüth, F., and Zhao, D. (2010) *Chem. Mater.*, **22**, 4828.

55 Friedel, B. and Greulich-Weber, S. (2006) *Small*, **2**, 859.

56 Zeng, Q., Wu, D., Zou, C., Xu, F., Fu, R., Li, Z., Liang, Y., and Su, D. (2010) *Chem. Commun.*, **46**, 5927.

57 Kim, M., Yoon, S.B., Sohn, K., Kim, J.Y., Shin, C.-H., Hyeon, T., and Yu, J.-S. (2003) *Microporous Mesoporous Mater.*, **63**, 1.

58 Chang-Chien, C.-Y., Hsu, C.-H., Lee, T.-Y., Liu, C.-W., Wu, S.-H., Lin, H.-P., Tang, C.-Y., and Lin, C.-Y. (2007) *Eur. J. Inorg. Chem.*, **2007**, 3798.

59 Joo, J.B., Kim, P., Kim, W., Kim, J., Kim, N.D., and Yi, J. (2008) *Curr. Appl Phys.*, **8**, 814.

60 Valle-Vigon, P., Sevilla, M., and Fuertes, A.B. (2010) *Chem. Mater.*, **22**, 2526.

61 Yoon, S.B., Sohn, K., Kim, J.Y., Shin, C.H., Yu, J.S., and Hyeon, T. (2002) *Adv. Mater.*, **14**, 19.

62 Ikeda, S., Tachi, K., Ng, Y.H., Ikoma, Y., Sakata, T., Mori, H., Harada, T., and Matsumura, M. (2007) *Chem. Mater.*, **19**, 4335.

63 Hong, S.H., Moon, J.H., Lim, J.M., Kim, S.H., and Yang, S.M. (2005) *Langmuir*, **21**, 10416.

64 Kim, J., Kim, H.S., Lee, N., Kim, T., Kim, H., Yu, T., Song, I.C., Moon, W.K., and Hyeon, T. (2008) *Angew. Chem. Int. Ed.*, **47**, 8438.

65 Liu, J., Qiao, S.Z., Hartono, S.B., and Lu, G.Q. (2010) *Angew. Chem. Int. Ed.*, **49**, 4981.

66 Park, H., Yang, J., Seo, S., Kim, K., Suh, J., Kim, D., Haam, S., and Yoo, K.H. (2008) *Small*, **4**, 192.

67 Lin, C., Li, Y., Yu, M., Yang, P., and Lin, J. (2007) *Adv. Funct. Mater.*, **17**, 1459.

68 Mihalcik, D.J. and Lin, W.B. (2008) *Angew. Chem. Int. Ed.*, **47**, 6229.

69 Bradley, C.A., Yuhas, B.D., McMurdo, M.J., and Tilley, T.D. (2009) *Chem. Mater.*, **21**, 174.

70 Kim, J., Park, S., Lee, J.E., Jin, S.M., Lee, J.H., Lee, I.S., Yang, I., Kim, J.S., Kim, S.K., Cho, M.H., and Hyeon, T. (2006) *Angew. Chem. Int. Ed.*, **45**, 7754.

71 Ge, J.P., Zhang, Q., Zhang, T.R., and Yin, Y.D. (2008) *Angew. Chem. Int. Ed.*, **47**, 8924.

72 Deng, Y.H., Cai, Y., Sun, Z.K., Liu, J., Liu, C., Wei, J., Li, W., Wang, Y., and Zhao, D.Y. (2010) *J. Am. Chem. Soc.*, **132**, 8466.

73 Yokoi, T., Sakamoto, Y., Terasaki, O., Kubota, Y., Okubo, T., and Tatsumi, T. (2006) *J. Am. Chem. Soc.*, **128**, 13664.

74 Bartlett, P.N., Birkin, P.R., Ghanem, M.A., and Toh, C.S. (2001) *J. Mater. Chem.*, **11**, 849.

75 Yi, G.R., Moon, J.H., and Yang, S.M. (2001) *Chem. Mater.*, **13**, 2613.

76 Velev, O.D., Jede, T.A., Lobo, R.F., and Lenhoff, A.M. (1998) *Chem. Mater.*, **10**, 3597.

77 Hu, J., Abdelsalam, M., Bartlett, P., Cole, R., Sugawara, Y., Baumberg, J., Mahajan, S., and Denuault, G. (2009) *J. Mater. Chem.*, **19**, 3855.

78 Kim, M.H., Im, S.H., and Park, O.O. (2005) *Adv. Funct. Mater.*, **15**, 1329.

79 Holland, B.T., Blanford, C.F., and Stein, A. (1998) *Science*, **281**, 538.

80 Yan, H.W., Blanford, C.F., Smyrl, W.H., and Stein, A. (2000) *Chem. Commun.*, 1477.

81 Li, F., Josephson, D.P., and Stein, A. (2011) *Angew. Chem. Int. Ed.*, **50**, 360.

82 Titirici, M.-M., Antonietti, M., and Thomas, A. (2006) *Chem. Mater.*, **18**, 3808.

83 Jeong, U., Wang, Y.L., Ibisate, M., and Xia, Y.N. (2005) *Adv. Funct. Mater.*, **15**, 1907.

84 Wang, Y.J., Price, A.D., and Caruso, F. (2009) *J. Mater. Chem.*, **19**, 6451.

85 Xia, Y.N., Gates, B., Yin, Y.D., and Lu, Y. (2000) *Adv. Mater.*, **12**, 693.

86 Galisteo-López, J.F., Ibisate, M., Sapienza, R., Froufe-Pérez, L.S., Blanco, Á., and López, C. (2011) *Adv. Mater.*, **23**, 30.

87 Xiang, S.D., Scholzen, A., Minigo, G., David, C., Apostolopoulos, V., Mottram, P.L., and Plebanski, M. (2006) *Methods*, **40**, 1.

88 Fujikawa, D., Uota, M., Sakai, G., and Kijima, T. (2007) *Carbon*, **45**, 1289.

89 Jiang, P., Bertone, J.F., and Colvin, V.L. (2001) *Science*, **291**, 453.

90 Lu, A.-H., Hao, G.-P., and Sun, Q. (2011) *Angew. Chem. Int. Ed.*, **50**, 9023.

91 Yao, J.F., Wang, H.T., Liu, J., Chan, K.-Y., Zhang, L.X., and Xu, N.P. (2005) *Carbon*, **43**, 1709.

92 Nakamura, T., Yamada, Y., and Yano, K. (2009) *Microporous Mesoporous Mater.*, **117**, 478.

93 Yang, L.C., Shi, Y., Gao, Q.S., Wang, B., Wu, Y.P., and Tang, Y. (2008) *Carbon*, **46**, 1792.

94 Liao, Y., Li, X.-G., and Kaner, R.B. (2010) *ACS Nano*, **4**, 5193.

95 Hao, G.-P., Li, W.-C., Qian, D., and Lu, A.-H. (2010) *Adv. Mater.*, **22**, 853.

96 White, R.J., Tauer, K., Antonietti, M., and Titirici, M.-M. (2010) *J. Am. Chem. Soc.*, **132**, 17360.

97 Yang, M., Ma, J., Zhang, C., Yang, Z., and Lu, Y. (2005) *Angew. Chem. Int. Ed.*, **44**, 6727.

98 Yang, M., Ma, J., Ding, S., Meng, Z., Liu, J., Zhao, T., Mao, L., Shi, Y., Jin, X., Lu, Y., and Yang, Z. (2006) *Macromol. Chem. Phys.*, **207**, 1633.

99 Postma, A., Yan, Y., Wang, Y., Zelikin, A.N., Tjipto, E., and Caruso, F. (2009) *Chem. Mater.*, **21**, 3042.

100 Ochs, C.J., Hong, T., Such, G.K., Cui, J., Postma, A., and Caruso, F. (2011) *Chem. Mater.*, **23**, 3141.

101 Lu, A.-H., Sun, T., Li, W.-C., Sun, Q., Han, F., Liu, D.-H., and Guo, Y. (2011) *Angew. Chem. Int. Ed.*, **50**, 11765.

102 Sun, X. and Li, Y. (2005) *J. Colloid Interface Sci.*, **291**, 7.

103 Li, Y., Chen, J., Xu, Q., He, L., and Chen, Z. (2009) *J. Phys. Chem. C*, **113**, 10085.

104 Lu, A.-H., Li, W.-C., Hao, G.-P., Spliethoff, B., Bongard, H.-J., Schaack, B.B., and Schüth, F. (2010) *Angew. Chem. Int. Ed.*, **49**, 1615.

105 Makowski, P., Cakan, R.D., Antonietti, M., Goettmann, F., and Titirici, M.-M. (2008) *Chem. Commun.*, 999.

106 Oh, J., Lee, J.-H., Koo, J.C., Choi, H.R., Lee, Y., Kim, T., Luong, N.D., and Nam, J.-D. (2010) *J. Mater. Chem.*, **20**, 9200.

107 Lee, J.-H., Lee, Y., and Nam, J.-D. (2009) *Macromol. Rapid Commun.*, **30**, 52.

108 Iijima, S. (1991) *Nature*, **354**, 56.

109 Liang, Y.Y., Schwab, M.G., Zhi, L.J., Mugnaioli, E., Kolb, U., Feng, X.L., and Müllen, K. (2010) *J. Am. Chem. Soc.*, **9**, 15030.

110 Meng, G.W., Han, F.M., Zhao, X.L., Chen, B.S., Yang, D.C., Liu, J.X., Xu, Q.L., Kong, M.G., Zhu, X.G., Jung, Y.J., Yang, Y.J., Chu, Z.Q., Ye, M., Kar, S., Vajtai, R., and Ajayan, P.M. (2009) *Angew. Chem. Int. Ed.*, **48**, 7166.

111 Chen, T., Wang, S.T., Yang, Z.B., Feng, Q.Y., Sun, X.M., Li, L., Wang, Z.S., and Peng, H.S. (2011) *Angew. Chem. Int. Ed.*, **50**, 1815.

112 Vamvakaki, V., Tsagaraki, K., and Chaniotakis, N. (2006) *Anal. Chem.*, **78**, 5538.

113 Kim, C., Ngoc, B.T.N., Yang, K.S., Kojima, M., Kim, Y.A., Kim, Y.J., Endo, M., and Yang, S.C. (2007) *Adv. Mater.*, **19**, 2341.

114 Liang, H.W., Wang, L., Chen, P.Y., Lin, H.T., Chen, L.F., He, D., and Yu, S.H. (2010) *Adv. Mater.*, **22**, 4691.

115 Liu, H.J., Wang, X.M., Cui, W.J., Dou, Y.Q., Zhao, D.Y., and Xia, Y.Y. (2010) *J. Mater. Chem.*, **20**, 4223.

116 Li, W., Zhang, F., Dou, Y.Q., Wu, Z.X., Liu, H.J., Qian, X.F., Gu, D., Xia, Y.Y., Tu, B., and Zhao, D.Y. (2011) *Adv. Energy Mater.*, **1**, 382.

117 Nitze, F., Hamad, E.A., and Wågberg, T. (2011) *Carbon*, **49**, 1101.

118 Hata, K., Futaba, D.N., Mizuno, K., Namai, T., Yumura, M., and Iijima, S. (2004) *Science*, **306**, 1362.

119 Yang, K.S., Edie, D.D., Lim, D.Y., Kim, Y.M., and Choi, Y.O. (2003) *Carbon*, **41**, 2039.

120 Steinhart, M., Liang, C., Lynn, G.W., Gösele, U., and Dai, S. (2007) *Chem. Mater.*, **19**, 2383.

121 Fujikawa, D., Uota, M., Yoshimura, T., Sakai, G., and Kijima, T. (2006) *Chem. Lett.*, **35**, 4.

122 Chae, W.S., An, M.J., Lee, S.W., Son, M.S., Yoo, K.H., and Kim, Y.R. (2006) *J. Phys. Chem. B*, **110**, 6447.

123 Fang, B.Z., Kim, M., Fan, S.Q., Kim, J.H., Wilkinson, D.P., Ko, J., and Yu, J.S. (2011) *J. Mater. Chem.*, **21**, 8742.

124 Kyotani, T., Tsai, L.F., and Tomita, A. (1996) *Chem. Mater.*, **8**, 2109.

125 Wang, K., Zhang, W., Phelan, R., Morris, M.A., and Holmes, J.D. (2007) *J. Am. Chem. Soc.*, **129**, 13388.

126 Liang, H.W., Zhang, W.J., Ma, Y.N., Cao, X., Guan, Q.F., Xu, W.P., and Yu, S.H. (2011) *ACS Nano*, **5**, 8148.

127 Feng, X., Liang, Y., Zhi, L., Thomas, A., Wu, D., Lieberwirth, I., Kolb, U., and Müllen, K. (2009) *Adv. Funct. Mater.*, **19**, 2125.

128 Li, C., Yin, X., Chen, L., Li, Q., and Wang, T. (2009) *J. Phys. Chem. C*, **113**, 13438.

129 Fu, J.W., Chen, Z.M., Xu, Q., Chen, J.F., Huang, X.B., and Tang, X.Z. (2011) *Carbon*, **49**, 1033.

130 Jang, J. and Bae, J. (2004) *Angew. Chem. Int. Ed.*, **43**, 3803.

131 Luong, N.D., Lee, Y., and Nam, J.-D. (2008) *J. Mater. Chem.*, **18**, 4259.

132 Tao, Y.S., Endo, M., Inagaki, M., and Kaneko, K. (2011) *J. Mater. Chem.*, **21**, 313.

133 Hu, L., Hecht, D.S., and Grüner, G. (2010) *Chem. Rev.*, **110**, 5790.

134 Guo, S.J. and Dong, S.J. (2011) *Chem. Soc. Rev.*, **40**, 2644.

135 Pushparaj, V.L., Shaijumon, M.M., Kumar, A., Murugesan, S., Ci, L., Vajtai, R., Linhardt, R.J., Nalamasu, O., and Ajayan, P.M. (2007) *Proc. Natl. Acad. Sci. U.S.A.*, **104**, 13574.

136 Izadi-Najafabadi, A., Yasuda, S., Kobashi, K., Yamada, T., Futaba, D.N., Hatori, H., Yumura, M., Iijima, S., and Hata, K. (2010) *Adv. Mater.*, **22**, E235.

137 Kaempgen, M., Chan, C.K., Ma, J., Cui, Y., and Gruner, G. (2009) *Nano Lett.*, **9**, 1872.

138 Hua, L., Choi, J.W., Yang, Y., Jeong, S., Mantiaa, F.L., Cui, L.F., and Cui, Y. (2009) *Proc. Natl. Acad. Sci. U.S.A.*, **106**, 21490.

139 Hu, L., Pasta, M., Mantia, F.L., Cui, L.F., Jeong, S., Deshazer, H.D., Choi, J.W., Han, S.M., and Cui, Y. (2010) *Nano Lett.*, **10**, 708.

140 He, J., Kunitake, T., and Nakao, A. (2004) *Chem. Commun.*, 410.

141 Gierszal, K.P. and Jaroniec, M. (2006) *J. Am. Chem. Soc.*, **128**, 10026.

142 Liu, C.Y., Li, L.X., Song, H.H., and Chen, X.H. (2007) *Chem. Commun.*, 757.

143 Liang, C.D., Hong, K.L., Guiochon, G.A., Mays, J.W., and Dai, S. (2004) *Angew. Chem. Int. Ed.*, **43**, 5785.

144 Feng, D., Lv, Y.Y., Wu, Z.X., Dou, Y.Q., Han, L., Sun, Z.K., Xia, Y.Y., Zheng, G.F., and Zhao, D.Y. (2011) *J. Am. Chem. Soc.*, **133**, 15148.

145 Rodriguez, A.T., Li, X.F., Wang, J., Steen, W.A., and Fan, H.Y. (2007) *Adv. Funct. Mater.*, **17**, 2710.

146 Liang, C.D. and Dai, S. (2006) *J. Am. Chem. Soc.*, **128**, 5316.

147 Meng, Y., Gu, D., Zhang, F.Q., Shi, Y.F., Yang, H.F., Li, Z., Yu, C.Z., Tu, B., and Zhao, D.Y. (2005) *Angew. Chem. Int. Ed.*, **44**, 7053.

148 Cote, L.J., Kim, F., and Huang, J.X. (2009) *J. Am. Chem. Soc.*, **131**, 1043.

149 Chen, H.Q., Müller, M.B., Gilmore, K.J., Wallace, G.G., and Li, D. (2008) *Adv. Mater.*, **20**, 3557.

150 Kim, K.S., Zhao, Y., Jang, H., Lee, S.Y., Kim, J.M., Kim, K.S., Ahn, J.H., Kim, P., Choi, J.Y., and Hong, B.H. (2009) *Nature*, **457**, 706.

151 Hwang, T., Oh, J.-S., Hong, J.-P., Nam, G.-Y., Bae, A.-H., Son, S.-I., Lee, G.-H., Sung, H.-K., Lee, Y., and Nam, J.-D. (2012) *Carbon*, **50**, 612.

152 Oh, J.-S., Hwang, T., Nam, G.-Y., Hong, J.-P., Bae, A.-H., Son, S.-I., Lee, G.-H., Sung, H.-K., Choi, H.R., Koo, J.C., and Nam, J.-D. (2012) *Thin Solid Films*, **521**, 270.

153 Chen, C.M., Yang, Q.H., Yang, Y.G., Lv, W., Wen, Y.F., Hou, P.X., Wang, M.Z., and Cheng, H.M. (2009) *Adv. Mater.*, **21**, 3007.

154 Wang, X., Zhi, L.J., Tsao, N., Tomović, Ź., Li, J.L., and Müllen, K. (2008) *Angew. Chem. Int. Ed.*, **47**, 2990.

155 Yang, S.B., Feng, X.L., Wang, L., Tang, K., Maier, J., and Müllen, K. (2010) *Angew. Chem. Int. Ed.*, **49**, 4795.

156 Pang, S.P., Tsao, H.N., Feng, X.L., and Müllen, K. (2009) *Adv. Mater.*, **21**, 3488.

157 Su, Q., Liang, Y.Y., Feng, X.L., and Müllen, K. (2010) *Chem. Commun.*, **46**, 8279.

158 Yang, S.B., Feng, X.L., and Müllen, K. (2011) *Adv. Mater.*, **23**, 3575.

159 Li, H.L., Pang, S.P., Wu, S., Feng, X.L., Müllen, K., and Bubeck, C. (2011) *J. Am. Chem. Soc.*, **133**, 9423.

160 Luong, N.D., Pahimanolis, N., Hippi, U., Korhonen, J.T., Ruokolainen, J., Johansson, L.-S., Nam, J.-D., and Seppälä, J. (2011) *J. Mater. Chem.*, **21**, 13991.

161 Lee, S.H., Kim, H.W., Hwang, J.O., Lee, W.J., Kwon, J., Bielawski, C.W., Ruoff, R.S., and Kim, S.O. (2010) *Angew. Chem. Int. Ed.*, **49**, 10084.

162 Chmiola, J., Largeot, C., Taberna, P.L., Simon, P., and Gogotsi, Y. (2010) *Science*, **328**, 480.

163 Rose, M., Korenblit, Y., Kockrick, E., Borchardt, L., Oschatz, M., Kaskel, S., and Yushin, G. (2011) *Small*, **7**, 1108.

164 Heon, M., Lofland, S., Applegate, J., Nolte, R., Cortes, E., Hettinger, J.D., Taberna, P.L., Simon, P., Huang, H., Brunet, M., and Gogotsi, Y. (2011) *Energy Environ. Sci.*, **4**, 135.

165 Presser, V., Zhang, L.F., Niu, J.J., McDonough, J., Perez, C., Fong, H., and Gogotsi, Y. (2011) *Adv. Energy Mater.*, **1**, 423.

166 Gaweł, B., Gaweł, K., and Øye, G. (2010) *Materials*, **3**, 2815.

167 Kadib, A.E., Chimenton, R., Sachse, A., Fajula, F., Galarneau, A., and Coq, B. (2009) *Angew. Chem. Int. Ed.*, **48**, 4969.

168 Davis, M.E. (2002) *Nature*, **417**, 813.

169 Yuan, Z.-Y. and Su, B.-L. (2006) *J. Mater. Chem.*, **16**, 663.

170 Lu, A.-H. and Schüth, F. (2006) *Adv. Mater.*, **18**, 1793.

171 Lee, J., Kim, J., and Hyeon, T. (2006) *Adv. Mater.*, **18**, 2073.

172 Hoheisel, T.N., Schrettl, S., Szilluweit, R., and Frauenrath, H. (2010) *Angew. Chem. Int. Ed.*, **49**, 6496.

173 Tao, Y., Endo, M., and Kaneko, K. (2009) *J. Am. Chem. Soc.*, **131**, 904.

174 Silva, A.M.T., Machado, B.F., Figueiredo, J.L., and Faria, J.L. (2009) *Carbon*, **47**, 1670.

175 Stein, A., Wang, Z., and Fierke, M.A. (2009) *Adv. Mater.*, **21**, 265.

176 Liang, C.D., Li, Z.J., and Dai, S. (2008) *Angew. Chem. Int. Ed.*, **47**, 3696.

177 Biener, J., Stadermann, M., Suss, M., Worsley, M.A., Biener, M.M., Rose, K.A., and Baumann, T.F. (2011) *Energy Environ. Sci.*, **4**, 656.

178 Pekala, R.W. (1989) *J. Mater. Sci.*, **24**, 3221.

179 Fairén-Jiménez, D., Carrasco-Marín, F., and Moreno-Castilla, C. (2008) *Langmuir*, **24**, 2820.

180 Gutiérrez, M.C., Rubio, F., and del Monte, F. (2010) *Chem. Mater.*, **22**, 2711.

181 Carriazo, D., Gutiérrez, M.C., Ferrer, M.L., and del Monte, F. (2010) *Chem. Mater.*, **22**, 6146.

182 Ma, Z., Yu, J., and Dai, S. (2010) *Adv. Mater.*, **22**, 261.

183 Mulik, S., Sotiriou-Leventis, C., and Leventis, N. (2008) *Chem. Mater.*, **20**, 6985.

184 Leventis, N., Sotiriou-Leventis, C., Chandrasekaran, N., Mulik, S., Larimore, Z.J., Lu, H., Churu, G., and Mang, J.T. (2010) *Chem. Mater.*, **22**, 6692.

185 Chidambareswarapattar, C., Larimore, Z., Sotiriou-Leventis, C., Mang, J.T., and Leventis, N. (2010) *J. Mater. Chem.*, **20**, 9666.

186 Wan, Y., Qian, X., Jia, N., Wang, Z., Li, H., and Zhao, D. (2008) *Chem. Mater.*, **20**, 1012.

187 Sepehri, S., García, B.B., Zhang, Q., and Cao, G. (2009) *Carbon*, **47**, 1436.

188 Su, F., Zhao, X.S., Wang, Y., and Lee, J.Y. (2007) *Microporous Mesoporous Mater.*, **98**, 323.

189 Xu, Y., Wu, Q., Sun, Y., Bai, H., and Shi, G. (2010) *ACS Nano*, **4**, 7358.

190 Wang, X., Bozhilov, K.N., and Feng, P. (2006) *Chem. Mater.*, **18**, 6373.

191 Huwe, H. and Froeba, M. (2007) *Carbon*, **45**, 304.

192 Wikander, K., Hungria, A.B., Midgley, P.A., Palmqvist, A.E.C., Holmberg, K., and Thomas, J.M. (2007) *J. Colloid Interface Sci.*, **305**, 204.

193 Jang, J.H., Han, S., Hyeon, T., and Oh, S.M. (2003) *J. Power Sources*, **123**, 79.

194 Kim, H., Kim, P., Joo, J.B., Kim, W., Song, I.K., and Yi, J. (2006) *J. Power Sources*, **157**, 196.

195 García-Martínez, J., Lancaster, T.M., and Ying, J.Y. (2008) *Adv. Mater.*, **20**, 288.

196 Long, D., Chen, Q., Qiao, W., Zhan, L., Liang, X., and Ling, L. (2009) *Chem. Commun.*, 3898.

197 Nielsen, T.K., Bösenberg, U., Gosalawit, R., Dornheim, M., Cerenius, Y., Besenbacher, F., and Jensen, T.R. (2010) *ACS Nano*, **4**, 3903.

198 Worsley, M.A., Kuntz, J.D., Cervantes, O., Han, T.Y.-J., Gash, A.E., Satcher, J.H., and Baumann, T.F. (2009) *J. Mater. Chem.*, **19**, 7146.

199 Han, T.Y.-J., Worsley, M.A., Baumann, T.F., and Satcher, J.H. (2011) *J. Mater. Chem.*, **21**, 330.

200 Worsley, M.A., Kucheyev, S.O., Satcher, J.H., Hamza, A.V., and Baumann, T.F. (2009) *Appl. Phys. Lett.*, **94**, 073115.

201 Worsley, M.A., Pauzauskie, P.J., Olson, T.Y., Biener, J., Satcher, J.H., and Baumann, T.F. (2010) *J. Am. Chem. Soc.*, **132**, 14067.

202 Shao, L.-H., Biener, J., Kramer, D., Viswanath, R.N., Baumann, T.F., Hamza, A.V., and Weissmuller, J. (2010) *Phys. Chem. Chem. Phys.*, **12**, 7580.

203 Worsley, M.A., Olson, T.Y., Lee, J.R.I., Willey, T.M., Nielsen, M.H., Roberts, S.K., Pauzauskie, P.J., Biener, J., Satcher, J., and Baumann, T.F. (2011) *J. Phys. Chem. Lett.*, **2**, 921.

204 Zhang, X., Sui, Z., Xu, B., Yue, S., Luo, Y., Zhan, W., and Liu, B. (2011) *J. Mater. Chem.*, **21**, 6494.

205 Tang, Z., Shen, S., Zhuang, J., and Wang, X. (2010) *Angew. Chem. Int. Ed.*, **49**, 4603.

206 Lv, W., Tao, Y., Ni, W., Zhou, Z., Su, F.-Y., Chen, X.-C., Jin, F.-M., and Yang, Q.-H. (2011) *J. Mater. Chem.*, **21**, 12352.

207 Shao, J.-J., Wu, S.-D., Zhang, S.-B., Lv, W., Su, F.-Y., and Yang, Q.-H. (2011) *Chem. Commun.*, **47**, 5771.

208 Chen, Z., Ren, W., Gao, L., Liu, B., Pei, S., and Cheng, H.-M. (2011) *Nat. Mater.*, **10**, 424.

209 Leventis, N., Chandrasekaran, N., Sadekar, A.G., Sotiriou-Leventis, C., and Lu, H. (2009) *J. Am. Chem. Soc.*, **131**, 4576.

210 Wang, D.-W., Li, F., Lu, G.Q., and Cheng, H.-M. (2008) *Carbon*, **46**, 1593.

211 Dawidziuk, M.B., Carrasco-Marín, F., and Moreno-Castilla, C. (2009) *Carbon*, **47**, 2679.

212 Li, G.-R., Feng, Z.-P., Ou, Y.-N., Wu, D., Fu, R., and Tong, Y.-X. (2010) *Langmuir*, **26**, 2209.

213 ElKhatat, A.M. and Al-Muhtaseb, S.A. (2011) *Adv. Mater.*, **23**, 2887.

214 Nakanishi, K. and Tanaka, N. (2007) *Acc. Chem. Res.*, **40**, 863.

215 Taguchi, A., Smått, J.-H., and Lindén, M. (2003) *Adv. Mater.*, **15**, 1209.

216 Lu, A.-H., Smått, J.-H., and Lindén, M. (2005) *Adv. Funct. Mater.*, **15**, 865.

217 Lu, A.-H., Smått, J.-H., Backlund, S., and Lindén, M. (2004) *Microporous Meso- porous Mater.*, **72**, 59.

218 Shi, Z.-G., Feng, Y.-Q., Xu, L., Da, S.-L., and Zhang, M. (2003) *Carbon*, **41**, 2653.

219 Hu, Y.-S., Adelhelm, P., Smarsly, B.M., Hore, S., Antonietti, M., and Maier, J. (2007) *Adv. Funct. Mater.*, **17**, 1873.

220 Fan, L.-Z., Hu, Y.-S., Maier, J., Adelhelm, P., Smarsly, B., and Antonietti, M. (2007) *Adv. Funct. Mater.*, **17**, 3083.

221 Paraknowitsch, J.P., Thomas, A., and Antonietti, M. (2010) *J. Mater. Chem.*, **20**, 6746.

222 Brun, N., Prabaharan, S.R.S., Morcrette, M., Sanchez, C., Pécastaings, G., Derré, A., Soum, A., Deleuze, H., Birot, M., and Backov, R. (2009) *Adv. Funct. Mater.*, **19**, 3136.

223 Alvarez, S., Esquena, J., Solans, C., and Fuertes, A.B. (2004) *Adv. Eng. Mater.*, **6**, 897.

224 Gross, A.F. and Nowak, A.P. (2010) *Langmuir*, **26**, 11378.

225 Yang, H., Shi, Q., Liu, X., Xie, S., Jiang, D., Zhang, F., Yu, C., Tu, B., and Zhao, D. (2002) *Chem. Commun.*, 2842.

226 Xia, Y. and Mokaya, R. (2007) *J. Phys. Chem. C*, **111**, 10035.

227 Lee, K.T., Lytle, J.C., Ergang, N.S., Oh, S.M., and Stein, A. (2005) *Adv. Funct. Mater.*, **15**, 547.

228 Adelhelm, P., Hu, Y.-S., Chuenchom, L., Antonietti, M., Smarsly, B.M., and Maier, J. (2007) *Adv. Mater.*, **19**, 4012.

229 Han, B.-H., Zhou, W., and Sayari, A. (2003) *J. Am. Chem. Soc.*, **125**, 3444.

230 Zhang, S., Chen, L., Zhou, S., Zhao, D., and Wu, L. (2010) *Chem. Mater.*, **22**, 3433.

231 Fang, B., Kim, M.-S., Kim, J.H., Lim, S., and Yu, J.-S. (2010) *J. Mater. Chem.*, **20**, 10253.

232 Liang, Y., Liang, F., Wu, D., Li, Z., Xu, F., and Fu, R. (2011) *Phys. Chem. Chem. Phys.*, **13**, 8852.

233 Wang, X. and Dai, S. (2010) *Angew. Chem. Int. Ed.*, **49**, 6664.

234 Valkama, S., Nykänen, A., Kosonen, H., Ramani, R., Tuomisto, F., Engelhardt, P., Brinke, G., Ikkala, O., and Ruokolainen, J. (2007) *Adv. Funct. Mater.*, **17**, 183.

235 Wang, X., Liang, C., and Dai, S. (2008) *Langmuir*, **24**, 7500.

236 Liang, C. and Dai, S. (2009) *Chem. Mater.*, **21**, 2115.

237 Huang, Y., Cai, H., Feng, D., Gu, D., Deng, Y., Tu, B., Wang, H., Webley, P.A., and Zhao, D. (2008) *Chem. Commun.*, 2641.

238 Liu, L., Wang, F.-Y., Shao, G.-S., and Yuan, Z.-Y. (2010) *Carbon*, **48**, 2089.

239 Gutiérrez, M.C., Picó, F., Rubio, F., Amarilla, J.M., Palomares, F.J., Ferrer, M.L., Monte, F., and Rojo, J.M. (2009) *J. Mater. Chem.*, **19**, 1236.

240 Zhao, X., Wang, A., Yan, J., Sun, G., Sun, L., and Zhang, T. (2010) *Chem. Mater.*, **22**, 5463.

241 Hao, G.-P., Li, W.-C., Wang, S., Wang, G.-H., Qi, L., and Lu, A.-H. (2011) *Carbon*, **49**, 3762.

242 Hao, G.-P., Li, W.-C., Qian, D., Wang, G.-H., Zhang, W.-P., Zhang, T., Wang, A.-Q., Schüth, F., Bongard, H.-J., and Lu, A.-H. (2011) *J. Am. Chem. Soc.*, **133**, 11378.

243 Wang, Z., Li, F., Ergang, N.S., and Stein, A. (2006) *Chem. Mater.*, **18**, 5543.

244 Deng, Y., Liu, C., Yu, T., Liu, F., Zhang, F., Wan, Y., Zhang, L., Wang, C., Tu, B., Webley, P.A., Wang, H., and Zhao, D. (2007) *Chem. Mater.*, **19**, 3271.

245 Xue, C., Tu, B., and Zhao, D. (2008) *Adv. Funct. Mater.*, **18**, 3914.

246 Wei, H., Lv, Y., Han, L., Tu, B., and Zhao, D. (2011) *Chem. Mater.*, **23**, 2353.

247 Lu, A.-H., Li, W.-C., Salabas, E.-L., Spliethoff, B., and Schüth, F. (2006) *Chem. Mater.*, **18**, 2086.

248 Liang, C., Dai, S., and Guiochon, G. (2003) *Anal. Chem.*, **75**, 4904.

249 Fulvio, P.F., Mayes, R.T., Wang, X., Mahurin, S.M., Bauer, J.C., Presser, V., McDonough, J., Gogotsi, Y., and Dai, S. (2011) *Adv. Funct. Mater.*, **21**, 2208.

第8章

石墨烯及相关材料的新型辐射诱导性能

Prashant Kumar，Barun Das，Basant Chitara，

K. S. Subrahmanyam，H. S. S. Ramakrishna Matte，Urmimala Maitra，

K. Gopalakrishnan，S. B. Krupanidhi 和 C. N. R. Rao

8.1 引言

自从石墨烯被发现以来[1-4]，在过去的几年里，关于这种神奇材料的合成和性能的出版物呈爆炸式增长[5-18]。石墨烯的电子性质[19-22]引起了研究人员的广泛关注，而其他一些特性也同样具引人入胜，目前正在探索中[23-30]。为了开发石墨烯的各种应用，单层和少层石墨烯正被广泛用于制备大量器件[31-36]。辐射与石墨烯及相关材料的相互作用已被发现在合成及揭示新特性和现象方面非常有用[37,38]。通过使用各种辐射源，如日光、紫外线（UV）和准分子激光辐射，我们已经发现了有趣的光化学转化[39-43]，包括氧化石墨烯（GO）还原为石墨烯以及氢化石墨烯的脱氢。激光辐照的这些作用与热效应有关。这些光化学转化也已被用于纳米图案化[41]。将分散在二甲基甲酰胺中的石墨用准分子激光辐射也可以制备石墨烯，而碳纳米管（CNT）通过激光辐照可制备石墨烯带。激光还原GO而制备的石墨烯在紫外激发时可以发射蓝光[39]。除了激光辐射引起的这些效应外，还发现还原的氧化石墨烯（RGO）以及石墨烯纳米带（GNR）是红外线（IR）电探测器的良好候选材料[44]。RGO也是一种高效的紫外线检测器[44]。在本章中，我们重点介绍了石墨烯受各种辐射诱发的性质和现象。

8.2 氧化石墨烯的辐照诱导还原

还原剂如肼被用于GO的还原以制备石墨烯。然而，以这种方式制备的RGO含有杂质，并影响其应用。原则上，KrF激光或单位脉冲能量较高的紫外线的辐照

可以破坏石墨烯片与 GO 中含氧官能团之间的键合。这种还原提供了一种制备无杂质石墨烯的简单方法。我们采用了各种辐照源，如日光、紫外线和准分子激光来还原 GO 中的含氧官能团。由该技术合成的 RGO（图 8-1）具有其他技术无法比拟的优势。GO 向 RGO 转变的光化学转化影响了诸如光致发光等性质，还可用于图案化和其他目的，本文后面将详细介绍。

图 8-1 辐照诱导的氧化石墨烯还原的示意图（文献 [45]，经 Wiley 许可）

GO 很容易用 Hummer 法制备[46]。GO 在水中能够形成稳定的胶体悬浮液。当对该悬浮水溶液进行 1h 的超声处理（300W，35kHz）后，将会剥离出单层 GO。将 GO 溶液置于培养皿中并暴露在阳光下数小时。对于紫外线辐射处理，使用了飞利浦低压汞灯（254nm，25W，$90\mu W/cm^2$）对溶液进行辐照。使用 Lambda Physik KrF 准分子激光器（248nm，5Hz）辐照石英小瓶中的 GO 水溶液。在溶液的激光辐照过程中，通常不使用能够产生矩形光束的铝金属狭缝（光束成形器）。这使得 GO 所处的整个区域内的激光能量几乎均匀一致。为此，使用了 5Hz 重复频率下 300 mJ 的光束能量。由阳光、紫外线和 KrF 准分子激光辐照所获得的还原石墨烯样品分别被标为 SRGO、URGO 和 LRGO。此外，还采用了不同的辐射源对在硼硅酸盐玻璃（BSG）和硅衬底上沉积的 GO 固体薄

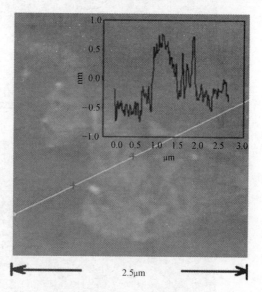

图 8-2 GO 片的原子力显微镜图像。内插图显示了沿着白线的高度信息（文献 [45]，经 Wiley 许可）

膜进行了还原。

本研究中使用的 GO 片的长度和宽度通常为几微米，如图 8-2 中原子力显微镜（AFM）图像所示[41]。图 8-3a 显示了处理前的 GO 的场发射扫描电子显微镜（FESEM）图像[40]。如图 8-3 所示，当使用日光、紫外线或准分子激光对 GO 溶液进行辐射处理时，可以观察到形貌的变化[40]。如图 8-3d 所示，激光辐照会带来更多显著的形貌变化，而且纳米片会垂直对齐并出现碎片[40]。如图 8-4a、b 所示，傅里叶变换红外光谱（FTIR）证实阳光的辐照时间延长（10h）也会减少 GO 中的含氧官能团[40]。如图 8-4c 所示，较短时间（约 2h）的紫外线辐照处理也可观察到类似的效果[40]。准分子激光辐射可以更快地还原含氧官能团。使用准分子激光器产生类似效果所需的时间仅为 30~40min（见图 8-4d）[40]。有趣的是，GO 溶液的颜色随着激光辐照的时间而改变。因此，在少量激光辐照后，棕黄色变为红色，长时间辐照后则变为黑色（图 8-5）[39]。我们对旋涂在硅衬底上的 GO 固体薄膜进行了激光辐照，观察到在辐照 3~5min 内（在 300mJ 激光能量下），薄膜变黑并且完全没有任何含氧官能团。由于高的通量，准分子激光辐射会将石墨烯片破碎成更

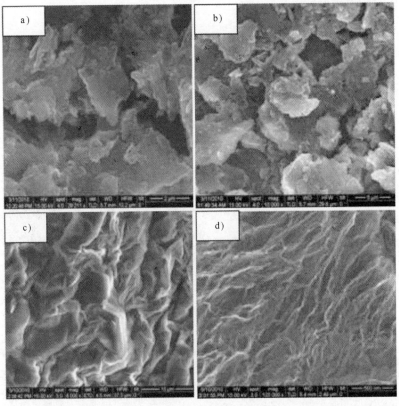

图 8-3　阳光、紫外线或准分子激光辐照对氧化石墨烯形貌的影响（文献 [45]，经 Wiley 许可）

a）未经处理的剥离氧化石墨烯的 FESEM 照片　b）阳光照射 10h 后的样品的 FESEM 照片

c）紫外线辐照 2h 后的样品的 FESEM 照片　d）准分子激光辐照 40min 后的样品的 FESEM 照片

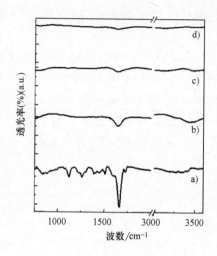

图 8-4 阳光、紫外线或准分子激光辐照
对氧化石墨烯的还原作用（文献［45］，
经 Wiley 许可）

a）未经处理的剥离氧化石墨烯的红外光谱

b）阳光照射 10h 后的样品的红外光谱

c）紫外线辐照 2h 后的样品的红外光谱

d）准分子激光辐照 40min 后的样品的红外光谱

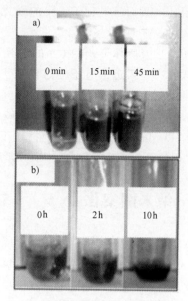

图 8-5 石墨烯氧化物水溶液的照片
（文献［45］，经 Wiley 许可）

a）准分子激光 b）太阳光辐照

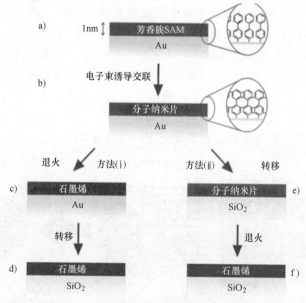

图 8-6 芳族自组装单分子层（SAMs）
制备石墨烯的两种方法的示意图（文献［45］，经 Wiley 许可）

a）在 Au 基底上形成 SAM b）电子诱导的交联形成超分子碳纳米片随后为两种可能的方法，其中
方法（ⅰ）：c）通过真空退火转化成石墨烯 d）随后转移到新的（SiO₂）基底或是方法（ⅱ）：
e）转移到新的基底 f）退火

小的薄片。我们已经把 GO 膜的激光诱导光化学转化用于图案化目的，如下一节所述。

溶液以及固体形式的 GO 的激光还原法[39,47] 可用于表面杂质较少的 RGO 的大规模生产。最近，电子辐照已证实为一种能够由下而上制备大面积、厚度约为 1nm 的共价键合纳米晶体石墨烯片（由自组装的单层石墨烯而制备）的方法，如图 8-6 所示[48]。Sokolov 等人[47] 最近报道了氧化石墨的激光还原，而 Huang 等人[49] 和 Abdelsayed 等人[50] 报道了液相介质中 GO 的脉冲激光辅助还原。还原后，GO 的电导率提高了 2~3 个数量级[39,49]。

8.3 纳米图案化

GO 到 RGO 和氢化石墨烯到石墨烯的光化学转化确实已被方便地用于图案化应用。为了图案化的目的，利用 GO 膜的局部还原，将这些膜旋涂在经 Ar 等离子体处理的硅衬底（n 型、0.5mm 厚、单面抛光）上。为提高对 GO 片的润湿性，对硅衬底进行等离子体处理。在插入一个透射电子显微镜（TEM）微栅作为掩膜并将其用石英片覆盖后，对 GO 膜进行准分子激光辐照（Lambda Physik KrF 准分子激光器，波长为 248nm，寿命为 30ns，激光能量为 300mJ，重复频率为 5Hz，脉冲发射为 200）。石英片的作用在于避免 GO 薄膜在硅基板上分层，否则就会发生这种分层。为了获得金属纳米粒子覆盖的图案，金和铂化合物（$HAuCl_4$ 和 H_2PtCl_6）与 GO 同时进行还原和图案化。这能够实现更高的电导率。在准分子激光辐照下，金属化合物被还原为金属纳米粒子，而 GO 上的含氧官能团也被还原。

图 8-7 显示了在绝缘 GO 背底上实现的导电石墨烯方块的 GO 掩膜图案化。激光辐照的固体薄膜区域转化为石墨烯，其余区域仍为 GO。需要注意的是，在这个过程中激光束被分割成更小的方形截面光束（见图 8-7）。

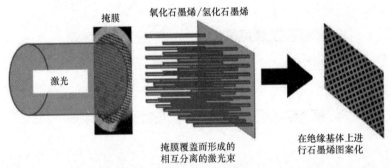

掩膜   氧化石墨烯/氢化石墨烯

激光

掩膜覆盖而形成的相互分离的激光束

在绝缘基体上进行石墨烯图案化

图 8-7　说明掩膜激光图案化的示意图（文献［45］，经 Wiley 许可）

如上所述，准分子激光辐照将 GO 还原为 RGO，导致固体 GO 膜的颜色从棕黄色变为黑色[41]（图 8-8）。由图 8-8a、b 所示的 IR 光谱可以看出，GO 膜表面上的羰基和其他含氧官能团在辐照后几乎完全消失[41]。GO 膜在激光辐照后，电导率提高了两个数量级，如图 8-8c 所示[41]。GO 中的铂金盐（H_2PtCl_6 或 $HAuCl_4$）在辐照时被还原为金属纳米颗粒并对石墨烯表面进行修饰。金属修饰石墨烯的电导率比石墨烯的要大得多，如图 8-8c 所示[41]。

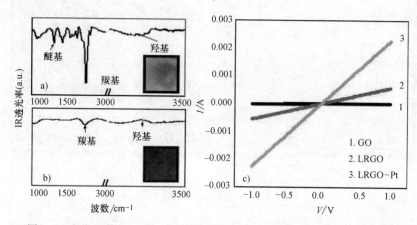

图 8-8　准分子激光辐照对 GO 的还原作用（文献［45］，经 Wiley 许可）
a）激光还原前 GO 的 FTIR 光谱　b）激光还原后 LRGO 的 FTIR 光谱内插图为 GO 还原前后的照片
c）GO，LRGO 和 LRGO-Pt 的电流-电压特征曲线

如图 8-9a 中的光学显微镜照片[41] 所示，通过采用 TEM 微栅作为掩膜，去除掩膜后可获得由正方形石墨烯形成的精密图案。我们在图 8-9b 中展示了一个图案的大面积 FESEM 照片[41]。使用 GO+$HAuCl_4$ 和 GO+H_2PtCl_6 作为起始材料可以获得类似的照片，如图 8-9c、d 所示。这些石墨烯样品中含有金和铂纳米颗粒，如图 8-9e、f 中的照片所示[41]。

准分子激光辐照可轻易地消除氢化石墨烯中的氢[42]，因此可以使用氢化石墨烯进行激光图案化。为了实现石墨烯的氢化，采用了 Birch 还原[42]。通过使用准分子激光器（KrF 激光器，波长为 248nm，激光能量为 300mJ，重复频率为 5Hz）进行辐照来实现脱氢。为了图案化的目的，将氢化石墨烯旋涂到硅衬底上作为薄膜，并利用准分子激光器通过掩膜（TEM 微栅）进行辐照。氢化石墨烯脱氢后就会形成所需的图案。虽然石墨烯是导电的，但氢化石墨烯的电导率要比石墨烯低几个数量级[42]。因此，我们能够在绝缘氢化石墨烯的背底上制作导电石墨烯图案。

Withers 等人[51] 证实了通过电子束辐照能够将绝缘氟化石墨烯还原为导电和半导体石墨烯，导致电阻率降低了七个数量级（见图 8-10）。人们已经提出了石墨烯在电子和其他领域的潜在应用，例如，许多应用需要图案化的石墨烯[52]。Lee 等人早已开展了 GO 的纳米压印图案化研究[53]。Jo 等人通过 GO 油墨的喷墨打印进行了亚毫米级的石墨烯图案化研究[54]。Guo 等人也利用润湿性调节进行图案化[55]。这些 GO 图案可随后被还原而用于多种应用。通过与肼反应或通过高温热退火处理，可将图案化的 GO 还原为石墨烯[56]。然而，在绝缘 GO 背底上形成导电石墨烯（同时还原和图案化）图案将在最大程度上减少所涉及的步骤数量。

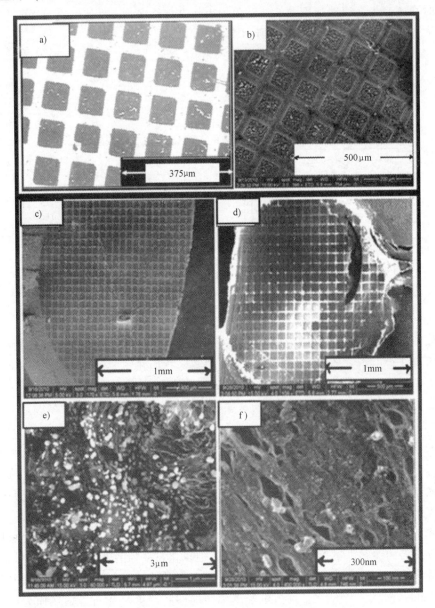

图 8-9　激光辐照对 GO 与金属盐的还原作用（文献［45］，经 Wiley 许可）

a）准分子激光还原 GO 后获得图形的光学显微镜照片

b）图形的大视场 FESEM 照片 GO 与金属盐的混合物经激光辐照形成的图形的大视场 FESEM 照片

c）金属盐为 HAuCl$_4$　　d）金属盐为 H$_2$PtCl$_6$

FESEM 照片显示了石墨烯表面上的金属纳米颗粒　e）Au　f）Pt

包括等离子刻蚀[57]、浸蘸笔光刻[58]、纳米球光刻[59]、光刻蚀[60]、软转移压印[61]和电子束光刻[62]在内的多种方法已被用于制备图案化石墨烯。扫描探针光刻已被广泛用于在各种衬底上获得图案，尤其是形成单层 GO 图案[63]。使用加热的 AFM 针尖对 GO 进行局部热还原，也达到了纳米级分辨率[15]。

通过直接激光写入，早已报道过 GO 纳米片的微结构化[56]。GO 最外表面的热轮廓已证实与石墨烯的层数有关。Liu 等人使用飞秒激光脉冲在 RGO 片上进行直接写入[64]。Li 等人报道了 RGO-TiO$_2$ 导电薄膜的光辅助图案化[65]。Singh 等人最近报道了外延生长石墨烯的激光图案化[66]。与文献中介绍的许多其他

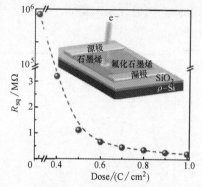

图 8-10　样品的方块电阻与电子辐照剂量的关系（黑色虚线为视线引导）。内插图显示了电子束辐照下的器件配置示意图（文献 [45]，经 Wiley 许可）

方法相比，GO 和氢化石墨烯所需的还原和图案化的技术似乎是令人满意的。可进一步改进这种方法以形成更为精细的图形，有可能在未来实现电子电路元件的就地生产。综上所述，在绝缘 GO 或氢化石墨烯的背底上使用掩膜激光写入生成激光辐照的石墨烯图形，看起来是一项很有前途的技术。

8.4　石墨烯基材料的蓝光发射

通过各种辐照方式还原了 GO 水溶液，并测试了其可能的发光性能（325nm 激发）。在任何辐照之前，GO 溶液都会产生一个宽的光致发光带，覆盖以 550nm 为中心的大范围波长，如图 8-11a 所示[39]。在阳光、紫外线或准分子激光辐照下，光致发光带发生蓝移并变得更加尖锐。含氧官能团完全还原后，该溶液呈现出强烈的蓝光发射，如图 8-11a 所示[39]。图 8-11b 显示了 GO 和辐照 RGO 的对应 CIE 图[39]。基于石墨烯的蓝光发射材料能够成为固态照明应用的实用且经济的选择。这种发蓝光的 RGO 材料与发黄光的氧化锌纳米颗粒混合后，已被证实可以发出白光，如图 8-12 所示[39]。为了实现白光发射，可将 ZnO 纳米颗粒的乙醇溶液与辐照 RGO 溶液以适当的比例混合。图 8-12 中的内插图显示了 ZnO-LRGO 纳米复合材料的蓝白光发射照片。为此目的，使用了文献 [67] 中的工艺制备了 ZnO 纳米颗粒（直径约为 5nm）。

目前被用作蓝光源的材料是 InGaN[68] 和 CdSe[69]。此类应用需要考虑的因素包括生产成本、生产易用性、毒性、处理和包装。石墨烯材料非常经济、完全无毒且易于处理。早前就有报道称，高度功能化的 GO 会发出蓝光（见图 8-13）[70]。Subrahmanyam 等人[39] 报道了功能化石墨烯片以及由 RGO 辐照还原的石墨烯纳米

片的蓝光发射现象。Kumar 等人[71] 在各种掺杂和未掺杂的石墨烯样品观察了蓝光发射性能。

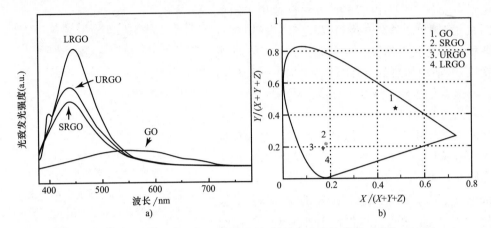

图 8-11　氧化石墨烯与辐照还原氧化石墨烯的光致发光谱及对应的 CIE 图

a) 剥离的氧化石墨烯及由太阳光（SRGO），紫外线（URGO）和准分子激光（LRGO）辐照还原的氧化石墨烯的光致发光谱　b) CIE 图（文献［45］，经 Wiley 许可）

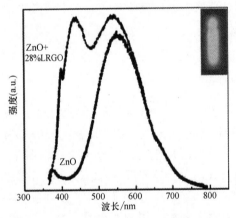

图 8-12　ZnO-LRGO 纳米复合材料的白光发射（文献［45］，经 Wiley 许可）

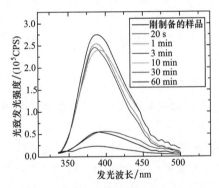

图 8-13　逐渐还原的 GO 薄膜的光致发光（PL）光谱（在 325nm 激发）。与肼反应的总时间见图中提及的图例（文献［45］，经 Wiley 许可）

RGO 中蓝色光致发光的一个可能原因是局域态内产生的电子-空穴（e-h）对的辐射重组。π 与 π^* 态之间的能隙通常取决于 sp^2 簇的尺寸[72] 或共轭长度[73]。纳米尺度的 sp^2 簇和有限尺寸的分子 sp^2 域之间的相互作用可在优化 RGO 的蓝光发射方面起到一定的作用。在碳氧 sp^3 基体中孤立 sp^2 簇的存在可以导致 e-h 对的局域化。

8.5 激光诱导化学转变中的光热效应

已经测试了各种石墨材料可能的光热效应，其中有 GO、氢化石墨烯和卤化石墨烯。当用准分子激光器辐照 GO 时，可以劈断含氧官能团。同样，氢化和卤化石墨烯中的 C—H 和 C—卤素键也发生断裂。这些反应的示意图如图 8-14 所示。通过激光辐照，无法将 GO、氢化石墨烯或卤化石墨烯表面上的官能团全部去除。一些光引发的化学转变在本质上是放热的，并释放热量。这种热量可以通过对含有光转变材料的溶液进行激光辐照的溶液温度升高量来测量。

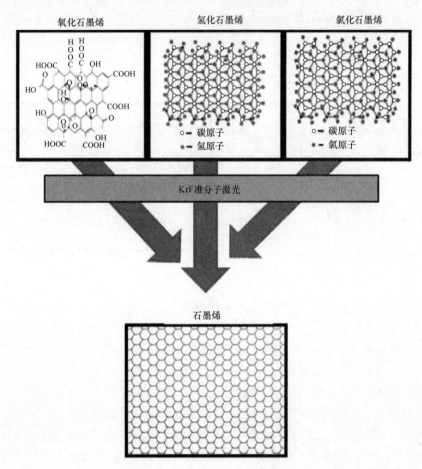

图 8-14　激光诱导的光化学转化示意图（文献［45］，经 Wiley 许可）

通过石墨氧化物的热剥离和酸处理功能化制备了少量石墨烯（剥离石墨烯，EG），以及通过石墨烯的 Birch 还原反应制备了氢化石墨烯，并对其光热效应进行了分析[42]。石墨烯可通过在液氯介质中的辐照处理而发生氯化[43]。使用热传感器每分钟记录一次溶液的温度，并持续 45min。通过在具有相同溶质质量的相同溶剂中进行实验，已经研究了激光束通量和重复频率等参数的影响。研究了溶剂对光致化学转化过程中产生的热量的影响。不同的激光源 ［KrF 准分子激光器（248nm）和 Nd-YAG 激光器（532 和 355nm）］ 也被用于观察激光波长对特定材料产生的热量的影响。有必要将石墨烯材料良好地分散在溶剂中以将热量均匀地传递到整个溶液中。溶剂也可能被激光辐射加热。因此有必要单独测量辐照溶剂的效果。

如前所述，FTIR 光谱确认了 GO 中发生了化学转变。由于含氧官能团（—CO_2H，C—O—C 等）会显著降低 IR 的谱带强度，因此确定 GO 发生了还原而形成石墨烯。中心位置在 $2850cm^{-1}$ 和 $2920cm^{-1}$ 左右的两个谱带对应于芳香 C—H 伸缩振动，其完全消失证实了激光辐照对氢化还原氧化石墨烯（RGOH）的脱氢作用，如图 8-15a 所示。对于氯化石墨烯，C—Cl 伸缩谱带在辐照后消失（图 8-15b）[43]。

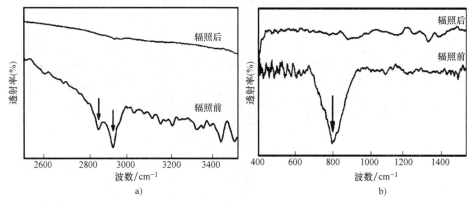

图 8-15　用准分子激光照射 45min 的 FTIR 光谱（文献 ［45］，经 Wiley 许可）
a）氢化石墨烯　b）氯化石墨烯

通过改变激光参数和溶液参数，对伴随 GO 激光还原的水溶液温度升高情况进行了研究（图 8-16）。从图 8-16a 可以看出，重复频率要远比激光脉冲能量的影响大。如图 8-16b 所示，溶剂也会影响温度上升。在这种情况下，水似乎是很好的溶剂。分别利用了 248nm KrF 准分子激光器以及 Nd-YAG 激光器二次和三次谐波（分别为 532nm 和 355nm）进行了实验。与 Nd-YAG 激光器（0.2W）相比，KrF 准分子激光器（1.5 W）的激光功率要大得多（七至八倍大），因此 KrF 准分子激光能够产生最高的加热速率。

事实证明，对于 KrF 激光器来说，温度升高的主要原因是由于高激光功率。从图 8-16c 可以看出，当激光功率保持不变时，355nm 和 532nm 激光辐照所产生的温度升高并没有显著差异。将 GO 的温度升高与多壁氧化石墨烯纳米带（MWGONR）相比较，MWGONR 显示出最大的温度升高，其次是 GO，如图

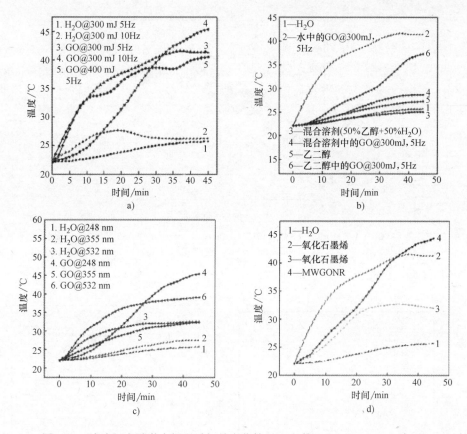

图 8-16　溶液温度随激光辐照时间的变化情况（文献［45］，经 Wiley 许可）
a) 不同脉冲能量和重复频率下氧化石墨烯（GO）的水分散液　b) 不同溶剂中的 GO 分散液且保持激光源的平均能量和重复频率不变　c) 不同激光波长下 GO 的水分散液　d) 不同石墨材料的水分散液且激光源的平均能量和重复频率保持不变。对于所有情况，将 3mg 样品分散在 3mL 溶剂中，然后用激光源辐照 45min。
在所有的实验中，都已经考虑到了激光辐照引起的相应溶剂的温度升高，并显示在相应的图中

8-16d 所示。Samy El-Shal 及其合作者[50] 研究了 GO 和激光转化石墨烯的光热效应，如图 8-17 所示。为了将光诱导化学转化所产生的热量与石墨烯光热效应产生的热量区分开来，我们对 5~6 层 EG 和单层 RGO 进行了实验，发现 RGO 产生了比 EG 更大的温度升高。

氢化石墨烯的温度升高低于 GO。氢化石墨烯的分散性似乎在发挥作用。与氢化剥离石墨烯（EGH）和氢化 RGO 相比，氢化电弧放电石墨烯（HGH）的升温幅度最小（图 8-18a）。如果光热材料不能很好地分散在溶剂中，则观察到较差的光热效应。这可能是氢化石墨烯表现出较小温升的原因。这种石墨烯在甲苯等溶剂中表现出更好的分散性，但甲苯可在激光辐照下被点燃。令我们惊讶的是，我们观察到氯化石墨烯的温度大幅上升，如图 8-18b 所示。

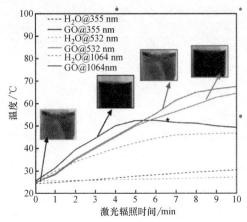

图 8-17　使用 Nd/YAG 激光器（5W，30Hz）1064nm、532nm 和 355nm 的激光辐照过程中氧化石墨烯溶液的温度变化情况。照片显示了激光辐照下溶液颜色的变化。虚线曲线显示了相同的照射条件（5W，30Hz）下相同体积的水发生的温度变化（文献［45］，经 Wiley 许可）

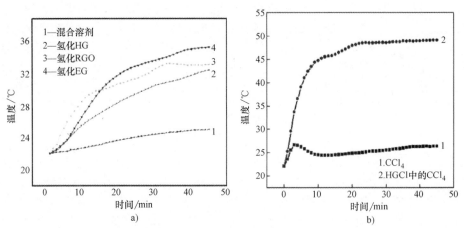

图 8-18　各种石墨烯表现出的光热效应（文献［45］，经 Wiley 许可）

a）各种氢化石墨烯　b）氯化石墨烯

8.6　石墨烯作为红外光电探测器

除了优异的电子性质（高费米速度）、线性能量色散关系和极高的电子迁移率以外[1,3,16,21,75-77]，石墨烯还具有卓越的光子特性，与其他材料相比，具有较宽波长范围的光子吸收和较强的带间跃迁[78,79]。此外，多层石墨烯在能量高于 0.5eV 的吸光度是累积的，并形成了较强的石墨烯-光相互作用。使用大面积单层或少层石墨烯的 FET 已被用作超快光电探测器（图 8-19）[80,81]。高品质、大面积石墨烯的合成和器件原型制造中的困难制约了它们在光电子领域中的应用。一种化学方法提供了一种从溶液中沉积石墨烯的途径，使得器件的制备不受衬底的限制。石墨烯具有高度的稳定性和柔性，为改性或功能化提供了巨大的可能性[82]。GO 可用于低成本、大规模生产 RGO 和其他石墨烯材料[83]。通过化学或热方法还原 GO，可以调节光电子特性[83-85]。使用 GO 制备的溶液处理过的薄膜具有简单的材料加工性，机械柔性以及与各种衬底的兼容性，使其成为大面积器件的有用候选材料。

具有带隙的 GNR 被认为是一种可用作光电晶体管的有效材料[86,87]。通过将石墨烯切割成窄带，将石墨烯的维度从二维降低至一维，从而在零带隙的石墨烯中形成带隙。在一个狭窄的 GNR 中，形成了一维束缚态，这与一个狭长的量

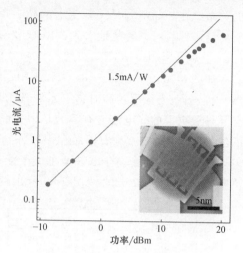

图 8-19　使用大面积单层或少层石墨烯的 FET 已被用作超快光电探测器 在背栅偏压 ≈ −15V 的条件下光电流与入射功率的关系。内插图为测量方法的示意图（文献［45］，经 Wiley 许可）

子箱中的粒子类似，并且打开的带隙与 GNR 的宽度成反比。可通过光刻技术切割石墨烯[88-90]，以及直接合成技术[91] 来制备 GNR。对于一个能够让器件在室温下工作的较大带隙（0.5eV），需要 GNR 的宽度恒定为 2~3nm。化学方法可用于合成 RGO 和 GNR，其具体目标为开发红外光电探测器。

将 RGO 片分散在 N,N-二甲基甲酰胺（DMF）中[92] 可达到此目的。利用 Higginbotham 等人的方法可以制备 GNR[93]。GNR（五至六层）是通过多壁碳纳米管（MWNT）的氧化解链而获得，如本书中另外一章所述。将纳米带在乙醇中超声分散并沉积在碳栅上进行观察。

通过电子束蒸镀方法蒸发 Cr（5nm）/Au（200nm），在硅衬底上预先清洁的 300nm SiO_2 上沉积电极而制备了两种器件。两个电极的间距为 15μm，电极宽度为 2mm。RGO 和 GNR 通过 30min 超声处理而分散在 DMF 中（约 3mg/mL）。然后使用微量移液管将 GNR 和 RGO 的分散液滴涂在电极之间。使用 Keithley 6430 源表测量无光和红外光条件下器件的电流-电压特性。红外光源由峰值波长为 1550nm 的半导体激光二极管组成。

图 8-20a[44] 显示了其中一个器件的光响应，用探测器上不同的红外强度绘制了光电流和时间之间的关系曲线。在偏压 V_{bias} = 2V 时测量光电流。红外光源反复开关以证实数据随时间的再现性。图 8-20a[44] 的内插图显示了探测器在 80mW/cm² 下的光响应，确认了该器件在连续循环下工作良好。图 8-20b[44] 显示了在 V_{bias} = 2V 的偏压下，当具有不同强度的红外光射入探测器时的光电流与时间

的关系。在 $80mW/cm^2$ 下探测器的光响应如图 8-20b[44] 的内插图所示,确认了器件的稳定性。可以清楚地看到,RGO 和 GNR 的电导率随红外激光辐照时间增加而提高(见图 8-20a、b)[44]。

如图 8-20a,b 所示,RGO 和 GNR 的电导率随红外激光辐照强度提高而增加[44]。当激光强度较高时,更多的光子被 RGO 和 GNR 薄膜吸收,产生更多的激子并导致更大的光电流。有趣的是,我们的 RGO 探测器甚至可以感测到人体发出的红外线(图 8-21)。石墨烯在中红外到近红外光谱范围内(从 0.2eV 到 1.2eV)发生吸收[94]。对于高于 0.5eV 的光子能量,出现了光吸收率为 (2.3±0.2)% 的光谱平台,并且在双层的情况下显示出两倍的光吸收率[95],这与之前的报道一

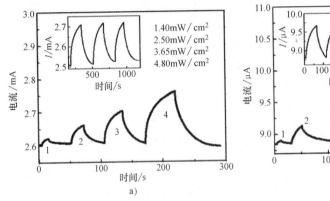
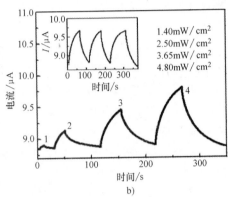

a)   b)

图 8-20　石墨烯传感器的光响应(文献 [45],经 Wiley 许可)

a)还原氧化石墨烯(RGO)在 2V 电压及不同 IR 强度下的时间与光电流的关系。内插图为器件在
$80mW/cm^2$ 下的光响应,显示出 RGO 在 2V 电压下数据随时间的重现性　b)石墨烯纳米带(GNR)
在 2V 电压及不同 IR 强度下时间与光电流的关系。内插图为 GNR 器件在 $80mW/cm^2$ 下的光响应

致[96,97]。据报道,少层石墨烯的光吸收谱与单层的堆积顺序有很强的相关性[98]。从石墨烯的光谱来看,用于实验的近红外激光的波长(1550nm)在吸收光谱平台的范围内(1033nm 与 2479nm 之间)。因此,石墨烯光电效应是通过吸收 1550nm 激光触发的。已知红外激光吸收引起的石墨烯加热仅会降低石墨烯的电导率[94,99-101]。

探测器的电流响应度(R_λ),定义为在光电导体的有效区域上单位功率的入射光产生的光电流[102],外部量子效率(EQE),定义为每个入射光子探

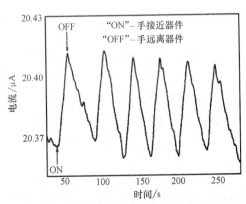

图 8-21　还原氧化石墨烯在 2V 下伴随
人体 IR 的光电流随时间的变化
(文献 [45],经 Wiley 许可)

测到的电子数量，都是光电导体的重要参数。大数值的 R_λ 和 EQE 对应于高的灵敏度。R_λ 和 EQE 可由 $R_\lambda = I_\lambda / (P_\lambda S)$ [103,104] 和 $EQE = hcR_\lambda / (e\lambda)$ [105,106] 计算。此处，I_λ 为光电流（$I_{illumination}$-I_{dark}），P_λ 为光强度，S 为有效照射面积，h 为普朗克常数，c 为光速，e 为电子电荷，λ 为激发波长。根据我们的实验结果，RGO 的 R_λ 和 EQE 分别为 4mA/W 和 0.3%，而对于 GNR，这些值则要高得多，在 2V 下入射波长为 1550nm 时，分别为 1A/W 和 80%。这些结果表明，RGO 和 GNR 作为高选择性、高灵敏度、高速纳米级光电探测器和光电开关具有广阔的应用前景。这些器件在常规条件下是稳定的，3 个月内性能没有下降。

与其他材料相比，石墨烯吸收的光子在从可见光到红外的宽波长范围内具有最强的带间跃迁之一[78,79]。在光的吸收过程中，由于金属/石墨烯接触处存在类肖特基势垒，产生 e-h 对[81]，如图 8-22[44] 所示。实线表示石墨烯通道内的电位变化，虚线表示两个电极的费米能级 E_F。石墨烯中产生的电子空穴对通常会在数十皮秒的时间尺度上重新组合，并取决于石墨烯的品质和载流子浓度[107-109]。在外加电场作用下，e-h 对会分离并产生光电流。在光激发形成的内场中也会出现类似的现象[110-112]。对于红外探测器的研究，我们已经在 SiO_2 上使用了 RGO 和 GNR 并发现迁移率显著降低（每秒每伏特几千至几万平方厘米，取决于绝缘体的性质与纯度）。因此，需要一个外部电压对光生 e-h 对进行分离，然后再重新组合以显示检测器的行为。无支撑的 EG 由于不存在与基体之间的相互作用，因此观察到约 $200000cm^2/(Vs)$ 的迁移率。

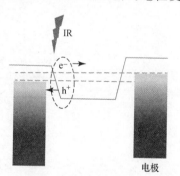

图 8-22　光电探测器工作原理示意图（文献 [45]，经 Wiley 许可）

我们的器件的优势（相比于石墨烯单层器件）在于通过多层石墨烯的额外吸收而增强了能量高于 0.5eV 的光吸收。此外，当置于硅衬底上时，预计 1.55μm 处的吸收将大约提高 25%，而对于空气中无支撑的双层或三层石墨烯，吸收分别近似位于 4.6% 和 6.9%。

8.7　还原氧化石墨烯作为紫外探测器

石墨烯在可见光区域无特征吸收。然而，它们是良好的紫外光吸收剂，因此可以作为紫外检测器的应用进行测试[113]。使用 RGO 作为传感材料在热氧化（300nm）硅[100] 衬底上制作了双端电极器件。使用 Keithley 6430 源表在空气中的无光和紫外光条件下测量了器件的 I-V 特性。紫外线光源为一个手持灯，波长为 360nm，强度为 $0.3mW/cm^2$。

在特定电压下测量了紫外光对电流的影响。在图 8-23a[44] 中，我们展示了器件在360nm、0.3mW/cm^{2}条件下无光（方形）和紫外线辐照（圆形）的典型*I-V*特征曲线。如图8-23a[44]的左上部分所示，紫外光源反复开关以说明数据随时间的再现性，证明该器件在持续循环下工作良好。该器件的结构如图8-23a[44]的右下角内插图所示。在用紫外线辐照时，RGO中产生了空穴和电子对[114-118]。这些e-h对在施加电场下发生分离并产生光电流。为了更详细地研究RGO的检测器作用，我们在饱和状态之前打开并且关闭紫外线。如图8-23b[44]所示，打开紫外线后，电流立即开始减小，并在关闭紫外光后回到其原始值。RGO中的电子载流子大部分被含氧官能团所俘获[91]，导致电流下降。从化学角度而言，使用简单滴涂法的RGO显示出良好的紫外感应能力。研究发现，光电探测响应度为0.12A/W，EQE为40%。光辐照下这两种机制之间的竞争是所观察到的行为的原因。

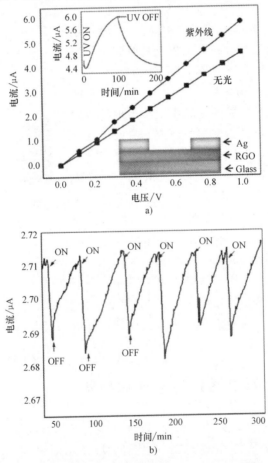

图8-23　UV光辐照对器件的性能影响（文献［45］，经Wiley许可）

a）器件在无光照（方形）和UV光辐照（波长为360nm，功率为0.3mW/cm^2，圆形）条件下的典型*I-V*特征曲线。左上内插图为开闭UV光源时数据随时间的再现性。右下内插图为器件的构造示意图　b）饱和前的光响应

8.8 激光诱导解链碳纳米管制备石墨烯纳米带

由于 GNR 的独特性能和在电子和自旋电子器件领域的应用前景，在器件技术中越来越重要[11,87,119-127,130]。一般通过氧化反应对 CNT 进行解链而制备 GNR。为此，CNT 在酸性介质中与 KMnO$_4$ 反应[128,129]。由此制备了高度氧化的 GNR，特别是在边缘处。近年来研究发现，CNT 可以通过准分子激光（Lambda Physik KrF 准分子激光器，248nm，30ns）辐照而发生解链[38]。通过这种方式获得的 GNR 纯度高，在边缘上没有任何含氧官能团。采用该方法对化学气相沉积法（CVD）和电弧放电法制备的 MCNT 进行了解链，得到了具有不同宽度和不同石墨层数的 GNR。图 8-24a[38] 显示了 CVD-MWNT 在 250mJ 激光辐照后获得的 GNR 的典型 TEM 图像。TEM 显示 GNR 的宽度约为 60nm。电弧放电 MWNT 在 350mJ 激光辐照后也能够产生 GNR，如图 8-24b[38] 中的 TEM 图所示。从电弧-MWNT 获得的这些 GNR 的宽度大约为 65nm（AFM 显示出 70nm 的宽度）。图 8-24a，b[38] 中的嵌图显示了这些 GNR 的 FESEM 图像。与 CVD（250mJ）制备的 MWNT 相比，电弧法制备的 MWNT 需要更大的激光能量（350mJ）以转化为 GNR。此外，还能够通过激光辐照对硼和氮掺杂的 MWNT 进行解链，从而生成化学掺杂的 GNR。

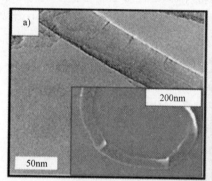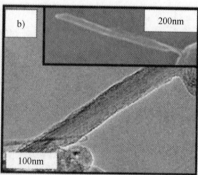

图 8-24 激光辐照 MWNT 所制备的 GNR 的 TEM 和 FESEM 照片（文献［45］，经 Wiley 许可）
a）能量为 250mJ 的激光辐照 CVD 法 MWNT 样品的 TEM 照片
b）能量为 350mJ 的激光辐照电弧法 MWNT 样品的 TEM 照片
内插图为对应的 FESEM 照片

8.9 在二甲基甲酰胺中利用激光诱导剥离法制备石墨烯和其他无机石墨烯类似物

我们发现石墨粉末在 DMF 等极性介质中的激光辐照容易产生单层和少层石墨烯。随后，该技术也拓展到 BN 这种类石墨烯材料的制备研究。激光辐照制备类石墨烯物质的方法如下。在一个石英器皿中将石墨或 BN 分散到 DMF 介质中，由

Lambda Physik KrF 准分子激光器（$\lambda = 248nm$，$\tau = 30nm$）在 $1.5J/cm^2$ 的能量密度和 5Hz 的重复频率下进行 1h 的辐照。辐照期间使用磁力搅拌器连续搅拌分散液。在一种典型的制备方法中，4mg 石墨粉末或 BN 被分散在 4mL DMF 中。激光辐照后，所得产物以 3000r/min 离心 5min。离心后，将溶液顶端的三分之一部分转移到另一个容器中。上清液可保持长时间的稳定并含有片状物质。将上清液倒在干净的硅衬底上，干燥后得到固体薄膜，使用 FESEM 进行成像。将上清液滴在 TEM 微栅上并真空干燥，用于 TEM 成像。在激光辐照之前，石墨粉末在 DMF 中的分散液是黑色的，如图 8-25a（ⅰ）所示。如图 8-25a（ⅱ）所示，经过激光辐照的分散液在离心处理后得到的上清液是透明的。图 8-26a、b 为上清液中的类石墨烯物质的FESEM 图像。相应的 TEM 图像如图 8-26c、d 所示。TEM 图像显示激光剥离样品非常透明，因此只有几层厚。我们还观察到几片弯曲的纳米片。图 8-27a 显示了辐照后上清液中物质的典型 AFM 图像。AFM 图像揭示了二维薄片的存在，其横向尺寸高达几百纳米。图 8-27b~d 显示了石墨烯片的 AFM 高度图，证实了单层、双层和少层石墨烯的存在。在图 8-25b 的照片（ⅰ）中，我们展示了 4mg 块状 BN 在4mL DMF 中的浑浊分散。对辐照后分散液进行离心处理后，得到了上清液（ⅱ）。上清液中含有 BN 的二维薄片。我们分别在图 8-28a、b 中给出了典型的 FESEM 和TEM 图像。BN 片的横向尺寸在 $2 \sim 3\mu m$ 的范围内。图 8-28b 中嵌图的电子衍射图像显示出六边形图案。BN 片相当薄，并呈现出弯曲和褶皱。图 8-29a 中激光剥离BN 薄片的 AFM 图像证实了二维 BN 片的存在。图 8-29b~d 中的高度图对应于单层、

a)   b)

图 8-25 石墨粉和 BN 的分散液受激光辐照前后的对比（文献［45］，经 Wiley 许可）
a）DMF 中石墨粉的分散液（ⅰ）及激光辐照后的上清液照片（ⅱ）
b）DMF 中 BN 块体的分散液（ⅰ）及激光辐照后的上清液照片（ⅱ）

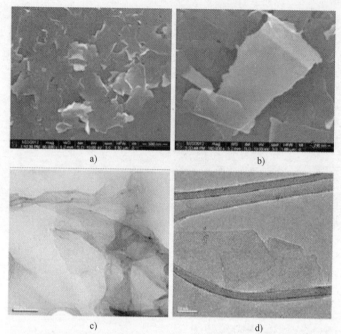

图 8-26 激光剥离石墨烯片的照片（文献［45］，经 Wiley 许可）
a)、b) FESEM 照片 c)、d) TEM 照片

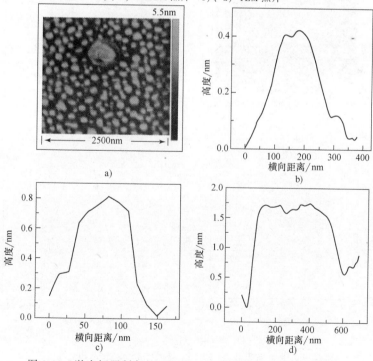

图 8-27 激光辐照制备的石墨烯（文献［45］，经 Wiley 许可）
a）激光剥离石墨烯的 AFM 照片 b）单层石墨烯的高度轮廓图
c）双层石墨烯的高度轮廓图 d）少层石墨烯的高度轮廓图

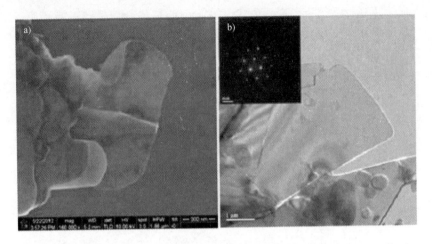

图 8-28　激光辐照制备的 BN 的电子显微镜照片（文献［45］，经 Wiley 许可）

a）激光剥离 BN 的 FESEM 照片　b）激光剥离 BN 的 TEM 照片，内插图为 BN 薄片的电子衍射图案

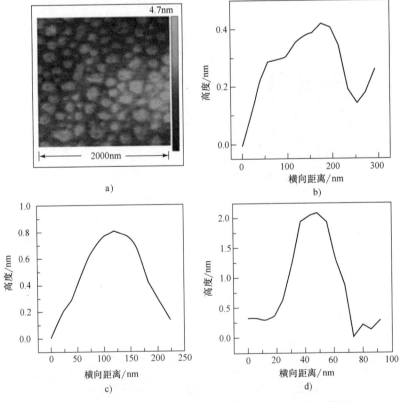

图 8-29　激光辐照制备的 BN（文献［45］，经 Wiley 许可）

a）激光剥离 BN 薄膜的 AFM 照片　b）单层 BN 的高度轮廓图

c）双层 BN 的高度轮廓图　d）五层 BN 的高度轮廓图

双层和五层 BN。通过对分散在二甲基甲酰胺中的块体样品进行激光辐照，也可以制备片状 MoS_2 和其他层状二硫化物。

8.10 结论

本章总结了利用光辐照对石墨烯和相关材料进行结构合成以及揭示新性质和新现象的研究工作[37,38]。通过使用各种辐射源，如日光、紫外光和准分子激光辐射，发现了有趣的光化学转化过程[39-43]，包括将 GO 还原成石墨烯和氢化石墨烷的脱氢。这些光化学转化也已被用于纳米图案化[41]。通过利用准分子激光辐照，也能够对分散在二甲基甲酰胺中的石墨进行剥离而产生石墨烯，而 CNT 的激光辐照能够产生石墨烯带。通过 GO 的激光还原所制备的石墨烯在紫外线激发时能够发射蓝光。此外，RGO 以及 GNR 被认为是红外探测器的绝佳选择[44]。RGO 也是一种高效的紫外检测器[44]。很明显，这些测试为碳纳米材料的各种光诱导改性打开了大门，我们期望可以通过简单的光源实现其他多种有价值的材料。

参 考 文 献

1 Novoselov, K.S., Geim, A.K., Morozov, S.V., Jiang, D., Katsnelson, M.I., Grigorieva, I.V., Dubonos, S.V., and Firsov, A.A. (2005) *Nature*, **438**, 197.

2 Novoselov, K.S., Jiang, D., Schedin, F., Booth, T.J., Khotkevich, V.V., Morozov, S.V., and Geim, A.K. (2005) *Proc. Natl. Acad. Sci. U.S.A.*, **102**, 10451.

3 Geim, A.K. and Novoselov, K.S. (2007) *Nat. Mater.*, **6**, 183.

4 Novoselov, K.S., Jiang, Z., Zhang, Y., Morozov, S.V., Stormer, H.L., Zeitler, U., Maan, J.C., Boebinger, G.S., Kim, P., and Geim, A.K. (2007) *Science*, **315**, 1379.

5 Li, X., Cai, W., An, J., Kim, S., Nah, J., Yang, D., Piner, R., Velamakanni, A., Jung, I., Tutuc, E., Banerjee, S.K., Colombo, L., and Ruoff, R.S. (2009) *Science*, **324**, 1312.

6 Stankovich, S., Dikin, D.A., Piner, R.D., Kohlhaas, K.A., Kleinhammes, A., Jia, Y., Wu, Y., Nguyen, S.T., and Ruoff, R.S. (2007) *Carbon*, **45**, 1558.

7 Murugan, A.V., Muraliganth, T., and Manthiram, A. (2009) *Chem. Mater.*, **21**, 5004.

8 Guo, H.-L., Wang, X.-F., Qian, Q.-Y., Wang, F.-B., and Xia, X.-H. (2009) *ACS Nano*, **3**, 2653.

9 Li, Z., Yao, Y., Lin, Z., Moon, K.-S., Lin, W., and Wong, C. (2010) *J. Mater. Chem.*, **20**, 4781.

10 Hofrichter, J., Szafranek, B.N., Otto, M., Echtermeyer, T.J., Baus, M., Majerus, A., Geringer, V., Ramsteiner, M., and Kurz, H. (2010) *Nano Lett.*, **10**, 36.

11 Yang, X., Dou, X., Rouhanipour, A., Zhi, L., Rader, H.J., and Mullen, K. (2008) *J. Am. Chem. Soc.*, **130**, 4216.

12 Dossel, L., Gherghel, L., Feng, X., and Mullen, K. (2011) *Angew. Chem. Int. Ed.*, **50**, 2540.

13 Choi, W., Lahiri, I., Seelaboyina, R., and Kan, Y.S. (2010) *Crit. Rev. Solid State Mater. Sci.*, **35**, 52.

14 Jiao, L., Wang, X., Diankov, G., Wang, H., and Dai, H. (2010) *Nat. Nanotechnol.*, **5**, 321.

15 Wei, Z., Wang, D., Kim, S., Kim, S.-Y., Hu, Y., Yakes, M.K., Laracuente, A.R., Dai, Z., Marder, S.R., Berger, C., King, W.P., de Heer, W.A., Sheehan, P.E., and Riedo, E. (2010) *Science*, **328**, 1373.

16 Rao, C.N.R., Sood, A.K., Subrahmanyam, K.S., and Govindaraj, A. (2009) *Angew. Chem. Int. Ed.*, **48**, 7752.

17 Rao, C.N.R., Sood, A.K., Voggu, R., and Subrahmanyam, K.S. (2010) *J. Phys. Chem. Lett.*, **1**, 572.

18 Rao, C.N.R., Subrahmanyam, K.S., Ramakrishna Matte, H.S.S., Abdulhakeem, B., Govindaraj, A., Das, B., Kumar, P., Ghosh, A., and Late, D.J. (2010) *Sci. Technol. Adv. Mater.*, **11**, 054502.

19 Allen, M.J., Tung, V.C., and Kaner, R.B. (2009) *Chem. Rev.*, **110**, 132.

20 Craciun, M.F., Russo, S., Yamamoto, M., and Tarucha, S. (2011) *Nano Today*, **6**, 42.

21 Zhang, Y., Tan, J.W., Stormer, H.L., and Kim, P. (2005) *Nature*, **438**, 201.

22 Burnett, T., Yakimova, R., and Kazakova, O. (2011) *Nano Lett.*, **11**, 2324.

23 Chung, K., Lee, C.H., and Yi, G.C. (2010) *Science*, **330**, 655.

24 Won, R. (2010) *Nat. Photonics*, **4**, 411.

25 Wehling, T.O., Lichtenstein, A.I., and Katsnelson, M.I. (2008) *Appl. Phys. Lett.*, **93**, 202110.

26 Bai, J., Cheng, R., Xiu, F., Liao, L., Wang, M., Shailos, A., Wang, K.L., Huang, Y., and Duan, X. (2010) *Nat. Nanotechnol.*, **5**, 655.

27 Zuev, Y.M., Chang, W., and Kim, P. (2009) *Phys. Rev. Lett.*, **102**, 096807.

28 Xu, X., Gabor, N.M., Alden, J.S., van der Zande, A.M., and McEuen, P.L. (2010) *Nano Lett.*, **10**, 562.

29 Sidorov, A.N., Sherehiy, A., Jayasinghe, R., Stallard, R., Benjamin, D.K., Yu, Q., Liu, Z., Wu, W., Cao, H., Chen, Y.P., Jiang, Z., and Sumanasekera, G.U. (2011) *Appl. Phys. Lett.*, **99**, 013115.

30 Prasad, K.E., Das, B., Maitra, U., Ramamurty, U., and Rao, C.N.R. (2009) *Proc. Natl. Acad. Sci. U.S.A.*, **106**, 13186.

31 Blake, P., Brimicombe, P.D., Nair, R.R., Booth, T.J., Jiang, D., Schedin, F., Ponomarenko, L.A., Morozov, S.V., Gleeson, H.F., Hill, E.W., Geim, A.K., and Novoselov, K.S. (2008) *Nano Lett.*, **8**, 1704.

32 Candini, A., Klyatskaya, S., Ruben, M., Wernsdorfer, W., and Affronte, M. (2011) *Nano Lett.*, **11**, 2634.

33 Echtermeyer, T.J., Lemme, M.C., Bolten, J., Baus, M., Ramsteiner, M., and Kurz, H. (2007) *Eur. Phys. J.-Spec. Top*, **148**, 19.

34 Min, S.K., Kim, W.Y., Cho, Y., and Kim, K.S. (2011) *Nat. Nanotechnol.*, **6**, 162.

35 Saffarzadeh, A. and Farghadan, R. (2011) *Appl. Phys. Lett.*, **98**, 023106.

36 Gunlycke, D., Areshkin, D.A., Li, J., Mintmire, J.W., and White, C.T. (2007) *Nano Lett.*, 7, 3608.

37 Williams, G., Seger, B., and Kamat, P.V. (2008) *ACS Nano*, **2**, 1487.

38 Kumar, P., Panchakarla, L.S., and Rao, C.N.R. (2011) *Nanoscale*, **3**, 2127−2129.

39 Subrahmanyam, K.S., Kumar, P., Nag, A., and Rao, C.N.R. (2010) *Solid State Commun.*, **150**, 1774.

40 Kumar, P., Subrahmanyam, K.S., and Rao, C.N.R. (2011) *Int. J. Nanosci.*, **10**, 559.

41 Kumar, P., Subrahmanyam, K.S., and Rao, C.N.R. (2011) *Mater. Express*, **1**, 252−256.

42 Subrahmanyam, K.S., Kumar, P., Maitra, U., Govindaraj, A., Hembram, K.P.S.S., Waghmare, U.V., and Rao, C.N.R. (2011) *Proc. Natl. Acad. Sci. U.S.A.*, **10**, 2674.

43 Gopalakrishnan, K., Subrahmanyam, K.S., Kumar, P., Govindaraj, A., and Rao, C.N.R. (2011) *RSC Adv.*, **2**, 1605–1608.

44 Chitara, B., Panchakarla, L.S., Krupanidhi, S.B., and Rao, C.N.R. (2011) *Adv. Mater.*, **23**, 5419–5424.

45 Kumar, P. (2012) *Macromol. Chem. Phys.*, **213**, 1146–1163.

46 Hummers, W. and Offeman, R.E. (1958) *J. Am. Chem. Soc.*, **80**, 1339.

47 Sokolov, D.A., Shepperd, K.R., and Orlando, T.M. (2010) *J. Phys. Chem. Lett.*, **1**, 2633.

48 Turchanin, A., Weber, D., Buenfeld, M., Kisielowski, C., Fistul, M.V., Efetov, K.B., Weimann, T., Stosch, R., Mayer, J., and Golzhauser, A. (2011) *ACS Nano*, **5**, 3896.

49 Huang, L., Liu, Y., Ji, L., Xie, Y., Wang, T., and Shi, W. (2011) *Carbon*, **49**, 2431.

50 Abdelsayed, V., Moussa, S., Hassan, H.M., Aluri, H.S., Collinson, M.M., and Samy El-Shal, M. (2010) *J. Phys. Chem. Lett.*, **1**, 2804.

51 Withers, F., Bointon, T.H., Dubois, M., Russo, S., and Craciun, M.F. (2011) *Nano Lett.*, **11**, 3912.

52 Zhou, Y. and Loh, K.P. (2010) *Adv. Mater.*, **23**, 3615.

53 Lee, Y.-Y., Chong, K.S.L., Goh, S.-H., Ng, A.M.H., Kunnavakkam, M.V., Hee, C.-L., Xu, Y., Tantang, H., Su, C.-Y., and Li, L.-J. (2011) *J. Vac. Sci. Technol., B*, **29**, 011023.

54 Jo, Y.M., Yoon, S., Lee, J., Park, S., Kim, S.R., and In, I. (2011) *Chem. Lett.*, **40**, 54.

55 Guo, Y., Di, C., Liu, H., Zheng, J., Zhang, L., Yu, G., and Liu, Y. (2010) *ACS Nano*, **4**, 5749.

56 Zhou, Y., Bao, Q., Varghese, B., Tang, L.A.L., Tan, C.K., Sow, C.H., and Loh, K.P. (2010) *Adv. Mater.*, **22**, 67.

57 Zhou, X.Z., Lu, G., Qi, X.Y., Wu, S.X., Li, H., Boey, F., and Zhang, H. (2009) *J. Phys. Chem. C*, **113**, 19119.

58 Li, B., Lu, G., Zhou, X.Z., Cao, X.H., Boey, F., and Zhang, H. (2009) *Langmuir*, **25**, 10455.

59 Cong, C.X., Yu, T., Ni, Z.H., Liu, L., Shen, Z.X., and Huang, W. (2009) *J. Phys. Chem. C*, **113**, 6529.

60 Tung, V.C., Allen, M.J., Yang, Y., and Kaner, R.B. (2009) *Nat. Nanotechnol.*, **4**, 25.

61 Allen, M.J., Tung, V.C., Gomez, L., Xu, Z., Chen, L.M., Nelson, K.S., Zhou, C.N., Kaner, R.B., and Yang, Y. (2009) *Adv. Mater.*, **21**, 2098.

62 Duan, H.G., Xie, E.Q., Han, L., and Xu, Z. (2008) *Adv. Mater.*, **20**, 3284.

63 Lu, G., Zhou, X., Li, H., Yiu, Z., Li, B., Huang, L., Boey, F., and Zhang, H. (2010) *Langmuir*, **26**, 6164.

64 Liu, Z.B., Li, L., Xu, Y.F., Liang, J.J., Zhao, X., Chen, S.Q., Chen, Y.S., and Tian, J.G. (2011) *J. Opt.*, **13**, 085601.

65 Li, B., Zhang, X., Li, X., Wang, L., Han, R., Liu, B., Zheng, W., Li, X., and Liu, Y. (2010) *Chem. Commun.*, **46**, 3499.

66 Singh, R.S., Nalla, V., Chen, W., Thye, A., Wee, S., and Ji, W. (2011) *ACS Nano*, **5**, 5969.

67 Pacholski, C., Kornowski, A., and Weller, H. (2002) *Angew. Chem. Int. Ed.*, **41**, 1188.

68 Kikuchi, A., Kawai, M., Tada, M., and Kishino, K. (2004) *J. Appl. Phys.*, **43**, 1524.

69 Nizamoglu, S., Ozel, T., Sari, E., and Demir, H.V. (2007) *Nanotechnology*, **18**, 065709.

70 Eda, G., Lin, Y.-Y., Mattevi, C., Yamaguchi, H., Chen, H.-A., Chen, I.-S., Chen, C.-W., and Chhowalla, M. (2010) *Adv. Mater.*, **22**, 505.

71 Kumar, P., Panchakarla, L.S., Bhat, S.V., Maitra, U., Subrahmanyam, K.S., and Rao, C.N.R. (2010) *Nanotechnology*, **21**, 385701.

72 Robertson, J. and O'Reilly, E.P. (1987) *Phys. Rev. B*, **35**, 2946.

73 Bredas, L., Silbey, R., Boudreaux, D.S., and Chance, R.R. (1983) *J. Am. Chem. Soc.*, **105**, 6555.

74 Subrahmanyam, K.S., Vivekchand, S.R.C., Govindaraj, A., and Rao, C.N.R. (2008) *J. Mater. Chem.*, **13**, 1517.

75 Novoselov, K.S., Geim, A.K., Morozov, S.V., Jiang, D., Zhang, Y., Dubonos, S.V., Grigorieva, I.V., and Firsov, A.A. (2004) *Science*, **306**, 666.

76 Avouris, P., Chen, Z., and Perebeinos, V. (2007) *Nat. Nanotechnol.*, **2**, 605.

77 Rao, C.N.R., Biswas, K., Subrahmanyam, K.S., and Govindaraj, A. (2009) *J. Mater. Chem.*, **19**, 2457.

78 Wang, F., Zhang, Y., Tian, C., Girit, C., Zett, A., Crommie, M., and Shen, Y.R. (2008) *Science*, **320**, 206.

79 Nair, R.R., Blake, P., Grigorenko, A.N., Novoselov, K.S., Booth, T.J., Stauber, T., Peres, N.M.R., and Geim, A.K. (2008) *Science*, **320**, 1308.

80 Thomas, M., Xia, F., and Avouris, P. (2010) *Nat. Photonics*, **4**, 297.

81 Xia, F., Thomas, M., Yu-ming, L., Valdes-Garcia, A., and Avouris, P. (2009) *Nat. Nanotechnol.*, **4**, 839.

82 Boukhvalov, D.W. and Katsnelson, M.I. (2009) *J. Phys. Condens. Matter*, **21**, 344205.

83 Segal, M. (2009) *Nat. Nanotechnol.*, **4**, 612.

84 Gómez-Navarro, C., Weitz, R.T., Bittner, A.M., Scolari, M., Mews, A., Burghard, M., and Kern, K. (2007) *Nano Lett.*, **7**, 3499.

85 Gilje, S., Han, S., Wang, M., Wang, K.L., and Kaner, R.B. (2007) *Nano Lett.*, **7**, 3394.

86 Ryzhii, V., Mitin, V., Ryzhii, M., Ryabova, N., and Otsuji, T. (2008) *Appl. Phys. Express*, **1**, 063002.

87 Ryzhii, V., Ryzhii, M., Ryabova, N., Mitin, V., and Otsuji, T. (2009) *Jpn. J. Appl. Phys.*, **48**, 04C144.

88 Chen, Z., Lin, Y.M., and Avouris, P. (2007) *Physica E*, **40**, 228.

89 Han, M.Y., Ozyilmaz, B., Zhang, Y., and Kim, P. (2007) *Phys. Rev. Lett.*, **98**, 206805.

90 Lin, Y.M., Perebeinos, V., Chen, Z., and Avouris, P. (2008) *Phys. Rev. B*, **78**, 161409.

91 Li, X.L., Wang, X.R., Zhang, L., Lee, S.W., and Dai, H.J. (2008) *Science*, **319**, 1229–1232.

92 Park, S., An, J., Jung, I., Piner, R.D., An, S.J., Li, X., Velamakanni, A., and Ruoff, R.S. (2009) *Nano Lett.*, **9**, 1593.

93 Higginbotham, A.L., Kosynkin, D.V., Sinitskii, A., Sun, Z., and Tour, J.M. (2010) *ACS Nano*, **4**, 2059.

94 Mak, K.F., Sfeir, M.Y., Wu, Y., Lui, C.H., Misewich, J.A., and Heinz, T.F. (2008) *Phys. Rev. Lett.*, **101**, 196405.

95 Yang, L., Deslippe, J., Park, C., Cohen, M.L., and Louie, S.G. (2009) *Phys. Rev. Lett.*, **103**, 186402.

96 Katsnelson, M.I. (2008) *Europhys. Lett.*, **84**, 37001.

97 Kuzmenko, A.B., Heumen, E., Carbone, F., and Marel, D. (2008) *Phys. Rev. Lett.*, **100**, 117401.

98 Mak, K.F., Shan, J., and Heinz, T.F. (2010) *Phys. Rev. Lett.*, **104**, 176404.

99 Bolotin, K.I., Sikes, K.J., Hone, J., Stormer, H.L., and Kim, P. (2008) *Phys. Rev. Lett.*, **101**, 096802.

100 Xu, W., Peeters, F.M., and Lu, T.C. (2009) *Phys. Rev. B*, **79**, 073403.

101 Akturk, A. and Goldsman, N. (2008) Proceedings of the International Conference on Simulation of Semiconductor Processes and Devices, Hakone, Kanagawa, Japan, vol. **173**.

102 Morkoc, H., Carlo, A.D., and Cingolani, P. (2002) *Solid-State Electron.*, **46**, 157.

103 Cheng, J.P., Zhang, Y.J., and Guo, R.Y. (2008) *J. Cryst. Growth*, **310**, 57.

104 Ueda, T., An, Z.H., Hirakawa, K., and Komiyama, S. (2008) *J. Appl. Phys.*, **103**, 093109.

105 Chen, X.P., Zhu, H.L., Cai, J.F., and Wu, Z.Y. (2007) *J. Appl. Phys.*, **102**, 024505.

106 Alamaviva, S., Marinelli, M., Milani, E., Prestopino, G., Tucciarone, A., Verona, C., Verona-Rinati, G., Angelone, M., and Pillon, M. (2009) *Diamond Relat. Mater.*, **18**, 101.

107 Vasko, F.T. and Ryzhii, V. (2007) *Phys. Rev. B*, **76**, 233404.

108 George, P.A., Strait, J., Dawlaty, J., Shivaraman, S., Chandrashekhar, M., Rana, F., and Spencer, M.G. (2008) *Nano Lett.*, **8**, 4248.

109 Rana, F., George, P.A., Strait, J.H., Dawlaty, J., Shivaraman, S., Chandrashekhar, M., and Spencer, M.G. (2009) *Phys. Rev. B*, **79**, 115447.

110 Lee, E.J.H., Balasubramanian, K., Weitz, R.T., Burghard, M., and Kern, K. (2008) *Nat. Nanotechnol.*, **3**, 486.

111 Xia, F., Mueller, T., Golizadeh-Mojarad, R., Freitag, M., Lin, Y., Tsang, J., Perebeinos, V., and Avouris, P. (2009) *Nano Lett.*, **9**, 1039.

112 Mueller, T., Xia, F., Freitag, M., Tsang, J., and Avouris, P. (2009) *Phys. Rev. B*, **79**, 245430.

113 Lee, C., Kim, J.Y., Bae, S., Kim, K.S., Hong, B.H., and Choi, E.J. (2011) *Appl. Phys. Lett.*, **98**, 071905.

114 Yan, F., Migliorato, P., and Ishihara, R. (2006) *Appl. Phys. Lett.*, **88**, 153507.

115 Mok, S.M., Yan, F., and Chan, H.L.W. (2008) *Appl. Phys. Lett.*, **93**, 023310.

116 Donley, C.L., Zaumseil, J., Andreasen, J.W., Nielsen, M.M., Sirringhaus, H., Friend, R.H., and Kim, J.S. (2005) *J. Am. Chem. Soc.*, **127**, 12890.

117 Liu, L., Ryu, S.M., Tomasik, M.R., Stolyarova, E., Jung, N., Hybertsen, M.S., Steigerwald, M.L., Brus, L.E., and Flynn, G.W. (2008) *Nano Lett.*, **8**, 1965.

118 Wu, X.S., Sprinkle, M., Li, X.B., Ming, F., Berger, C., and de Heer, W.A. (2008) *Phys. Rev. Lett.*, **101**, 026801.

119 Son, Y.-W., Cohen, M.L., and Louie, S.G. (2006) *Nature*, **444**, 347–349.

120 Yamashiro, A., Shimoi, Y., Harigaya, K., and Wakabayashi, K. (2003) *Phys. Rev. B: Condens. Matter*, **68**, 193410.

121 Yang, L., Cohen, M.L., and Louie, S.G. (2007) *Nano Lett.*, **7**, 3112–3115.

122 Wang, X., Ouyang, Y., Li, X., Wang, H., Guo, J., and Dai, H. (2008) *Phys. Rev. Lett.*, **100**, 206803.

123 Ponomarenko, L.A., Schedin, F., Katsnelson, M.I., Yang, R., Hill, E.W., Novoselov, K.S., and Geim, A.K. (2008) *Science*, **320**, 356–358.

124 Son, Y.-W., Cohen, M.L., and Louie, S.G. (2006) *Phys. Rev. Lett.*, **97**, 216803.

125 Kim, W.Y. and Kim, K.S. (2008) *Nat. Nanotechnol.*, **3**, 408–412.

126 Li, T.S., Huang, Y.C., Chang, S.C., Chang, C.P., and Lin, M.F. (2009) *Philos. Mag.*, **89**, 697–709.

127 Munoz-Rojas, F., Fernandez-Rossier, J., and Palacios, J.J. (2009) *Phys. Rev. Lett.*, **102**, 136810.

128 Jiao, L., Zhang, L., Wang, X., Diankov, G., and Dai, H. (2009) *Nature*, **458**, 877–880.

129 Kosynkin, D.V., Higginbotham, A.L., Sinitskii, A., Lomeda, J.R., Dimiev, A., Price, B.K., and Tour, J.M. (2009) *Nature*, **458**, 872–876.

130 McCann, E. (2006) *Phys. Rev. B*, **74**, 161403.

第9章

异质富勒烯：掺杂的巴基球

Max von Delius 和 Andreas Hirsch

9.1 引言

如果没有章节涵盖富勒烯的话，那么这本关于新型碳材料的著作就是不完整的。富勒烯通常被描述为一类本质上为零维的碳同素异形体（与一维碳纳米管和二维石墨烯片相比）。在富勒烯（也称为巴基球）的发现[1] 和大量制备[2] 以后，在物理和化学科学领域引起了广泛的关注。对富勒烯的电子性质[3]，毒性[4]，球（反）芳香性[5-7]，作为电子受体在有机太阳电池[8-11] 和其他电子器件[12,13] 中的应用，以及化学反应性[14-17] 和作为化学合成的三维多价平台的独特能力[18-21] 的相关研究结果层出不穷。作为这本关于具有独特性能的碳材料的书籍的一部分，我们的重点在于*掺杂巴基球*，即球形骨架内的一个碳原子被杂原子（X）取代的富勒烯。

由于在 2006 年就已经发表了关于这种异质富勒烯的全面综述[22]，所以我们只简要介绍既有知识，并且仅详细讨论最近的进展。我们首先概述了迄今为止制备的异质富勒烯的类型（C_nX_m），然后介绍了氮杂富勒烯（C_nN_m）的化学性质，并与其他可以批量制备的异质富勒烯进行了比较。最后，我们将选择一些近期研究进行讨论，其中包括在难以合成的化合物 $C_{58}N_2$ 上做出的努力，氮杂富勒烯五加合物 $C_{59}N(R)_5$ 的合成，以及氮杂富勒烯作为电子受体在异质结太阳电池中的研究。

9.2 异质富勒烯（C_nX_m）和氮杂富勒烯（C_nN_m）及其性质

最早的关于异质富勒烯类物质存在的实验报道来自于 Smalley 及其同事，他们在 1991 年使用 FT-ICR（傅里叶变换离子回旋共振）质谱仪检测到石墨/氮化硼复合材料的激光汽化而制备的微量硼杂富勒烯 $C_{60-n}B_n$（$n = 1 \sim 6$）[23]。在接下来的几年内，类似的脉冲激光或接触电弧汽化实验实现了 C_nM_n 簇[24] 和金属异质富勒烯（C_nNb^+）[25] 的检测以及单硼富勒烯 $C_{59}B$ 和 $C_{69}B$ 的短暂制备[26]。但是，由于实验装置或反应产物的短寿命，这些研究都无法提供足够的材料量用于分离和充分表征。

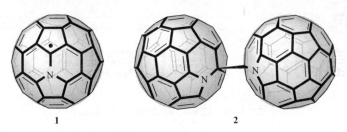

图 9-1　氮杂[60]富勒烯自由基 **1** 及其二聚体 **2**

9.2.1　氮杂富勒烯

1995 年，Mattay[27] 和 Hirsch 等人[28] 发表了两项独立的研究，为制备异构富勒烯化学的发展铺平了道路。某些氮取代的富勒烯加合物重新排列形成了氮杂富勒烯离子，如 $C_{59}N^+$，Wudl 在首次大量化学合成氮杂[60]富勒烯（$C_{59}N$，**1**）时详细阐述了该过程[29]。当考虑 $C_{59}N$ 的结构时（图 9-1），富勒烯和某些相关的内嵌金属富勒烯（EMF）之间的一个重要区别就变得清晰了[30]。一个三价杂原子（例如 B、N）取代富勒烯笼内的一个碳原子，形成了一个开壳体系。对于 $C_{59}N$，相应的自由基由自发的二聚反应所稳定，形成氮杂富勒烯二聚体（$C_{59}N)_2$（**2**，图 9-1）[29]。值得注意的是，偶数个氮原子的取代将会导致壳层体系封闭，如 $C_{58}N_2$，是一种至今仍无法进行大量的化学合成的化合物。

在首次合成氮杂富勒烯二聚体 **2** 之后，针对其物理性质开展了许多研究。以下是一些值得注意的结论：

1）最高占据分子轨道（HOMO）主要位于氮原子上。

2）二聚体间 C—C 键相对较弱（约 18kcal/mol）[31]，因此易受均裂（热或光化学）的影响[32]。

3）两个 sp^3 碳原子在 $90.4×10^{-6}$ 处出现 ^{13}C NMR 信号，这只能用非常长的弛豫延迟时间（16s）才能检测到。

4）循环伏安性能与两个（相同的）弱相互作用电泳一致[29]。

X 射线晶体学研究为 $(C_{59}N)_2$[33] 和后来的 $C_{59}N^+$（仅适用于非亲核的碳硼烷对阴离子)[34] 提供了明确的结构证据。9.3 节为氮杂富勒烯的合成和功能化概述，9.4 节讨论了一些最新的进展。

9.2.2　硼杂富勒烯

硼杂富勒烯（C_nB_m）是实验研究中最常见的除氮以外的异质富勒烯。这是因为硼与氮一样，都为三价，而且尺寸与碳相当，因此有利于共价结合到一个完整的富勒烯笼中。如上所述，Smalley 首次报道了硼杂富勒烯 $C_{60-n}B_n$（$n = 1 \sim 6$）混合物的气相合成[23]。包含氮化硼粉末的石墨球经过激光蒸发处理，形成了仅具有偶数个原子的掺硼碳簇（FT-ICR 质谱仪），由此作者推导出富勒烯型的封闭曲面结构。光裂解为笼形掺杂富勒烯的形成提供了进一步的证据，其导致了 C_2 片段的丢失，这是一种确认富勒烯的表征方法。尽管用他们的方法只能进行微量的合成，但 Smalley 及其同事对硼杂富勒烯的化学反应性进行了初步实验。正如所料，他们观察到路易斯酸性硼位点与注入 FT-ICR 质谱仪的氨气发生快速反应。随后，Muhr 和 Kötz 利用硼杂富勒烯 $C_{59}B$ 和 $C_{69}B$ 的高路易斯酸性分解含有微量氧的不稳定化合物，推测可能产生了硼酸[26]。

迄今为止，尚未实现由硼与碳源混合物形成的硼杂富勒烯的稳定合成，这主要是由于所需产物的快速分解[26,35] 或者能量更稳定的 sp^3 键合簇的快速形成[36]。Kroto 和 Poblet 提出了一个精巧的方法解决了后一问题，于 2013 年证实了 C_{60} 置于硼蒸气中可以制得硼杂富勒烯[37]。Kroto 及其同事此前观察到，当源源不断地引入 C 和 C_2 时，富勒烯会生长，而且即使当纯 C_{60} 置于碳蒸气下时，也会发生这种原子交换过程[38]。利用脉冲激光蒸发对 C_{60} 和硼蒸气进行处理，作者可以将这一概念扩展到与 C_{60} 等电子的阴离子 $C_{59}B^-$ 的气相合成。如图 9-2 所示，这种阴离子形成的丰度很高，高分辨率 FT-ICR 质谱仪法能够清晰地进行检测。最后，作者证实稍微改变反应条件可以生成更高丰度的 $C_{58}B_2$、$C_{57}B_3$ 和 $C_{56}B_4$，并且 C_{70} 也可作为起始材料，这表明该工艺可能适用于制备广泛的碳材料。现在的问题在于所描述的原子交换过程是否可以用于制备大量的硼杂富勒烯，并最终能够进一步研究其化学活性。

9.2.3　其他异质富勒烯

除了氮杂和硼杂富勒烯之外，还报道了含有元素 $Si^{[39-41]}$，$O^{[42-44]}$，$S^{[45]}$，$P^{[46]}$，$As^{[47]}$，$Ge^{[47]}$ 以及过渡金属（Nb，Fe，Co，Ni，Rh，Ir 和 Pt）$^{[25,48-50]}$ 的异质富勒烯存在的实验证据。另外，对上述化合物及其异构体的动力学和热力学性质已开展了大量的纯理论研究，而且还包括纯粹假设的异质富勒烯，如 $C_{58}S^{[51]}$，$C_{58}Xe^{[6]}$，$C_{58}Sn^{[52]}$，$C_{58}Zn^{[53]}$，$C_{30}B_{15}N_{15}^{[54]}$，$C_{48}B_6N_6^{[55]}$，$C_{22}Al_6^{[56]}$，$C_{40}Ge_{20}^{[57]}$，$C_{59}Ir^{[58]}$，$C_{48}Ti_6^{[59]}$ 和 $Li_{12}C_{48}B_{12}^{[60]}$。

由于硅原子最外层有 4 个电子，硅杂富勒烯 C_nSi_m 是实现稳定的异质富勒烯结构最合理的候选物之一。早在 1993 年[61] 就已经预测了它们的存在，并且有三项研究工作声称实现了该材料的气相合成[39-41]。迄今为止，并未实现该材料的宏量制备，但表明了原子半径变大时，电负性就会显著变低，对硅原子 π 键的明显排斥倾向阻碍其在富勒烯笼中形成稳定的共价结合。尽管如此，关于硅杂富勒烯的计算研究仍在不断发表[62]，一些作者预测了化合物（如 $C_{59}Si$、$C_{58}Si_2$ 或 $C_{36}Si_{24}$）

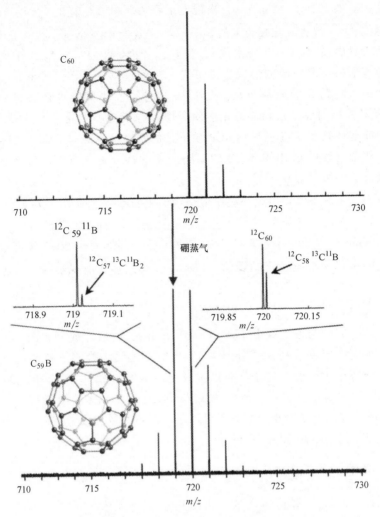

图 9-2　FT-ICR 质谱图说明 $C_{59}B^-$ 可由纯 C_{60} 合成

（文献 [37]，经 Wiley-VCH，Weinheim 许可）

的动力学稳定性[63,64]。

在过去的 6 年中，Gan 的研究组在氧化富勒烯的大量化学合成方面取得了重大进展。以六过氧加合物 $C_{60}(OO^tBu)_6$ **3**[65] 作为起始材料，可以制备含 2H-吡喃的富勒烯衍生物 $C_{60}(O)(OOH)(OO^tBu)_5$（**4**，示意图 9-1a）[66]。通过吡喃环的碱性水解，化合物 **4** 可以进一步转化为开笼式富勒烯。由 X 射线晶体学表征可知，一个类似的过氧前体可经过几步反应转变为富勒烯二酮 **5**。通过使用甲醇和 BF_3 醚合物，作者成功地闭合了开口并生成了化合物 **6**，其中三个氧原子在富勒烯笼内形成缩醛桥（示意图 9-1b）[67]。

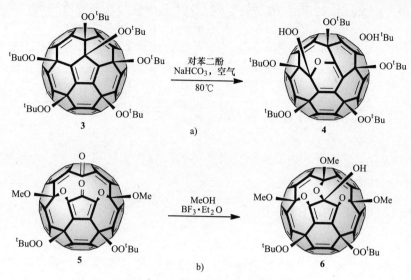

示意图 9-1 氧杂富勒烯的化学合成

a）合成含有 2H-吡喃环的富勒烯笼（**4**）（文献［66］，美国化学学会许可）

b）富勒烯二酮（**5**）和闭孔化合物（**6**）的合成（文献［67］，美国化学学会许可）

Gan 及其同事进一步发展了他们使用的化学方法，成功地实现了氧化富勒烯 **7**（$C_{59}O_3$）和 **8**（$C_{60}O_4$）的多步合成（图 9-3）[44]。值得注意的是，这些化合物在几周内似乎是稳定的，没有出现任何明显的分解。合成的关键步骤是使用 BBr_3 在前体化合物（参见示意图 9-1 中结构 **3**）中除去过氧基团。在生成氧化富勒烯合物 **7** 的条件下，还产生了一种中间溴衍生物，其 MALDI-TOF（基质辅助激光解吸电离飞行时间）质谱清晰地显示出二氧富勒烯 $C_{58}O_2$（**9**）的信号。在图 9-3 中，$C_{58}O_2$ 在 6,6-连接处有两个氧原子，Gan 及其同事在理论计算[68] 和前体化合物的预期片段的基础上提出了该结构。值得注意的是，该研究首次定向合成了氮杂原子以外的异质富勒烯。使用类似的反应顺序并向混合物中添加羟胺，作者也能够制备亲体氮杂富勒烯 $C_{59}HN$[44]。最后，同一研究小组在 2013 年发表了经验式为 $C_{60}O_3$ 的开笼式酮内酯[69]。

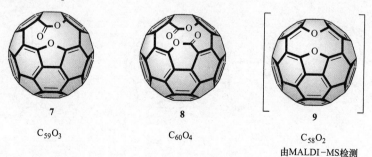

图 9-3 氧化富勒烯合物 $C_{59}O_3$，$C_{60}O_4$ 和原位-二氧富勒烯 $C_{58}O_2$ 的推测结构[44]

2014 年，Murata 的研究小组报道了一种开笼式硫杂富勒烯的合成，其核原子的经验式为 $C_{69}S^{[70]}$。虽然这种化合物表现出非常有趣的电化学性质（与 C_{70} 相比），并得到单晶 X 射线晶体学测试的有力表征，但它是否能被称为"异质富勒烯"还是存疑的（由于其相对较大的开孔）。

9.3 氮杂富勒烯的合成和功能化：概述

鉴于已有文献详细综述了氮杂富勒烯的大部分化学性质[22,71,72]，此处我们只给出一个相对简要的概述。

9.3.1 $(C_{59}N)_2$ 的合成

Mattay[27] 和 Hirsch[28] 在质谱条件下独立合成氮杂富勒烯材料不久之后，Wudl 报道了双（氮杂 [60] 富勒烯基）二聚体 **2** 的首次大量化学合成[29]。如示

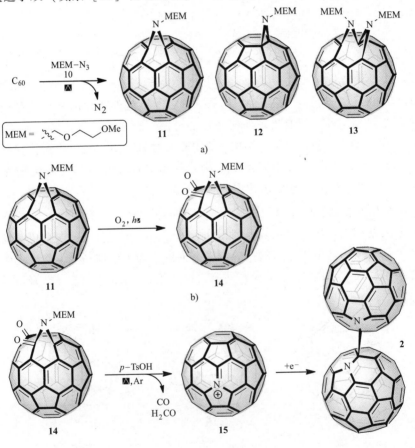

示意图 9-2　Wudl 采用的 $(C_{59}N)_2$ 合成方法[29]

意图 9-2a 所示，通过 1,3-偶极环加成和氮气排出，甲氧基-乙氧基-甲基叠氮化物（**10**）与 C_{60} 发生反应并形成了 [5,6]-开环 N-MEM-氮杂 [60] 富勒烯化物 **11**，以及少量 [6,6] 闭环的氮杂富勒烯合物 **12** 和二氮杂富勒烯化物 **13**。在下一个反应步骤中，化合物 **11** 经被邻近的活化 [6,6] 双键所光氧化，生成长效稳定的 C_{60}-N-MEM-酮内酰胺 **12**（示意图 9-2b）。在酸性和不含氧的条件下，该化合物释放了甲醛和 CO，形成阳离子 $C_{59}N^+$（**15**），即被原位还原为 $C_{59}N$ 自由基，继而二聚形成（$C_{59}N$）$_2$（**2**，示意图 9-2c）。因为这三步反应的顺序在实际操作中并不容易，所以感兴趣的实验者可以参考两个相对较新的报道，其中每个都给出了略微不同但优化过的实验细节[73,74]。

1996 年，Hirsch 的研究组报道了一种合成（$C_{59}N$）$_2$ 和（$C_{69}N$）$_2$ 的替代方法，该方法利用双氮杂富勒烯化物（如 **13**）作为起始材料[75]。虽然该过程的总收率很高（高达 15%），但有必要通过 HPLC（高效液相色谱）纯化原材料，除非原料可以直接使用并可能随后通过柱色谱法进行纯化[71]。

Gan 及其同事最近发表了两种独立的方法，用于批量化学合成氮杂富勒烯 $C_{59}NH$ 和五加成物 $C_{59}N(OO^tBu)_4Cl$，起始材料均为 C_{60}（另见第 9.2.3 节和第 9.4.1 节）[44,76]。

9.3.2　$C_{59}N$ 的自由基功能化

富勒烯笼中一个氮原子的存在对 $C_{59}N$ 的功能化提出了重大挑战。这并不是由于反应性低，而是由于对核的任意单加成所生成的大量异构体产物（16 个不同的 [6,6]-双键可供反应）。幸运的是，二聚体 C—C 键[31] 相对较弱的键强度允许在氮原子相邻的两个位置上选择性发生两种类型的功能化。

这两种方法中，第一种依赖于 $C_{59}N$ 自由基 **1** 的产生及其与适当反应对象的原位偶联。Wudl 发表了该类反应的首个报道，如示意图 9-3a[77] 所示。酮内酰胺 **14** 经 p-TsOH 处理后形成了氮杂富勒烯自由基 **1**，与对苯二酚 **16** 反应而生成 $C_{59}HN$（**17**）。有趣的是，该化合物的 ^1H NMR 谱在 8.5×10^{-6} 处显示出单峰（CS_2），在温度升高时发现其恢复为自由基 **1**，表明 **17** 中的 C—H 键相对较弱，并且说明 $C_{59}HN$ 也可以作为起始材料用于 $C_{59}N$ 的自由基型功能化。

氮杂富勒烯自由基 **1** 也可以由二聚体（$C_{59}N$）$_2$ 中 C—C 键的热或光化学均裂所制备。尽管该方法需要一个额外的合成步骤（**2** 的合成和分离），但具有产量较高的优点。Wudl 以 42% 的分离收率合成二苯基甲烷加合物 **19** 就是一个这样的例子（示意图 9-3b）[78]。Orfanopoulos 已将可能通过自由基-链机制进行的这种转化的范围扩展到偶联试剂，如芴（示意图 9-3c）、氧杂蒽和 9,10-二氢蒽[74,79]。一系列其他潜在的基质，包括各种二级苄基反应中心，可以转化为复杂的产物混合物，这表明较不稳定的自由基可与 16 个可用的 [6,6] 双键进行非选择性加成[74]。然而，

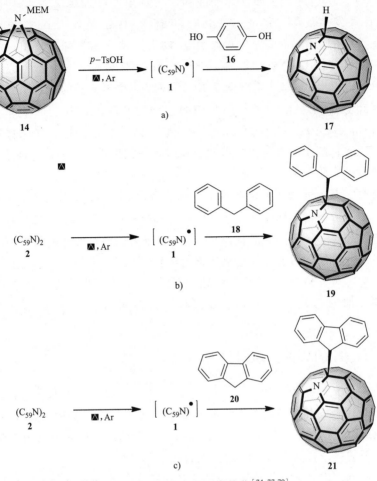

示意图 9-3 $C_{59}N$ 的自由基型官能化[74,77-79]

在基于光诱导电子转移（PET）的相关转换中，苄基三甲基甲硅烷基衍生物可以选择性地与 $C_{59}N$ 发生偶联[80]。

值得注意的是，最近的文献全面综述了富勒烯的自由基化学性质，其中包括氮杂富勒烯的一个简短部分[81]。

9.3.3　$C_{59}N^+$的亲核功能化

制备氮杂富勒烯衍生物的最有效的反应性中间体是氮杂富勒烯阳离子 **15**（示意图 9-4）。1998 年，Hirsch 的研究小组发表了首个 **15** 与合适的亲核试剂反应的报道[82]。二聚体 **2** 的均裂热解和随后的空气氧化生成了 $C_{59}N^+$（**15**），其与过量的苯甲醚（**22**）反应得到分离收率为 78% ~ 90% 的单芳基氮杂富勒烯 **23**（示意图 9-4a）。其他电子含量相对较高的芳香族基质也被发现具有反应性[84,85]，但在标准反应条件下，电子含量相对较低的分子如溶剂 1,2-二氯苯（ODCB）不具有反应性。与自由基方法（见 9.3.2 节）类似，前体 **14** 也可以直接生成 $C_{59}N^+$，尽管以降低总产率为代价。Orfanopoulos 及其同事基于动力学同位素效应（KIE）的机理研究表明，通过亲电芳香取代（S_EAr）及 $C_{59}N^+$ 充当亲电子试剂[86] 形成了 **23**。酸性 *p*-TsOH 在该反应中的作用尚不清楚，但伴随的 pH 降低可能促进了 $C_{59}N$（**1**）的好氧氧化，从而形成了 $C_{59}N^+$（**15**）。六氟磷酸二茂铁也可以催化这种氧化反应，但反应产物二茂铁与 $C_{59}N^+$ 发生反应，生成一种中间相 S_EAr[87]。

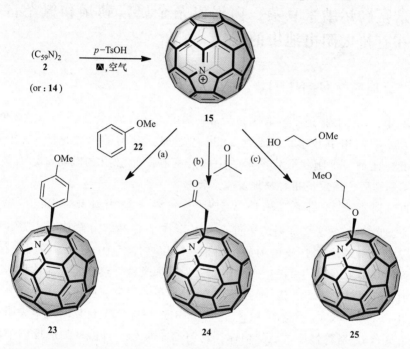

示意图 9-4　通过亲电芳族取代（a）[82] 可烯醇化亲核剂的 Mannich 型加成（b）[83] 或直接加入醇作为亲核剂（c）[84] 所实现的 $C_{59}N^+$ 的亲核官能化

除了富电子的芳香族化合物外，可烯醇化的羰基化合物也是一类优异的亲核剂，可用于原位捕获氮杂富勒烯阳离子 **15**。在示意图 9-4b 中，以丙酮与 $C_{59}N^+$ 的反应为例说明，该过程在形式上对应于 Mannich 反应，形成了 β-氨基羰基接枝的产物 **24**[83]。反应范围的研究结果表明，多种醛，1,3-二酮，α,β-不饱和羰基化合物和丙二酸酯为适用于该转变的试剂。由于基质范围相对较宽，该合成方法实现了多种功能性 $C_{59}N$ 衍生物的制备，例如芘[88]，C_{60}[89] 以及卟啉基团[90,91]。

第三类基于 $C_{59}N^+$ 的改进合成方法是阳离子与亲核剂如醇（**25**，示意图 9-4c）或烯烃[84] 的直接偶联。

氮杂富勒烯功能化的一个众所周知的难题是开发能够在温和条件下（室温，

无酸）进行的方法。例如，通过过渡金属催化的交联或室温光氧化还原催化形成关键的 C—C 键，可以实现一系列先前无法得到的单加合物。氮杂[60] 富勒烯的多功能化仍然是一个未被充分研究的课题，因为仅有少数关于氮杂富勒烯五加成物的报道（见下文），并且只有一篇关于 $C_{59}N$ 单加成物的五次对称八面体环丙烷化的报道[92]。

9.4 最新进展：五加成物 $C_{59}N(R)_5$、$C_{58}N_2$ 的合成进展，氮杂富勒烯纳米豆荚，内嵌氮杂金属富勒烯和氮杂富勒烯在有机太阳电池中的应用

9.4.1 五加成物 $C_{59}N(R)_5$

1998 年，Hirsch 报道了五取代氮杂富勒烯的首次合成[93,94]。如示意图 9-5a 所示，在 CS_2 中使用 ICl 对单加成物 23 进行处理，形成了四氯化的 $C_{59}N(Cl)_4R$（26），其特征是一个碗状取代图案的中心处存在一个独立的吡咯环。有趣的是，加入三苯基膦后，该反应很轻易地发生逆转。

最近，对氮杂富勒烯二聚体 2 进行了高温三氟甲基化（CF_3I，密封管，530℃）处理[95]。在这些苛刻的条件下，二聚体 2 容易解分解成自由基 1，根据 APCI（大气压化学电离）质谱的分析结果，随后增加至 19 个 CF_3 基团。有趣是，这一过程将基本上不溶的深褐色固体转变为一种挥发性、热稳定的晶体材料。采用制备的 HPLC 可以分辨出异构体的混合物，进一步的研究表明，其中少部分的组成为纯 $C_{59}N(CF_3)_5$（27，示意图 9-5b）。^{19}F NMR 光谱与 DFT 计算的结果表明，仅形成了一个具有 C_s 对称性的区域异构体，这与 C_{60} 的 CF_3 自由基加成反应中的缺少区域选择性形成了鲜明对比[96]。因此，$C_{59}N$ 中的氮原子作为加成反应的引导基团。X 射线晶体学结果为这种结构提供了明确的证据，并且还揭示了固态下分子极少见的头尾取向（示意图 9-5c）。这种柱状晶体堆积可用于控制薄膜形貌，从而提高有机光伏电池的电荷迁移率[97]。

Hirsch 和 Rubin 在 2012 年报道了一种更通用的氮杂富勒烯五芳基加成物的合成方法[98]。过程非常类似于上述单芳基氮杂富勒烯（$C_{59}NAr$，参见示意图 9-4a）的制备方法，不同之处在于，最好使用酮内酰胺 14 作为生成氮杂富勒烯离子 $C_{59}N^+$（15）的前体，以及加热反应混合物 6h（而不是单加成物所需的少于 1h）。与上面讨论的 CF_3 五加成物一样，生成的 C_s 对称产物（如 28，示意图 9-6a）具有完全的区域选择性，但关键是在这种情况下没有观察到五种以上基质的加成。单加成物（如 23，示意图 9-6a）也可作为起始原料，并且其选择性制备所需的反应时间较短，这些事实表明它们在转化过程中作为中间体形成，并最终形成五加成物。

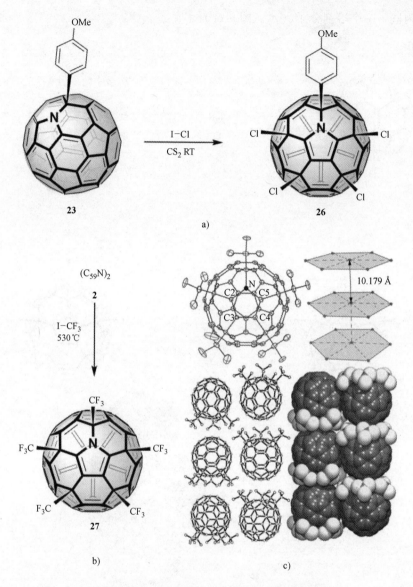

示意图 9-5 五加成物 $C_{59}N(R)_5$ 的合成与结构

a）$C_{59}NAr(Cl)_4$ 的合成及光谱确定的结构（文献［94］，皇家化学学会许可）

b）$C_{59}N(CF_3)_5$ 的合成

c）X 射线确认的 $C_{59}N(CF_3)_5$ 结构（文献［95］，Wiley-VCH，Weinheim 许可）

通过分离和表征一系列中间体，例如 $C_{59}N(Ar)_3H_2$（**29**，示意图 9-6b），可以进一步理解机理，这类中间体只有在以单加合物 **23** 作为起始材料并在无氧条件下（可能在最终氧化反应步骤中需要氧气）进行反应时才能观察到。与 CF_3 五加合物 **27** 相比，五芳基加合物 **28** 没有形成柱状阵列的结晶，而是作为二聚体，并在形成的空腔中内嵌了一个溶剂分子（示意图9-6c）。

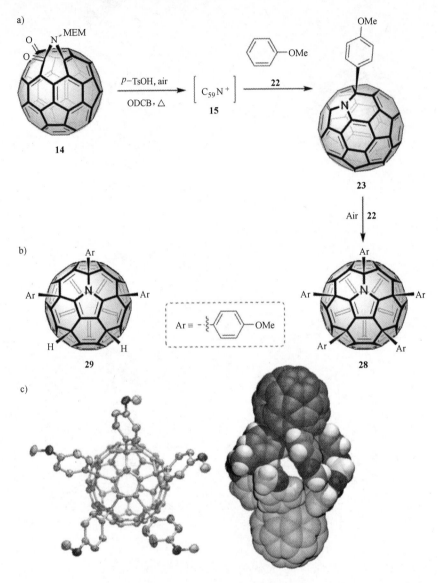

示意图9-6　氮杂富勒烯的五芳基加成物的合成与结构（文献［98］，Wiley-VCH许可）

a）五芳基加成物（**28**）的合成途径

b）数种分离出的单氢氮和双氢氮富勒烯中间体之一（**29**）

c）**28** 经 X 射线确定的结构

　　Hirsch 最近的一项后续研究聚焦于三芳基二氢［$C_{59}N$］富勒烯（即化合物 **29**）的光氧化反应［99］。有趣的是，这种导致形成半胺和环氧官能团的反应可以作为其他碳同素异形体（例如石墨烯）氧化的一个模型。

Gan 和 Wang 的研究小组最近开发了另外一种混合五加成物 $C_{59}N(OO^tBu)_4Br$ 的合成方法，虽然合成步骤相对密集，但代表了一种合成氮杂富勒烯的新型方法[76]。以 C_{60} 为起始材料，通过加入叔丁基过氧自由基，制备了混合的富勒烯过氧化物[65]。这些富勒烯过氧化物可转化为氧化富勒烯化物[100]（见示意图 9-1），经羟胺处理后生成半缩醛 **30**（示意图 9-7）。在接下来的两步中，氮原子接枝到富勒烯笼中并形成溴取代基，可由单晶 X 射线衍射可对 **31** 进行清晰地表征。

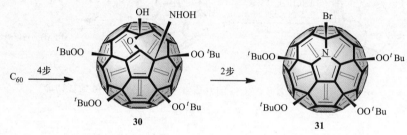

示意图 9-7　混合五加成物 $C_{59}N(OO^tBu)_4Br$（**31**）的合成[76]

9.4.2　$C_{58}N_2$ 的合成进展

对于富勒烯核中具有两个或更多氮原子的氮杂富勒烯，已经发表了许多理论研究[101-107]，在 20 世纪 90 年代初期，在两次接触电弧实验的烟灰中就已初步检测到这样的化合物，其中碳源材料中添加了 N_2 或吡咯[24,108]。二氮富勒烯 $C_{58}N_2$ 是一种特别有吸引力的合成目标，因为 23 种可能的异构体中有许多可以作为稳定的抗磁性单体存在[107]，并且 DFT 计算结果预测它们的 HOMO-LUMO 带隙呈现出有趣的数值[109,110]。

关于 $C_{58}N_2$ 的合成，早前就发现二氮富勒烯化物 **13**（见示意图 9-2）是一种潜在的前体，但不幸的是，所有将该化合物转化为双酮内酰胺的尝试都失败了[72]。2000 年，Hirsch 研究组报道了基于丙二酸二叠氮化物系绳法合成 $C_{58}N_2$ 的尝试，但没有发现形成所需异构体的证据[71]。在 2009 年至 2017 年期间，曾三次尝试合成 $C_{58}N_2$。在全部三项工作中，均获得了其气相形成的质谱证据，而这种难以合成的化合物的异构体分离仍然是一个众所周知的难题。

2008 年，von Delius 和 Hirsch[111] 发表了首次尝试合成 $C_{58}N_2$ 的研究，该工作采用系绳法将第二个氮原子引入而形成 $C_{59}N$ 衍生物。通过使用分子模型，精心设计了单氮富勒烯 **32**，从而理想地控制第二个氮原子插入笼中的位置。以稳定的化合物 **32** 为起始材料，酸不稳定的叠氮甲氧基功能可由两步反应实现（**33**，示意图 9-8）。在能够发生叠氮环加成和随后的热和酸引发的重排（类似于 Wudl 合成 **2**，参见 9.3.1 节）的条件下处理 **33**，可形成一种材料，FAB（快速原子轰击）质谱结果表明这种材料中含有高达 20% 的 $C_{58}N_2$。然而，为实现 $C_{58}N_2$ 的色谱纯化和分离所做出的工艺进一步调整的努力却是失败的，这是由于使用该方法制备和处理的样品数量相对较少，或者由于生成的 $C_{58}N_2$ 异构体发生了分解。

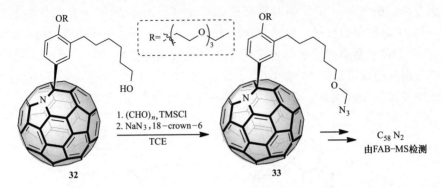

示意图 9-8　一种合成 $C_{58}N_2$ 的方法（绳系法），以单氮烯富勒烯

（**33**）作为初始材料[111]

在这些有希望的前期结果之后，Hirsch 研究组第二次尝试合成 $C_{58}N_2$，这一次是在富勒烯核上进行双叠氮化物钳的双掺（示意图 9-9）[112]。这种方法背后的基

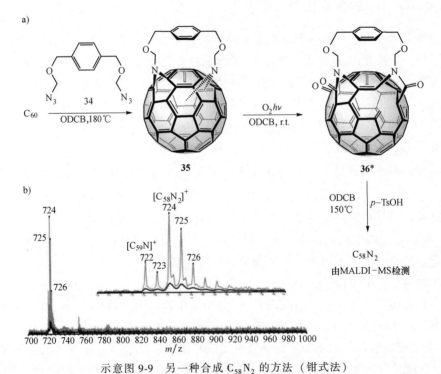

示意图 9-9　另一种合成 $C_{58}N_2$ 的方法（钳式法）

a）以 C_{60} 和二叠氮物（结构 **34**）作为起始材料

b）MALDI-TOF 质谱清晰证实了 $C_{58}N_2$（$m/z = 724$）为主的富勒烯衍生物（Gmehling，未发表的结果）

*给出了数种可能的双酮内酰胺异构体之一[112]。

本原理是，二氮富勒烯化物 **13**（见示意图9-2）可能不提供双酮内酰胺（为了合成 $C_{58}N_2$），因为两个氮桥的临近点位不允许发生必要的双光氧化反应。用刚性间隔物分离两个氮桥可以解决这个问题，并可以合成前所未有的双酮内酰胺，比如 **36**（示意图9-9a）。与该假设一致，在 C_{60} 中加入双叠氮 **34**，得到了二氮富勒烯化物的混合物（**35**，MALDI-TOF $m/z=912$），可以转化为单酮内酰胺与双酮内酰胺的混合物（即 **36**，MALDI-TOF $m/z=976$）。柱层析法可分离出双酮内酰胺成分，但无法分离不同的区域异构体。在最后一步中，双酮内酰胺混合物可以成功地转化为 $C_{58}N_2$（推测是异构体混合物）：根据 MALDI-TOF 质谱的分析结果，全部起始材料被消耗殆尽，$C_{58}N_2$ 为主要的富勒烯类物质（示意图9-9b）。从新制备的材料中获得了初步的 UV-Vis（$\lambda_{max}=232nm$，257nm，329nm，357nm，576nm）和电化学数据（在-1.14V 及 -1.58V 处有两个还原步骤），突出显示了其与 C_{60} 相比的一些关键的电子特性差异[112]。然而，由于硅胶层析不稳定，而且样品在室温下分解缓慢，所以该材料既不能被纯化，也不能被严格表征。

Gan 及其同事最近报道了酮酰亚胺 **42** 的多步合成，这是一种前所未有的开笼富勒烯（示意图9-10），其形成是通过一个中间物进行的，该中间产物的 MALDI 质谱显示出一个 $C_{58}N_2$ 峰[113]。如上所述（示意图9-7），由 C_{60} 分六步可制备混合的五加合物 **31**。在一个 S_N1 反应中，**31** 中的溴原子可以被羟胺（**37**）取代。使用 PCl_5 处理而形成的氮杂同富勒烯衍生物 **38**，其氯原子被三氟乙醇（**39**）取代。使用 BBr_3 可以去除过氧基团，产生化合物 **40**，其特征在于理想地放置了两个氮原子以产生二氮杂富勒烯异构体。该化合物的酸性水解和光氧化反应产生了有趣的开笼酮亚胺 **42**。添加 p-TsOH 后且在光氧化前，可能会分离出一种难溶的中间体，推测其结构为示意图9-10（**41**）。有趣的是，这种化合物在其 MALDI-TOF 质谱中清楚地显示出二氮杂富勒烯的峰（示意图9-10b），并且可以想象，作者可以将这种 CO 排出过程扩大为宏量的 $C_{58}N_2$ 制备（与 Hirsch 的两项研究相比，Gan 的方法可能实现两个氮原子都位于 [6,6] 交叉点的 $C_{58}N_2$ 异构体）。

在 2008 年发表的一项研究中，Gomez-Lor 和 Martin-Gago 展示了一种三氮杂富勒烯 $C_{57}N_3$ 的合理但微量合成的精巧方法[114]。采用常规合成化学方法合成了一种平面多环芳烃前体（$C_{57}H_{33}N_3$），并在超高真空（UHV）条件下沉积在具有催化活性的铂表面上。扫描隧道显微镜（STM）和 X 射线光电子能谱（XPS）显示，750K 退火处理引发了环化脱氢作用，从而在金属表面上形成了 $C_{57}N_3$。

9.4.3 氮杂富勒烯纳米豆荚和内嵌金属（氮杂）富勒烯

Luzzi 于 1998 年首次检测到内嵌在单壁碳纳米管（SWCNT）内的 C_{60}[115]，随后的报道证实，被困的 C_{60} 球可在高温下发生融合而形成内管[116,117]。将这一概念扩展到氮杂富勒烯将是非常有趣的，因为偶极矩增加，单体 $C_{59}N$ 的自由基特征以

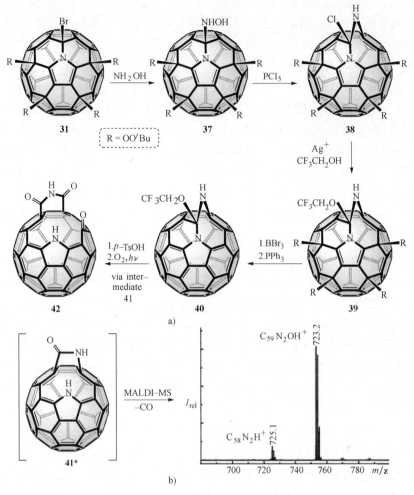

示意图 9-10　酮酰亚胺富勒烯的合成（文献［113］，Wiley-VCH 许可）

a）酮酰亚胺富勒烯（**42**）的多步合成

b）不溶性中间体（**41**）的 MALDI-TOF 质谱，可清晰观察到质子化的二氮杂富勒烯 $C_{58}N_2H^+$ 的特征峰

* 该化合物也可以互变异构的半缩醛胺形式存在。

及选择性合成氮掺杂碳纳米管的潜力。

　　2006 年，Simon 和 Hirsch 报道了首个氮杂富勒烯豆荚的合成和表征[118]。将 $C_{59}N$ 单加成物 **43**（图 9-4a）的甲苯溶液与市售 SWCNT 混合，并在室温下超声处理。采用过滤、再悬浮、再过滤等方法对产物进行纯化。拉曼光谱和高分辨率透射电子显微镜（HR-TEM，图 9-4b）的表征结果表明，具有与 C_{60} 豆荚类似的填充效率，并且 600℃下的真空退火处理形成了一种材料，其电子顺磁共振（EPR）光谱表明了内嵌的单体 $C_{59}N$ 自由基的存在。在后续的研究中，他们报道了 1250℃的真空退火处理可制备出双壁碳纳米管（DWCNT）[119]。但拉曼光谱结果显示内管与全碳纳米管一样，表明氮并没有与内管结合。

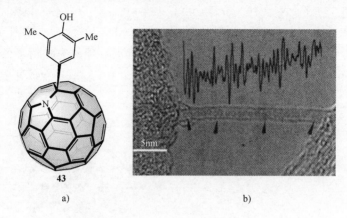

a)   b)

图 9-4 HR-TEM 显微照片证实了氮杂富勒烯（**43**）/SWCNT 豆荚的存在
（文献［118］，经 Wiley-VCH 许可）

2008 年，Kaneko 等人研究了通过蒸气反应或等离子体的离子辐照制备的 C_{60} 和（$C_{59}N$）$_2$/SWCNT 豆荚的电输运性能[120]。以这种豆荚材料为场效应晶体管（FET）器件的通道，在室温下记录了源-漏电流和栅电压之间的关系特性。C_{60} 填充的 SWCNT 表现出增强的 p 型行为（与 SWCNT 本身相比），而（$C_{59}N$）$_2$ 填充的豆荚表现出 n 型行为，这表明内嵌的富勒烯能够强烈影响周围 SWCNTs 的电子结构。

2009 年，Li 及其同事发现（$C_{59}N$）$_2$/SWCNT 豆荚的电导率在光辐照下显著下降[121]。这种取决于波长的 FET 电导光敏效应是由 $C_{59}N$ 与周围 SWCNT 之间的光致电荷转移引起的。最近，Okazaki 及其同事研究了（$C_{59}N$）$_2$/SWCNT 豆荚中主客体相互作用的性质[122]。使用紫外线-可见光-近红外线吸收光谱和光致发光光谱，作者得出结论，相互作用是基于弱的分子间作用力，而不是电子转移等强掺杂效应的结论。最后，2013 年发表的两项研究描述了（$C_{59}N$）$_2$/SWCNT 豆荚的光电子能谱[123] 及其可能作为温度传感器的应用[124]。

在过去的十年中，EMF 引起了相当大的兴趣[125]。与异质富勒烯类似，一个额外的原子就能够调节 EMF 的电磁性能（此情况下为富勒烯球体腔内），但与除了氮杂富勒烯以外的所有异质富勒烯相比，EMF 可批量制备，尽管通过 HPLC 的纯化处理的工作量是巨大的[30]。

虽然自 20 世纪 90 年代末以来就有证据表明气相形成了内掺金属的氮杂富勒烯[126]，但直到最近才有关于大量化学合成的首批报道。2008 年，Balch、Dorn 和同事描述了 EMFs $Y_2@C_{79}N$ 和 $Tb_2@C_{79}N$ 的 Krätschmer-Huffman 合成，并通过化学分离和两步色谱法将它们从混合物中分离出来[127]。由 $Tb_2@C_{79}N$ 单晶获得的结晶学数据证实了这个由 80 个原子组成的笼体的内部结构具有理想的 I_h 对称性以及中心处两个远远分开的 Tb 原子（$d = 3.90\text{Å}$）（图 9-5a）。稳定自由基 $Y_2@C_{79}N$ 的 EPR 研究结果表明，自旋电子密度主要位于两个等价的钇位点上（图 9-5b），计算研究表明氮原子位于 [6,6,5] 环交叉点处。最近的一项研究探讨了低温自旋电子动力学，以及 $Y_2@C_{79}N$[128] 的外掺化学性质。2014 年，成功合成并表征了痕量的相关金属富勒烯自由基 $Y_2@C_{81}N$[129]。

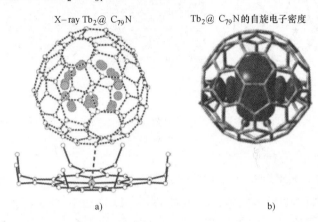

图 9-5　内嵌金属掺杂的氮杂富勒烯（文献 [127]，美国化学学会许可）

a）与八乙基吩镍共结晶的 $Tb_2@C_{79}N$ 的单晶 X 射线结构

b）计算得出的 $Y_2@C_{79}N$ 的自旋电子密度

Stevenson 和 Zhang 后来报道了内嵌氮杂富勒烯 $La_3N@C_{79}N$ 的合成和分离[130]，这是一个令人吃惊的发现，因为相应的 C_{80} 化合物是难以合成的。在 Stevenson 的工作之前，这种难以合成被归因于空间因素（La 的离子半径相对较大），然而 $La_3N@C_{79}N$ 的成功合成和分离表明，电子效应可能对 EMF 的模板化形成起到了比过去所认为的更大作用。2011 年，Dorn 及其同事报道了二金属内嵌异质富勒烯 $Gd_2@C_{79}N$ 的合成与分离[131]。光谱和计算（DFT）的研究表明，这种磁自旋状态 $S = 15/2$ 的化合物具有与相应的 C_{80} EMF 可比的稳定性。作者还通过掺入 Bingel-Hirsch 丙二酸酯，首次合成了一种内嵌氮杂富勒烯的单加成物。

9.4.4　氮杂富勒烯在有机太阳电池与燃料电池中的应用

与普通的富勒烯及其衍生物相比，氮杂富勒烯的根本不同之处在于两种光/氧化还原性能：它们对可见光的吸收增加（由于在 440nm 处有一个额外的、相对明显的吸收峰），并且它们更容易还原，这使它们成为更有效的电子受体。至关重要的是，这两种性能都让氮杂富勒烯成为异质结太阳能电池的理想电子受体[8,132,133]。因此，许多工作都集中在氮杂富勒烯作为供体-受体二元体系的电子受体来研究分子内的电子转移[134-137]，但令人惊讶的是，直到最近，仍没有关于氮杂富勒烯作为有机太阳电池组件的报道[138]。

这种情况在 2014 年底发生了改变，Gan 和 Ding 首次报道了在有机太阳能电池中成功用作电子受体的氮杂富勒烯[139]。如图 9-6a 所示，作者制备了一种氮杂富勒烯二加成物（**44**）作为区域异构体的混合物。第二步，非区域选择性官能化的步骤是必要的，因为 **44** 的前体，一种只带有 2-苯硫取代基的氮杂富勒烯，被证明难溶于有机溶剂，因此阻碍了光伏器件的溶解处理。尽管如此，基于氮杂富勒烯受体 **44** 和聚合物供体聚（3-己基噻吩-2,5-二基）（P3HT）的异质结太阳能电池显示出非常有前景的性能：与基准受体 $PC_{61}BM$ 制备的器件相比，开路电压（V_{OC}）显著增加至 0.78mV，整体功率转换效率（PCE）可达到 4.1%。由于氮杂富勒烯和基准 $PC_{61}BM$ 的器件参数如短路电流（J_{SC}）和填充因子（FF）几乎相同，所以器件性能的提升很可能是由于化合物 **44** 的 LUMO 能级提升。

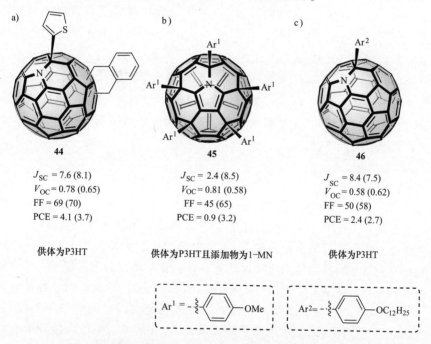

a)

44

J_{SC} = 7.6 (8.1)
V_{OC} = 0.78 (0.65)
FF = 69 (70)
PCE = 4.1 (3.7)

供体为P3HT

b)

45

J_{SC} = 2.4 (8.5)
V_{OC} = 0.81 (0.58)
FF = 45 (65)
PCE = 0.9 (3.2)

供体为P3HT且添加物为1-MN

c)

46

J_{SC} = 8.4 (7.5)
V_{OC} = 0.58 (0.62)
FF = 50 (58)
PCE = 2.4 (2.7)

供体为P3HT

$Ar^1 = $ —— OMe

$Ar^2 = $ —— $OC_{12}H_{25}$

图 9-6 基于氮杂富勒烯的块体异质结太阳电池及其关键性能参数
a）Gan 和 Ding 使用的氮杂富勒烯二加成物（文献［139］，Elsevier 许可）
b）Wessendorf 和 Hirsch 研究的氮杂富勒烯五加成物（文献［140］，皇家化学学会许可）
c）Viterisi 和 von Delius 研究的氮杂富勒烯单加成物（文献［141］，皇家化学学会许可）
括号内为参比器件（PCBM）的性能参数。

Wessendorf 和 Hirsch[140] 在 2015 年初报道了氮杂富勒烯五加成物（即 **45**，见图 9-6b）作为受体，P3HT 作为受体的异质结太阳电池。由于它们的高度功能化，这些化合物具有很高的 LUMO 能级，因此显示出非常高的 V_{OC}（0.81V），但器件参数 J_{SC} 和 FF 证明不是最佳的，从而导致 PCE 小于 1%，即便是使用了形貌改善添加剂 1-甲基萘（1MN）。

Viterisi 和 von Delius 在 2015 年初报道了首个基于简单的氮杂富勒烯单加合物的有机太阳能电池[141]。由于使用带有 12 个碳原子的脂肪族侧链的芳香环（图 9-6c）进行功能化，化合物 **46** 可充分溶于有机溶剂中而直接进行溶液处理（供体为 P3HT）。在器件性能方面，与使用基准受体 $PC_{61}BM$ 制作的参照器件相比，J_{SC} 有所提高。与上述两项研究相辅相成的是，增加的 J_{SC}（以及略降低的 V_{OC}）是因为掺杂氮原子而导致可见光的吸收更高。

大家感兴趣的是，第二代氮杂富勒烯具有更高的 J_{SC} 和 V_{OC}，因此可以显著改善总 PCE。第二代氮杂富勒烯是否可以制备出来，我们拭目以待。

最后，Zhao 和 Spivey 的一项研究基于第一性原理的 DFT 计算预测，氮杂富勒烯 $C_{59}N$ 将是氢燃料电池的良好阴极催化剂[142]。这项研究受到最近关于氮掺杂碳纳米管[143] 或石墨烯[144] 对氢燃料电池中氧析出反应（OER）活性的报道的启发。事实上，作者发现 $C_{59}N$ 中 [5,6] 和 [6,6] 交叉点的 N-C 位点均具有不均衡的电荷分布，能够实现 O_2 的吸收和部分还原而没有任何活化势垒。根据他们的高级计算，余下的基本步骤，与 H^+ 和额外电子的反应，H_2O 分子的形成和游离催化剂 $C_{59}N$ 的回收也应该以低激活势垒进行，这让氮杂富勒烯成为无铂燃料电池研究的一个具有吸引力的主题。

9.5　结论

由于合成方法有限，大多数已知的异质富勒烯的化学性质仍有待探索。因此，即使是硼杂和氮杂富勒烯在过去 10 多年里也很少受到实验关注。然而，最近的几个报道有可能将异质富勒烯的化学性质重新带回化学研究的聚光灯下。其中有一项研究报道，包括直接从 C_{60} 气相合成 $C_{59}B$，$C_{58}N_2$ 的质谱重复检测，各种潜在有用的 $C_{59}N$ 五加成物的制备，以及氮杂富勒烯在异质结太阳电池中的三个最新应用。该领域的重要开放性合成挑战包括异质富勒烯 $C_{59}B$ 和 $C_{58}N_2$ 的大量合成，以及通过温和的金属催化交联反应实现 $C_{59}N$ 的官能化。

致　　谢

M. v. D 感谢 DFG 通过 Emmy-Noether 计划（DE 1830/2-1-系统化学）和戴姆勒奔驰基金会博士后项目（32-12/13-用于有机光伏电池的氮杂富勒烯电子受体）对本项目提供的支持。两位作者都感谢 DFG（SFB 953-合成碳同素异形体）的经费支持。

参 考 文 献

1 Kroto, H.W., Heath, J.R., O'Brien, S.C., Curl, R.F., and Smalley, R.E. (1985) *Nature*, **318**, 162–163.

2 Krätschmer, W., Lamb, L.D., Fostiropoulos, K., and Huffman, D.R. (1990) *Nature*, **347**, 354–358.

3 Johansson, J.O. and Campbell, E.E.B. (2013) *Chem. Soc. Rev.*, **42**, 5661–5671.

4 Sergio, M., Behzadi, H., Otto, A., and Spoel, D. (2013) *Environ. Chem. Lett.*, **11**, 105–118.

5 Bühl, M. and Hirsch, A. (2001) *Chem. Rev.*, **101**, 1153–1184.

6 Liu, F.-L. and Liu, X. (2010) *Chem. Phys. Lett.*, **493**, 328–332.

7 Chen, Z., Wu, J.I., Corminboeuf, C., Bohmann, J., Lu, X., Hirsch, A., and Schleyer, P.v.R. (2012) *Phys. Chem. Chem. Phys.*, **14**, 14886–14891.

8 He, Y. and Li, Y. (2011) *Phys. Chem. Chem. Phys.*, **13**, 1970–1983.

9 Li, C.-Z., Yip, H.-L., and Jen, A.K.Y. (2012) *J. Mater. Chem.*, **22**, 4161–4177.

10 Matsuo, Y., Sato, Y., Niinomi, T., Soga, I., Tanaka, H., and Nakamura, E. (2009) *J. Am. Chem. Soc.*, **131**, 16048–16050.

11 Kang, S.J., Ahn, S., Kim, J.B., Schenck, C., Hiszpanski, A.M., Oh, S., Schiros, T., Loo, Y.-L., and Nuckolls, C. (2013) *J. Am. Chem. Soc.*, **135**, 2207–2212.

12 Yang, C., Cho, S., Heeger, A.J., and Wudl, F. (2009) *Angew. Chem. Int. Ed.*, **48**, 1592–1595.

13 Matsuo, Y., Ichiki, T., and Nakamura, E. (2011) *J. Am. Chem. Soc.*, **133**, 9932–9937.

14 Zhu, S.-E., Li, F., and Wang, G.-W. (2013) *Chem. Soc. Rev.*, **42**, 7535–7570.

15 Kurotobi, K. and Murata, Y. (2011) *Science*, **333**, 613–616.

16 Zhang, Y., Matsuo, Y., Li, C.-Z., Tanaka, H., and Nakamura, E. (2011) *J. Am. Chem. Soc.*, **133**, 8086–8089.

17 Yamada, M., Akasaka, T., and Nagase, S. (2013) *Chem. Rev.*, **113**, 7209–7264

18 Hahn, U., Vögtle, F., and Nierengarten, J.-F. (2012) *Polymers*, **4**, 501–538.

19 Gmehling, A., Donaubauer, W., Hampel, F., Heinemann, F.W., and Hirsch, A. (2013) *Angew. Chem. Int. Ed.*, **52**, 3521–3524.

20 Bacsa, J., Less, R.J., Skelton, H.E., Soracevic, Z., Steiner, A., Wilson, T.C., Wood, P.T., and Wright, D.S. (2011) *Angew. Chem. Int. Ed.*, **50**, 8279–8282.

21 Matsuo, Y., Ichiki, T., Radhakrishnan, S.G., Guldi, D.M., and Nakamura, E. (2010) *J. Am. Chem. Soc.*, **132**, 6342–6348.

22 Vostrowsky, O. and Hirsch, A. (2006) *Chem. Rev.*, **106**, 5191–5207.

23 Guo, T., Jin, C., and Smalley, R.E. (1991) *J. Phys. Chem.*, **95**, 4948–4950.

24 Pradeep, T., Vijayakrishnan, V., Santra, A.K., and Rao, C.N.R. (1991) *J. Phys. Chem.*, **95**, 10564–10565.

25 Clemmer, D.E., Hunter, J.M., Shelimov, K.B., and Jarrold, M.F. (1994) *Nature*, **372**, 248–250.

26 Muhr, H.J., Nesper, R., Schnyder, B., and Kötz, R. (1996) *Chem. Phys. Lett.*, **249**, 399–405.

27 Averdung, J., Luftmann, H., Schlachter, I., and Mattay, J. (1995) *Tetrahedron*, **51**, 6977–6982.

28 Lamparth, I., Nuber, B., Schick, G., Skiebe, A., Grösser, T., and Hirsch, A. (1995) *Angew. Chem. Int. Ed.*, **34**, 2257–2259.

29 Hummelen, J.C., Knight, B., Pavlovich, J., González, R., and Wudl, F. (1995) *Science*, **269**, 1554–1556.

30 Popov, A.A., Yang, S., and Dunsch, L. (2013) *Chem. Rev.*, **113**, 5989–6113

31 Andreoni, W., Curioni, A., Holczer, K., Prassides, K., Keshavarz-K, M., Hummelen, J.-C., and Wudl, F. (1996) *J. Am. Chem. Soc.*, **118**, 11335–11336.

32 Hasharoni, K., Bellavia-Lund, C., Keshavarz-K, M., Srdanov, G., and Wudl, F. (1997) *J. Am. Chem. Soc.*, **119**, 11128–11129.

33 Brown, C.M., Cristofolini, L., Kordatos, K., Prassides, K., Bellavia, C., González, R., Keshavarz-K, M., Wudl, F., Cheetham, A.K., Zhang, J.P., Andreoni, W., Curioni, A., Fitch, A.N., and Pattison, P. (1996) *Chem. Mater.*, **8**, 2548–2550.

34 Kim, K.-C., Hauke, F., Hirsch, A., Boyd, P.D.W., Carter, E., Armstrong, R.S., Lay, P.A., and Reed, C.A. (2003) *J. Am. Chem. Soc.*, **125**, 4024–4025.

35 Aihara, J.-I. (1999) *Fullerene Sci. Technol.*, **7**, 879–896.

36 Boulanger, P., Moriniere, M., Genovese, L., and Pochet, P. (2013) *J. Chem. Phys.*, **138**, 184302–184306.

37 Dunk, P.W., Rodríguez-Fortea, A., Kaiser, N.K., Shinohara, H., Poblet, J.M., and Kroto, H.W. (2013) *Angew. Chem. Int. Ed.*, **52**, 315–319.

38 Dunk, P.W., Kaiser, N.K., Hendrickson, C.L., Quinn, J.P., Ewels, C.P., Nakanishi, Y., Sasaki, Y., Shinohara, H., Marshall, A.G., and Kroto, H.W. (2012) *Nat. Commun.*, **3**, 855.

39 Ray, C., Pellarin, M., Lermé, J.L., Vialle, J.L., Broyer, M., Blase, X., Mélinon, P., Kéghélian, P., and Perez, A. (1998) *Phys. Rev. Lett.*, **80**, 5365–5368.

40 Fye, J.L. and Jarrold, M.F. (1997) *J. Phys. Chem. A*, **101**, 1836–1840.

41 Kimura, T., Sugai, T., and Shinohara, H. (1996) *Chem. Phys. Lett.*, **256**, 269–273.

42 Stry, J.J. and Garvey, J.F. (1995) *Chem. Phys. Lett.*, **243**, 199–204.

43 Christian, J.F., Wan, Z., and Anderson, S.L. (1992) *Chem. Phys. Lett.*, **199**, 373–378.

44 Xin, N., Huang, H., Zhang, J., Dai, Z., and Gan, L. (2012) *Angew. Chem. Int. Ed.*, **51**, 6163–6166.

45 Glenis, S., Cooke, S., Chen, X., and Labes, M.M. (1996) *Chem. Mater.*, **8**, 123–127.

46 Möschel, C. and Jansen, M. (1999) *Z. Anorg. Allg. Chem.*, **625**, 175–177.

47 Ohtsuki, T., Ohno, K., Shiga, K., Kawazoe, Y., Maruyama, Y., and Masumoto, K. (2000) *J. Chem. Phys.*, **112**, 2834–2842.

48 Branz, W., Billas, I.M.L., Malinowski, N., Tast, F., Heinebrodt, M., and Martin, T.P. (1998) *J. Chem. Phys.*, **109**, 3425–3430.

49 Hayashi, A., Xie, Y., Poblet, J.M., Campanera, J.M., Lebrilla, C.B., and Balch, A.L. (2004) *J. Phys. Chem. A*, **108**, 2192–2198.

50 Sinitsa, A.S., Lebedeva, I.V., Knizhnik, A.A., Popov, A.M., Skowron, S.T., and Bichoutskaia, E. (2014) *Dalton Trans.*, **43**, 7499–7513.

51 Liu, F.-L. (2009) *Chem. Phys. Lett.*, **471**, 116–121.

52 Zhang, H., Li, J., and Liu, F.-L. (2009) *Chin. J. Struct. Chem.*, **28**, 1296–1303.

53 Du, J., Sun, X., Chen, J., and Jiang, G. (2014) *RSC Adv.*, **4**, 44786–44794.

54 Zahedi, E. (2013) *C.R. Chim.*, **16**, 189–194.

55 Zahedi, E. and Seif, A. (2011) *Physica B*, **406**, 3704–3709.

56 Poursalemi, F., Azarsa, A., Momeni, M.R., and Shakib, F.A. (2012) *Comput. Theor. Chem.*, **994**, 14–18.

57 Massobrio, C., Djimbi, D.M., Matsubara, M., Scipioni, R., and Boero, M. (2013) *Chem. Phys. Lett.*, **556**, 163–167.

58 Bezi Javan, M. and Ebrahimi, S. (2014) *Appl. Phys. A*, **114**, 529–536.

59 Guo, J., Liu, Z., Liu, S., Zhao, X., and Huang, K. (2011) *Appl. Phys. Lett.*, **98**, 023107.

60 Sun, Q., Wang, Q., and Jena, P. (2009) *Appl. Phys. Lett.*, **94**, 013111–013113.

61 Jelski, D.A., Bowser, J.R., James, R., Xia, X., Xinfu, G., Gao, J., and George, T.F. (1993) *J. Cluster Sci.*, **4**, 173.

62 Wongchoosuk, C., Wang, Y., Kerdcharoen, T., and Irle, S. (2014) *Carbon*, **68**, 285–295.

63 Kerim, A. (2013) *J. Comput. Theor. Nanosci.*, **10**, 288–291.

64 Shakib, F.A. and Momeni, M.R. (2011) *Chem. Phys. Lett.*, **514**, 321–324.

65 Gan, L., Huang, S., Zhang, X., Zhang, A., Cheng, B., Cheng, H., Li, X., and Shang, G. (2002) *J. Am. Chem. Soc.*, **124**, 13384–13385.

66 Yang, D., Shi, L., Huang, H., Zhang, J., and Gan, L. (2010) *J. Org. Chem.*, **75**, 4567–4573.

67 Zhang, G., Zhang, Q., Jia, Z., Liang, S., Gan, L., and Li, Y. (2011) *J. Org. Chem.*, **76**, 6743–6748.

68 Shulga, Y.M., Martynenko, V.M., Open'ko, V.V., Kulikov, A.V., Michtchenko, A., Johnson, E., Mochena, M.D., and Gutsev, G.L. (2008) *J. Phys. Chem. C*, **112**, 12096–12103.

69 Xin, N., Yang, X., Zhou, Z., Zhang, J., Zhang, S., and Gan, L. (2013) *J. Org. Chem.*, **78**, 1157–1162.

70 Zhang, R., Futagoishi, T., Murata, M., Wakamiya, A., and Murata, Y. (2014) *J. Am. Chem. Soc.*, **136**, 8193–8196.

71 Reuther, U. and Hirsch, A. (2000) *Carbon*, **38**, 1539–1549.

72 Hummelen, J., Bellavia-Lund, C., and Wudl, F. (1999) in *Fullerenes and Related Structures*, vol. **199** (ed. A. Hirsch), Springer, Berlin, Heidelberg, pp. 93–134.

73 von Delius, M., Hauke, F., and Hirsch, A. (2008) *Eur. J. Org. Chem.*, **2008**, 4063.

74 Vougioukalakis, G.C., Roubelakis, M.M., and Orfanopoulos, M. (2010) *J. Org. Chem.*, **75**, 4124–4130.

75 Nuber, B. and Hirsch, A. (1996) *Chem. Commun.*, 1421–1422.

76 Zhang, G., Huang, S., Xiao, Z., Chen, Q., Gan, L., and Wang, Z. (2008) *J. Am. Chem. Soc.*, **130**, 12614–12615.

77 Keshavarz-K, M., Gonzalez, R., Hicks, R.G., Srdanov, G., Srdanov, V.I., Collins, T.G., Hummelen, J.C., Bellavia-Lund, C., Pavlovich, J., Wudl, F., and Holczer, K. (1996) *Nature*, **383**, 147–150.

78 Bellavia-Lund, C., González, R., Hummelen, J.C., Hicks, R.G., Sastre, A., and Wudl, F. (1997) *J. Am. Chem. Soc.*, **119**, 2946–2947.

79 Vougioukalakis, G.C., Hatzimarinaki, M., Lykakis, I.N., and Orfanopoulos, M. (2005) *J. Org. Chem.*, **71**, 829–832.

80 Vougioukalakis, G.C. and Orfanopoulos, M. (2004) *J. Am. Chem. Soc.*, **126**, 15956–15957.

81 Tzirakis, M.D. and Orfanopoulos, M. (2013) *Chem. Rev.*, **113**, 5262–5321.

82 Nuber, B. and Hirsch, A. (1998) *Chem. Commun.*, 405–406.

83 Hauke, F. and Hirsch, A. (1999) *Chem. Commun.*, 2199–2200.

84 Hauke, F. and Hirsch, A. (2001) *Tetrahedron*, **57**, 3697–3708.

85 Hauke, F., Atalick, S., Guldi, D.M., Mack, J., Scott, L.T., and Hirsch, A. (2004) *Chem. Commun.*, 766–767.

86 Vougioukalakis, G.C., Chronakis, N., and Orfanopoulos, M. (2003) *Org. Lett.*, **5**, 4603–4606.

87 Hauke, F., Hirsch, A., Liu, S.-G., Echegoyen, L., Swartz, A., Luo, C., and Guldi, D.M. (2002) *ChemPhysChem*, **3**, 195–205.

88 Hauke, F., Hirsch, A., Atalick, S., and Guldi, D. (2005) *Eur. J. Org. Chem.*, **2005**, 1741–1751.

89 Hauke, F., Herranz, M.A., Echegoyen, L., Guldi, D., Hirsch, A., and Atalick, S. (2004) *Chem. Commun.*, 600–601.

90 Hauke, F., Swartz, A., Guldi, D.M., and Hirsch, A. (2002) *J. Mater. Chem.*, **12**, 2088–2094.

91 Hauke, F., Atalick, S., Guldi, D.M., and Hirsch, A. (2006) *Tetrahedron*, **62**, 1923–1927.

92 Hauke, F. and Hirsch, A. (2001) *Chem. Commun.*, 1316–1317.

93 Boltalina, O.V., Drewello, T., Hirsch, A., Jörgensen, T.J.D., Markov, V.U., Reuther, U., and Taylor, R. (1999) in *Fullerenes: Recent Advances in the Chemistry and Physics of Fullerenes and Related Materials*, vol. **7**, Proceedings – Electrochemical Society (eds K.M. Kadish, P.V. Kamat, and D.M. Guldi), Electrochemical Society, Seattle, WA, pp. 462–471.

94 Reuther, U. and Hirsch, A. (1998) *Chem. Commun.*, 1401–1402.

95 Shustova, N.B., Kuvychko, I.V., Popov, A.A., von Delius, M., Dunsch, L., Anderson, O.P., Hirsch, A., Strauss, S.H., and Boltalina, O.V. (2011) *Angew. Chem. Int. Ed.*, **50**, 5537–5540.

96 Popov, A.A., Kareev, I.E., Shustova, N.B., Stukalin, E.B., Lebedkin, S.F., Seppelt, K., Strauss, S.H., Boltalina, O.V., and Dunsch, L. (2007) *J. Am. Chem. Soc.*, **129**, 11551–11568.

97 Li, C.-Z., Matsuo, Y., Niinomi, T., Sato, Y., and Nakamura, E. (2010) *Chem. Commun.*, **46**, 8582–8584.

98 Neubauer, R., Heinemann, F.W., Hampel, F., Rubin, Y., and Hirsch, A. (2012) *Angew. Chem. Int. Ed.*, **51**, 11722–11726.

99 Eigler, R., Heinemann, F.W., and Hirsch, A. (2014) *Chem. Commun.*, **50**, 2021–2023.

100 Huang, S., Xiao, Z., Wang, F., Zhou, J., Yuan, G., Zhang, S., Chen, Z., Thiel, W., Schleyer, P.v.R., Zhang, X., Hu, X., Chen, B., and Gan, L. (2005) *Chem. Eur. J.*, **11**, 5449–5456.

101 Karfunkel, H.R., Dressler, T., and Hirsch, A. (1992) *J. Comput.-Aided Mol. Des.*, **6**.

102 Chen, Z., Ma, K., Pan, Y., Zhao, X., Tang, A., and Feng, J. (1998) *J. Chem. Soc., Faraday Trans.*, **94**, 2269–2276.

103 Chen, Z., Zhao, X., and Tang, A. (1999) *J. Phys. Chem. A*, **103**, 10961–10968.

104 Chen, Z., Reuther, U., Hirsch, A., and Thiel, W. (2001) *J. Phys. Chem. A*, **105**, 8105–8110.

105 Bühl, M. (1995) *Chem. Phys. Lett.*, **242**, 580–584.

106 Sharma, H., Garg, I., Dharamvir, K., and Jindal, V.K. (2009) *J. Phys. Chem. A*, **113**, 9002–9013.

107 Ostrowski, S., Jamróz, M.H., Rode, J.E., and Dobrowolski, J.C. (2012) *J. Phys. Chem. A*, **116**, 631–643.

108 Glenis, S., Cooke, S., Chen, X., and Labes, M.M. (1994) *Chem. Mater.*, **6**, 1850–1853.

109 Rosén, A. and Wästberg, B. (1992) *Surf. Sci.*, **269–270**, 1121–1128.

110 Kurita, N., Kobayashi, K., Kumahora, H., and Tago, K. (1993) *Phys. Rev. B*, **48**, 4850–4854.

111 von Delius, M., Hauke, F., and Hirsch, A. (2008) *Eur. J. Org. Chem.*, **2008**, 4109–4119.

112 Gmehling, A. (2013) PhD thesis. Regioselective Synthesis of C_{60}-Tris- and Hexak-isadducts with C_{3v}-Symmetrical Phosphate Trismalonate Addends, University of Erlangen-Nuremberg.

113 Huang, H., Zhang, G., Wang, D., Xin, N., Liang, S., Wang, N., and Gan, L. (2013) *Angew. Chem. Int. Ed.*, **52**, 5037–5040.

114 Otero, G., Biddau, G., Sanchez-Sanchez, C., Caillard, R., Lopez, M.F., Rogero, C., Palomares, F.J., Cabello, N., Basanta, M.A., Ortega, J., Mendez, J., Echavarren, A.M., Perez, R., Gomez-Lor, B., and Martin-Gago, J.A. (2008) *Nature*, **454**, 865–868.

115 Smith, B.W., Monthioux, M., and Luzzi, D.E. (1998) *Nature*, **396**, 323–324.

116 Smith, B.W. and Luzzi, D.E. (2000) *Chem. Phys. Lett.*, **321**, 169–174.

117 Bandow, S., Takizawa, M., Hirahara, K., Yudasaka, M., and Iijima, S. (2001) *Chem. Phys. Lett.*, **337**, 48–54.

118 Simon, F., Kuzmany, H., Fülöp, F., Jánossy, A., Bernardi, J., Hauke, F., and Hirsch, A. (2006) *Phys. Status Solidi B*, **243**, 3263–3267.

119 Simon, F., Kuzmany, H., Bernardi, J., Hauke, F., and Hirsch, A. (2006) *Carbon*, **44**, 1958–1962.

120 Kaneko, T., Li, Y., Nishigaki, S., and Hatakeyama, R. (2008) *J. Am. Chem. Soc.*, **130**, 2714–2715.

121 Li, Y., Kaneko, T., Kong, J., and Hatakeyama, R. (2009) *J. Am. Chem. Soc.*, **131**, 3412–3413.

122 Iizumi, Y., Okazaki, T., Liu, Z., Suenaga, K., Nakanishi, T., Iijima, S., Rotas, G., and Tagmatarchis, N. (2010) *Chem. Commun.*, **46**, 1293–1295.

123 Yagi, H., Tokumoto, Y., Zenki, M., Zaima, T., Miyazaki, T., Rotas, G., Tagmatarchis, N., Iizumi, Y., Okazaki, T., and Hino, S. (2013) *Chem. Phys. Lett.*, **570**, 100–103.

124 Li, Y., Kaneko, T., and Hatakeyama, R. (2013) *Sensors*, **13**, 966–974.

125 Popov, A.A., Yang, S., and Dunsch, L. (2013) *Chem. Rev.*, **113**, 5989–6113.

126 Akasaka, T., Okubo, S., Wakahara, T., Yamamoto, K., Kobayashi, K., Nagase, S., Kato, T., Kako, M., Nakadaira, Y., Kitayama, Y., and Matsuura, K. (1999) *Chem. Lett.*, **28**, 945–946.

127 Zuo, T., Xu, L., Beavers, C.M., Olmstead, M.M., Fu, W., Crawford, T.D., Balch, A.L., and Dorn, H.C. (2008) *J. Am. Chem. Soc.*, **130**, 12992–12997.

128 Ma, Y., Wang, T., Wu, J., Feng, Y., Jiang, L., Shu, C., and Wang, C. (2012) *Chem. Commun.*, **48**, 11570–11572.

129 Zhang, Z., Wang, T., Xu, B., and Wang, C. (2014) *Dalton Trans.*, **43**, 12871–12875.

130 Stevenson, S., Ling, Y., Coumbe, C.E., Mackey, M.A., Confait, B.S., Phillips, J.P.,

Dorn, H.C., and Zhang, Y. (2009) *J. Am. Chem. Soc.*, **131**, 17780–17782.

131 Fu, W., Zhang, J., Fuhrer, T., Champion, H., Furukawa, K., Kato, T., Mahaney, J.E., Burke, B.G., Williams, K.A., Walker, K., Dixon, C., Ge, J., Shu, C., Harich, K., and Dorn, H.C. (2011) *J. Am. Chem. Soc.*, **133**, 9741–9750.

132 Heeger, A.J. (2014) *Adv. Mater.*, **26**, 10–28.

133 Mazzio, K.A. and Luscombe, C.K. (2015) *Chem. Soc. Rev.*, **44**, 78–90.

134 Rotas, G., Charalambidis, G., Glatzl, L., Gryko, D.T., Kahnt, A., Coutsolelos, A.G., and Tagmatarchis, N. (2013) *Chem. Commun.*, **49**, 9128–9130.

135 Rotas, G., Niemi, M., Tkachenko, N.V., Zhao, S., Shinohara, H., and Tagmatarchis, N. (2014) *Chem. Eur. J.*, **20**, 14729–14735.

136 Martin-Gomis, L., Rotas, G., Ohkubo, K., Fernandez-Lazaro, F., Fukuzumi, S., Tagmatarchis, N., and Sastre-Santos, A. (2015) *Nanoscale*, **7**, 7437–7444.

137 Rotas, G. and Tagmatarchis, N. (2015) *ARKIVOC*, **3**, 124–139.

138 Nagamachi, T., Takeda, Y., Nakayama, K., and Minakata, S. (2012) *Chem. Eur. J.*, **18**, 12035–12045.

139 Xiao, Z., He, D., Zuo, C., Gan, L., and Ding, L. (2014) *RSC Adv.*, **4**, 24029–24031.

140 Wessendorf, C.D., Eigler, R., Eigler, S., Hanisch, J., Hirsch, A., and Ahlswede, E. (2015) *Sol. Energy Mater. Sol. Cells*, **132**, 450–454.

141 Cambarau, W., Fritze, U.F., Viterisi, A., Palomares, E., and von Delius, M. (2015) *Chem. Commun.*, **51**, 1128–1130.

142 Gao, F., Zhao, G.-L., Yang, S., and Spivey, J.J. (2013) *J. Am. Chem. Soc.*, **135**, 3315–3318.

143 Gong, K., Du, F., Xia, Z., Durstock, M., and Dai, L. (2009) *Science*, **323**, 760–764.

144 Qu, L., Liu, Y., Baek, J.-B., and Dai, L. (2010) *ACS Nano*, **4**, 1321–1326.

第 10 章

锂离子电池中的石墨烯无机纳米复合电极材料

Bin Wang[○], Bin Luo[○], Xianglong Li 和 Linjie Zhi

10.1 引言

新能源技术对于实现一个以可持续发展为目标的能源未来是至关重要的。锂离子电池（LIB）正在成为便携式电子产品、先进通信设施、混合动力和纯电动汽车等市场不断扩大的关键驱动技术[1]。同时，巨大的需求刺激了科学和技术不断努力，致力于开发具有更高能量密度、更高功率密度和更长循环寿命等卓越性能的LIB。一般来讲，LIB 电池是一种主要由负极、电解质和正极组成的锂离子器件（图 10-1）。由于 LIB 的充放电过程伴随着电极中锂离子的嵌入/脱嵌，所以两种电极材料的性质对电池器件的性能至关重要[3]。因此，为了获得性能优异的 LIB，需要系统地解决电极材料的结构、形态、组成、离子扩散动力学、电导率和表面特性等问题[4-7]。

目前，商业化的最先进电极材料的比容量相当有限，这是阻碍高性能 LIB 发展的最具挑战性的障碍之一。例如，目前使用的

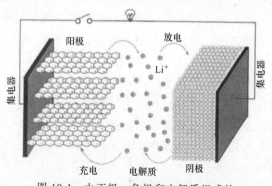

图 10-1　由正极，负极和电解质组成的可充电锂离子电池单元的示意图
（Liang 2009[2]，经皇家化学学会许可转载）

LIB 负极主要采用石墨材料，部分原因是其成本低，丰度高，且稳定性好[8,9]。但是，石墨的比容量非常有限，其理论值为 372mAh/g，因为通过形成插层化合物（LiC_6），每六个碳原子仅能容纳一个锂离子。在过去的几十年中，为了满足未来

○　两位作者对该工作做出了同样的贡献。

应用日益增长的需求，已广泛研究了许多具有高理论容量的新型负极材料，如锂合金化材料[10-13]和过渡金属氧化物[14-16]，作为 LIB 的商用石墨的潜在替代物，目的是改善电池系统的能量和功率密度。对于这些块状负极材料，一个主要的缺点是它们不良的电化学动力学，主要是因为它们导电性差，或者离子扩散缓慢，也许两者兼而有之。至于锂合金化材料来说，充放电过程中体积的巨大膨胀-收缩是另一个关键的挑战，因为如此剧烈的体积变化通常会引起电极粉化并因此失去与集电器的电接触，极大地限制了电极的循环寿命[1]。值得注意的是，随着高容量正极材料（例如硫）的开发，情况也是如此。因此，如何在不牺牲结构和电气性能的前提下，改善电极中的电荷传输和离子扩散则成为一个迫切需要解决的关键问题。将这些高容量材料的尺寸缩小到纳米尺度，是一种缩短电子和锂离子传输距离，扩大电极材料和电解质之间的界面接触面积，并由此增强其电化学动力学的常用方法。值得注意的是，电极材料的纳米结构还可以更好地适应高容量电极材料的大体积变化，而不会引发可能发生在宏观和微观电极材料中的裂纹[17,18]，通过采用这些纳米线，纳米棒，纳米管和空心球或多孔颗粒形式的材料，可显著提高锂储存能力[16,19-21]。然而，仅仅根据材料的纳米结构设计公式，就能获得大容量，高倍率性能和长循环寿命的电极材料，是非常具有挑战性的。据有关报道，将这些高容量电极材料与第二相结合，从而开发出具有精心设计的纳米结构的复合电极材料体系，例如夹心状与核壳纳米结构，是开发先进的 LIB 负极体系的最有前途的策略之一。在复合材料中，引入第二相可达到多种可取的功效，比如提高导电性，防止颗粒聚集，改善界面稳定性或维持电极的机械稳定性和完整性。

由单原子石墨层所组成的石墨烯，凭借其非凡的物理和化学性质，包括卓越的电子导电性、优异的力学性能和巨大的理论比表面积，唤起了研究者们的极大兴趣[22-31]。此外，已经提出锂离子可被吸附在无序聚集的石墨烯片的两侧上，形成"纸牌屋"式的结构，导致每层石墨烯片可容纳两层锂，形成 Li_2C_6 而达到 744mAh/g 的理论容量[32,33]。此外，最近的一些研究表明，无序石墨烯纳米片之间由于卷曲和起皱而形成的纳米孔洞也可能有助于锂的储存[34-38]。然而，由于层间范德瓦尔斯力的存在，石墨烯纳米片倾向于发生不可逆团聚或重新堆积，这不仅阻碍了锂离子在重新堆叠的石墨烯纳米片中发生插层，导致有限的锂储存容量，而且还增加了锂离子在重新堆叠的石墨烯纳米片之间扩散到主体位置的距离，导致较差的倍率性能。一种避免石墨烯重新堆积并同时发挥石墨烯上述众多优点的有效方法是引入功能性（例如电化学活性）的无机物，其不仅可以作为物理障碍物将石墨烯纳米片分离，而且还可以提高复合材料产物的锂储存能力。作为一种协同作用，分离的石墨烯纳米片可以是一种强有力的导电和柔性基体，与由此引入的功能性无机材料组分发生电结合，从而在循环过程中保持石墨烯-无机复合电极材料的完整性。

在此背景下，已投入了大量的精力开发石墨烯电极材料体系。例如，具有不同维度的各种纳米结构的锂合金化材料和过渡金属氧化物已被采用，例如零维（0D）纳米颗粒、一维（1D）纳米线或纳米管以及二维（2D）纳米板和纳米片，并与石墨烯一起构建了 LIB 的复合负极材料或结构[37,39-52]。本章从维度的角度综述了近年来石墨烯-无机复合 LIB 电极材料的研究进展，重点介绍了负极材料，并突出强调了设计和构建这些复合材料时考虑维度因素的重要性。这里报道的实例代表了迄今为止开发的不同维度组合，并且涉及了石墨烯和/或石墨烯衍生物（例如，还原氧化石墨烯，RGO）。如图 10-2 所示，我们讨论了三种复合电极材料和/或体系结构，包括石墨烯/0D、石墨烯/1D 和石墨烯/2D 无机复合材料。由于已有一系列关于石墨烯和石墨烯基纳米材料的性能、加工和/或应用的综述性文章[31,44,53-60]，因此本章将专门针对石墨烯和无机电化学活性物质（例如锂合金化材料，金属氧化物和硫）的结合提供新的观点，而且这些无机物在先进的 LIB 电极体系开发中起到相当重要的作用。

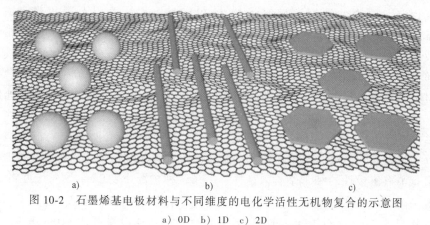

图 10-2　石墨烯基电极材料与不同维度的电化学活性无机物复合的示意图

a）0D　b）1D　c）2D

10.2　用于 LIB 的石墨烯/0D 无机复合材料

具有电化学活性的零维无机纳米粒子可与石墨烯偶联，为 LIB 开发出石墨烯/0D 无机复合电极材料，主要原因有以下两点：（ⅰ）0D 纳米颗粒具有对 LIB 电极非常有利的内在优势，例如活性物质/电解质接触面积大，锂离子和电子传输距离短，以及因此而增强的锂离子和电子传输动力学，而且更重要的是，它们的合成过程具备低成本，简单和可放大的优势。（ⅱ）2D 石墨烯能够作为强大而柔性的基体，与 0D 纳米颗粒发生物理和电子结合，从而使它们能够在充放电循环过程中发挥作用。具体而言，这种 2D/0D 组合方式最近已经催生了大量新型复合电极材料体系的出现，如使用了 SnO_2[45,61-74]、Co_3O_4[41,48,75-78]、Fe_3O_4[79-88]、Fe_2O_3[89-92]、Mn_3O_4[93-95]、MnO_2[96,97]、MoO_2[98-100]、NiO[101-103]、TiO_2[46,104-106]、Sn[50,107]、Si[47,108-115] 的负极材料，以及使用了硫（S）、$LiFePO_4$ 和 V_2O_5 的正极材料。考虑到 0D 纳米颗粒的尺寸相对于石墨烯的横向尺寸，以及石墨烯的柔性，这种组合方法通常可以产生两种类型的 2D/0D 复合电极材料：石墨烯负载的 0D 纳米颗粒和石墨烯包裹的（或限域的）0D 纳米颗粒。鉴于存在大量的实例，我们在本节中综述了近年来在构建 2D/0D 石墨烯/无机复合材料方面的最新进展，主要以不同 0D 纳米颗粒电极类型的顺序为例，介绍了一些具有代表性的电极材料体系。

10.2.1　石墨烯/0D 金属氧化物负极材料

迄今为止，已经研究了各种金属氧化物作为 LIB 的潜在电极材料。在众多的 LIB 候选负极材料中，SnO_2 因其独特的锂存储机理和特性，以及易于合成和丰富的资源，已经引起了广泛的关注。一般认为，推测 SnO_2 的锂储存性能可能源自于两个过程：（ⅰ）SnO_2 几乎不可逆地还原为 Sn。（ⅱ）Sn 与锂发生可逆的合金化/去合金化反应。根据这种推测，SnO_2 最高的容纳量为每个 Sn 原子容纳 4.4 个 Li 原子，其相当于理论上的锂存储容量约为 790mAh/g，是商用石墨负极（约 370 mAh/g）的两倍多。此外，SnO_2 负极的工作电位较低，与石墨类似，因此能够与大多数可用的正极材料良好匹配。然而，SnO_2 负极材料距离商业化还很遥远。SnO_2 负极所面临的主要问题之一是循环过程中过大的体积膨胀和收缩，这会导致活性材料的粉化和集电器的电路断开。因此，在 SnO_2 负极中通常观察到快速的容量衰减。虽然一些初步研究表明，纳米结构的 SnO_2 可以缓解这一问题，例如构建 SnO_2 纳米颗粒，但其实施仍然存在挑战。特别是，尚不清楚如何在离散的纳米粒子之间实现稳定而高效的电子连接，以及如何防止循环时相邻纳米粒子的团聚，这肯定会抵消有意设计的纳米结构效应[119]。在这种情况下，Paek 等人最近将 SnO_2 纳米粒子附着在石墨烯纳米片上，结果显示锂储存性能得到了极大改善[45]。具体而言，获得的 2D/0D 石墨烯-SnO_2 纳米复合材料的可逆容量可达 810mAh/g，甚至在 30 次循环后，充电容量仍然保持在 570mAh/g。相比之下，SnO_2 纳米颗粒在第一个循环周期中的充电容量为 550mAh/g，仅经过 15 个循环周期后快速下降到 60mAh/g。在这种组合情况下，SnO_2 纳米颗粒与石墨烯纳米片之间形成的孔隙能够为充电-放电过程中 SnO_2 纳米颗粒的体积变化提供缓冲空间。另外，引入的石墨烯纳米片不仅可以为 SnO_2 纳米颗粒提供导电通路，而且还可以协同增加容量。这一开创性的研究有力地证明，0D 纳米粒子（如 SnO_2）与 2D 石墨烯的结合是开发高性能 LIB 负极材料的有效方法。

在此基础上，对 2D/0D 石墨烯-SnO_2 纳米复合材料进行了深入研究，以进一步提升其储锂性能，并进一步揭示它们的结构与性质之间的关系。例如，Kim 等人致力于 SnO_2 纳米颗粒在石墨烯纳米片上均匀分散的研究，因为当简单地混合这两种组分时，他们观察到 SnO_2 纳米颗粒会严重团聚[64]。通过研究 SnO_2 纳米颗粒和石墨烯的表面电荷，发现在 pH 约为 7 的条件下，SnO_2 和石墨烯均带负电荷。通过将 pH 控制在 4~5 的范围内，可实现 SnO_2 纳米颗粒和石墨烯具有相反的表面电荷，

SnO_2 纳米颗粒均匀地分布到石墨烯纳米片的表面上。与简单混合的样品相比，由此方法构造的复合物表现出提升的电化学性能：例如，即使在 50 次循环后，比容量仍保持在 634mAh/g。因此可以认为，SnO_2 纳米颗粒在石墨烯表面上的均匀分散对发挥两种组分的功能具有相当重要的意义。Wang 等人开发了一步微波辅助水热法，合成了石墨烯-SnO_2 纳米复合材料[62]。有趣的是，由此获得的 SnO_2 纳米颗粒存在大量氧空位组成的表面缺陷，通过强电子相互作用将 SnO_2 纳米颗粒固定在石墨烯纳米片上。制备的纳米复合材料在 100 次循环后，表现出优异的可逆容量（635mAh/g），并具有优异的倍率性能。Li 等人使用原子层沉积方法将 SnO_2 以形态和结构可控的方式沉积在石墨烯上[63]。研究发现，与晶态 SnO_2 纳米颗粒和石墨烯组成的复合材料相比，无定形 SnO_2 纳米颗粒和石墨烯组成的复合材料作为负极材料时在克服电化学和力学性能下降方面更加有效，即使经过 150 次循环后，使用无定形 SnO_2 也可达到的相当高的容量（793mAh/g）。这与无定形 SnO_2 本征的各向同性特征相符，能够缓和循环过程中的大体积变化。近年来，还开发出了具有夹层结构的氮（N）掺杂石墨烯-SnO_2 复合纸[70]。该合成方法使用了 7，7，8，8-四氰基醌二甲烷离子，其不仅作为氮源实现石墨烯的掺杂，而且还作为定向剂使 SnO_2 纳米颗粒在石墨烯表面上形成均匀分布。由于该复合材料的结构特点，复合纸显示出大容量、高倍率性能和优异的循环稳定性。为了进一步防止循环过程中所有中间产物的迁移和团聚，Chen 等人最近通过使用简单的球磨方法（图 10-3f）而展示了一种新型设计理念，其中岛状 SnO_2 纳米粒子均匀紧密地固定在刚性 SiC 支撑粒子和弹性石墨烯外涂层之间（图 10-3a～e）。这种独特的结构（SnO_2-SiC/G）在循环过程中有效地阻止了包括金属锡在内的所有中间产物的迁移和团聚。此外，石墨烯涂层能够承受较大的体积变化，并且还提供了良好的电接触，因此能够实现此类负极材料稳定的结构转换和转变。因此，在 100mAh/g 的速率下，可逆容量高达 810mAh/g，超过 150 次充放电循环的容量保持率为 83%。基于这些代表性研究，很明显，这些 2D/0D 复合材料的形貌和结构控制在最大限度地发挥两种组分的功能及提高锂储存性能的方面发挥了重要作用，比如控制结合的均匀性，优化石墨烯和纳米颗粒之间的界面相互作用，以及调整各组分本身的结构和形态。

与 SnO_2 相比，Co_3O_4 的理论容量更高，为 890mAh/g。但同时也存在体积膨胀/收缩变化大和颗粒团聚严重等问题，导致不可逆容量损失大和循环稳定性差。解决这一问题的一个有希望的方法是将 Co_3O_4 纳米颗粒与石墨烯基体相结合。例如，Wu 等人开发了一种原位合成方法来构建 Co_3O_4 纳米颗粒和石墨烯的复合材料，其中获得的 Co_3O_4 纳米颗粒尺寸为 10～30nm，均匀地锚定在石墨烯纳米片上[77]。如此构建的石墨烯-Co_3O_4 复合材料的可逆容量随着循环的进行而不断增加，在 30 个循环后达到约 935mAh/g。值得注意的是，第 30 次循环所获得的容量高于 Co_3O_4 的理论容量，并且随着循环次数而保持提高。在该复合材料中，一方面，石墨烯组分提供了一个弹性的缓冲空间，以承受较大的体积膨胀和收缩，有效

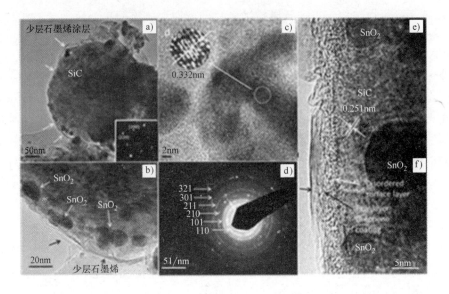

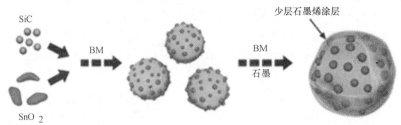

图 10-3　简单球磨法制备 SnO_2-SiC/G 纳米复合材料（文献 [73]，经 Wiley 许可）

a）SnO_2-SiC/G 颗粒的透射电子显微镜（TEM）照片，内插图为 SiC 的 SAED 图
b）SnO_2-SiC/G 颗粒的放大 TEM 照片　c）SiC 表面上负载的单个 SnO_2 纳米颗粒
的高分辨率 TEM 照片　d）SnO_2 纳米颗粒的对应 SAED 图　e）SnO_2-SiC/G 颗粒
边缘的高分辨 TEM 照片　f）SnO_2-SiC/G 纳米复合材料的制备过程示意图

地防止了纳米颗粒的团聚，并且还可以作为纳米颗粒之间良好的导电通路，从而实现了 Co_3O_4 纳米颗粒的结构温度和电性能稳定。另一方面，Co_3O_4 纳米颗粒组分能够充当物理间隔物以保持相邻的石墨烯纳米片分离。因此保持了石墨烯的高活性表面积，有利于提高石墨烯本身的锂储存容量。也就是说，该复合材料中存在显著的协同效应，进一步提高了它们的锂储存能力。另一方面，Choi 等人制备了一种三维异质结构体，由沉积在 RGO 制备的多孔石墨烯表面上的 Co_3O_4 纳米颗粒组成[76]。在该方法中，聚苯乙烯微球被用作压印技术中的牺牲模板，形成了孔径尺寸可在 $100nm \sim 2\mu m$ 范围内调节的多孔石墨烯结构（图 10-4a，b）。据报道，该种石墨烯-Co_3O_4 复合材料在 50mA/g 的电流密度下，具有超大的可逆容量值（1108mAh/g），而且经过 50 次循环后，容量稳定在 1000mAh/g 以上（图 10-4c）。此外应指出的是，由此构建的复合材料也表现出高倍率容量，1000mA/g 下的容量

保持率为 71%。这可能是由于其具有 3D 非匀质结构，增强了循环过程中发生的电荷转移反应。此外，虽然这样的高容量值既与 Co_3O_4 纳米颗粒的充分电接触有关，也与石墨烯的存在容易导致应力松弛有关，但还是认为多孔 RGO 薄膜对锂存储容量的贡献非常突出。Yang 等人[78] 在制备和表征石墨烯包裹或限域的 Co_3O_4 纳米粒子时，Co_3O_4 的锂储存性能也出现了类似的改善，前 10 个循环中的可逆容量相当可观，为 1100mAh/g，130 次循环后的容量仍高于 1000mAh/g。所有这些结果都清晰地表明，这种复合材料中存在一种积极的协同效应，特别是具有良好的形貌和结构的情况下，可以改善 0D 纳米粒子（如 Co_3O_4）的电化学性能。

值得注意的是，有许多研究可用来阐明 0D 无机纳米颗粒和 2D 石墨烯的有效组合在充分发挥两种组分的功效方面起到了重要作用，上述的协同效应就是一个典型的例子。0D 无机纳米颗粒中，Fe_2O_3 和 Fe_3O_4 纳米结构的理论比容量分别为 1005mAh/g 和 924mAh/g，因此也被用于和石墨烯结合。例如，Zhu 等人首先报道了一种石墨烯-Fe_2O_3 复合材料的简易两步合成法，该方法使用尿素在 GO（氧化石墨烯）片的悬浮液中均匀沉淀 $FeCl_3$，随后在微波照射下用肼还原 GO 以生成 Fe_2O_3 修饰的 RGO 片[90]。作为锂离子电池负极材料，该复合材料的放电容量和充电容量分别为 1355mAh/g 和 982mAh/g（使用 Fe_2O_3 的质量进行了归一化），并且循环性能和倍率性能良好。Zou 等人利用不同形态的 Fe_2O_3 合成了类似的复合材料，并发现石墨烯负载的米粒状 Fe_2O_3 的性能优于常规的石墨烯-Fe_2O_3 纳米颗粒复合材料[89]。可以想象，控制这种复合材料中 0D 纳米颗粒的结构和形貌对优化其电化学性能至关重要。在开发基于 Fe_3O_4 的负极材料时也是如此。例如，Chen 等人通过简单的自组装过程合成了石墨烯包覆的 Fe_3O_4 纳米颗粒有序聚集体，这些聚集体呈近似球形且内部中空[86]。在该复合材料中，开放的内部结构很好地适应重复性的 Li 离子嵌入和脱嵌反应中的体积变化，而包覆着的石墨烯则与 Fe_3O_4 纳米颗粒发生电连接。因此，复合材料表现出稳定的高可逆比容量（约 900mAh/g），在 50 个循环以上几乎没有变化，甚至在不同电流速率下经过 90 次循环后，仍保持 92% 的初始容量（100mA/g），这表明这种负极材料具有优异的循环稳定性。最近，还报道了类似的石墨烯-Fe_3O_4 复合材料，其中空心多孔的 Fe_3O_4 微球与 RGO 片化学键合或被 RGO 片紧密包裹，因此产生了强烈的协同效应[85]。具体地说，该效应包括：（ⅰ）通过 Fe_3O_4 珠粒的中空多孔结构和通过 RGO 对 Fe_3O_4 的包覆来适应 Fe_3O_4 的体积变化；（ⅱ）Fe_3O_4 和 RGO 之间的紧密电接触；（ⅲ）RGO 中存在额外的锂存储位点，在循环过程中，随着 Li 的渗透和 Fe_3O_4 的体积变化引起的局部压力变化，令 RGO 纳米片发生剥离，可能进一步增加这些存储位点。

此外，还有其他 0D 金属氧化物与石墨烯的一些组合可用于改善锂储存性能。例如，Mn_3O_4 的理论容量高达 936mAh/g，但与上述金属氧化物相比，其受关注程度相对较低，部分原因是它的电导率极低（$10^{-8} \sim 10^{-7}$ S/cm）。Wang 等人通过在

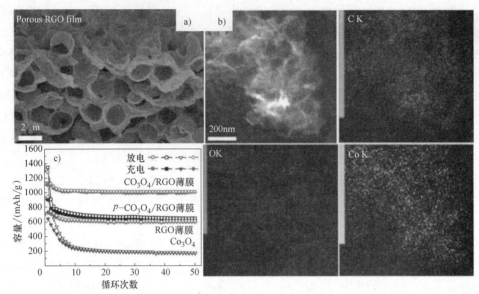

图 10-4　模板法制备 RGO/Co$_3$O$_4$ 复合材料（文献［76］，皇家化学学会许可）

a）制备的多孔 RGO 薄膜的扫描电子显微镜（SEM）照片

b）RGO/Co$_3$O$_4$ 复合材料的扫描透射电子显微镜（STEM）照片和元素分布图

c）Co$_3$O$_4$，Co$_3$O$_4$ 与 RGO 物理混合物（p-Co$_3$O$_4$/RGO），RGO 薄膜和

Co$_3$O$_4$/RGO 薄膜电极的循环性能，电流密度为 50mA/g

GO 上生长 Mn$_3$O$_4$ 纳米颗粒而形成石墨烯-Mn$_3$O$_4$ 复合材料，在 40mAh/g 的低电流密度下循环测试该复合材料时，获得了稳定的高比容量 810mAh/g。显然，所获得的容量值接近于 Mn$_3$O$_4$ 的理论容量[93]。凭借其高导电性（10^{4}S/cm）和高理论容量（838mAh/g），二氧化钼（MoO$_2$）也是一种优异的候选负极材料。为了改善其循环性能，Seng 等人最近构建了石墨烯负载的 MoO$_2$ 复合材料[98]。在这种复合材料的结构中，柔性 2D 石墨烯纳米片始终被用于承受 MoO$_2$ 的体积膨胀/收缩，并用于防止充电-放电过程中 MoO$_2$ 纳米颗粒的团聚。另一种有趣的金属氧化物是 TiO$_2$，它已被广泛用于催化反应、太阳电池和 LIB 的活性材料。尽管它具有 10^{-13}S/cm 超低电导率并且表现出低容量[104]，但与石墨烯结合后，基于 TiO$_2$ 的复合材料的容量显著增加，特别是在高充放电电流速率下。例如，在 30C 的高电流速率（充放电 2min）下，石墨烯-金红石型 TiO$_2$ 复合材料的比容量为 87mAh/g，是纯金红石型 TiO$_2$ 比容量（35mAh/g）的两倍以上[46]。

10.2.2　石墨烯/0D 锂合金化材料组成的负极材料

由于金属氧化物作为负极材料时，会面临电导率低和形成不可逆的 Li$_2$O 等问题，因此合金类材料如 Sn, Si 和 Ge 代表了另一类有前景的负极材料，并且正在进行广泛地研究，因为它们的理论容量分别高达 994mAh/g、4200mAh/g 和 1600mAh/g。然而，这些材料在循环过程中经历了较大的体积变化，通常会导致活性材料的严重粉化。这种结构不稳定性进一步导致与集电器的电断开，以及在刚与电解质接触的电极表面处重复形成所谓的固体电解质界面（SEI）膜，从而导致容量衰减。因此，精心调整这些合金类材料的结构，构建高效的电极结构，从而有效解决体积膨胀问题，显然是开发先进的合金类负极材料的当务之急。由于锡的熔点较低，通常难以合成结构和形貌可控的锡纳米颗粒。有趣的是，通过使用石墨烯纳米片作为模板，Wang 等人成功制备了均匀分布在这种 2D 纳米片上的锡纳米颗粒[50]。由此获得的锡纳米颗粒的尺寸约为 2~5nm，并紧密附着在由二至四层组成的石墨烯纳米片上，这也有效地阻止了石墨烯纳米片的重新堆叠。这种独特的结构使该复合材料的锂储存性能大大提升（第 2 周期为 795mAh/g，第 100 周期为 508mAh/g），远远优于纯石墨烯和纯锡纳米颗粒。

与锡相比，硅基合金型负极材料近年来引起了人们的极大兴趣，主要是由于其具有已知的最高容量、商业可用性和资源丰富性。在各种合成工艺的基础上，多种形貌和结构各异的石墨烯-0D 硅纳米颗粒复合材料正在不断涌现。例如，Zhao 等人展示了一种由 0D 硅纳米颗粒和经结构设计的石墨烯组成的独特复合材料[113]。该复合材料中，具有高密度的面内纳米级碳空位的石墨烯纳米片形成一个柔性的 3D 石墨烯支架，并作为结构平台，通过一种真空过滤方法将 0D 硅纳米颗粒与之结合。令人惊讶的是，由此构建的复合材料表现出良好的循环稳定性（150 次循环后其理论容量仍保持 83%）和相当高的倍率性能，典型情况下，当电流速率为 8000mA/g 时，可逆容量约为 1100mAh/g。这种史无前例的锂储存性能可归结为以下几方面的共同作用：（ⅰ）高柔性的石墨烯纳米片将保持结构的完整性，可承受循环时较大的硅体积变化；（ⅱ）石墨烯纳米片面内碳空位形成的交叉平面离子扩散通道中能够进行流畅的离子传输，克服了由于石墨烯材料极大的宽度/厚度纵横比和堆叠倾向所造成的离子高传输阻力；（ⅲ）互相搭接的石墨烯纳米片使整个结构具有良好的导电性。考虑到 0D 硅纳米颗粒在石墨烯基体中的均匀分散至关重要，Zhou 等人开发了一种通过静电自组装法构建石墨烯-0D 硅纳米颗粒复合材料的新方法[112]。在该方法中，硅纳米粒子首先用带正电荷的官能团（例如聚电解质聚二烯丙基二甲基氯化铵（PDDA））进行修饰，然后通过静电吸引力与带有负电荷的 GO 组装。所得的分散液经过冷冻干燥和热还原，从而实现硅纳米颗粒在石墨烯纳米片中的均匀分散。所获得的复合材料表现出优异的锂储存性能，尤其是在 150 次循环后仍保持极高的比容量，约为 1205mAh/g。Luo 等人通过一种简单的毛细管驱动组装方法在气溶胶液滴中合成了皱缩的石墨烯包覆的硅纳米颗粒（图 10-5）[111]。简而言之，将分散在水悬浮液中的 Si 纳米颗粒直接添加到微米级 GO 纳米片的分散液中。然后将得到的胶体混合物雾化成气溶胶雾滴，并吹入预热的管式炉。当水分蒸发时，两亲性的 GO 纳米片迁移到液滴表面，然后在完全蒸发时将 Si 纳米颗粒紧密地包覆，在此过程中 GO 片被还原。由于所使用的 GO 片的横向尺寸比 Si 纳米颗粒要大得多，所以石墨烯壳在毛细管应力作用下严重皱缩，从而形成葡萄状形貌的硅/石墨烯核-壳结构复合材料。在这种结构设计的复合材料中，高度皱褶的石墨烯壳能够在充电-放电循环过程中承受包裹的硅纳米颗粒的体积膨胀或收缩而不断裂，从而有效地防止电绝缘 SEI 在硅表面上的过度沉积以及电解质的连续分解。此外，所引入的褶皱石墨烯纳米片有效地防止了相邻硅纳米颗粒的团聚，并且还提高了整个电极的导电性。这些优点使得该复合材料极大改善了锂储存性能，包括库仑效率，循环稳定性和倍率性能。

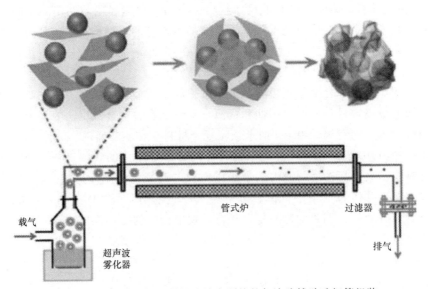

图 10-5　皱缩石墨烯包覆的硅纳米颗粒的气溶胶辅助毛细管组装

（文献［111］，经美国化学学会许可）

虽然锗相对于硅的成本较高而受到较少的关注，但锗的理论锂储存容量高达 1600mAh/g，也可以很好地替代 LIB 中的石墨负极。更重要的是，众所周知，锗对于高功率 LIB 具有明显的优势，包括：（ⅰ）锗的电导率是硅的 10^4 倍，因为带隙为 0.6eV，以及（ⅱ）室温下锗的锂离子扩散系数比 Si 高 400 倍。然而，与锡和硅的情况类似，由于循环时通常会发生巨大的体积变化。为了解决这个问题，迄今已开发出多种有前景的方法。作为一个代表性实例，Xue 等人通过将 Ge@ C 核-壳纳米粒子和 RGO 网络结构结合，开发了一种双重保护对策[118]。该复合材料的比容量，循环性能和倍率性能都有较大的提高，即使在 50 次循环后，比容量仍保持在 940mAh/g。所实现的优异的锂储存性能被认为与所提出的具有双重保护作用的结构设计的独特性能有关。第一，将锗颗粒的尺寸减小到纳米尺寸可以缓解锂吸收/释放过程中的物理应变，从而减轻锗颗粒的破裂和粉化。第二，碳壳不仅在减小由锗体积变化引起的应力方面起着重要作用，而且还防止锗纳米颗粒与电解质之间的直接接触,从而促进在每个纳米颗粒上形成稳定的 SEI 膜。第三,RGO 网络结构充当弹性和导电物质以实现锗纳米颗粒的良好分散,并保证整个电极的高导电性,从而保持整个复合电极的结构和电性能的完整性。很明显,这种双重保护方法提供了一种有效且通用的方法,改善电池区域内具有大体积变化的高容量电极材料的循环稳定性和倍率性能。

10.2.3 石墨烯/0D 复合纳米材料组成的正极材料

除了 0D 负极材料与石墨烯结合的研究外,含有石墨烯的且具有设计的形貌和结构的各种纳米结构正极材料正在不断涌现。比如,众所周知,硫是一种低成本、环境友好的正极材料,其理论比容量为 1672mAh/g,是基于过渡金属氧化物或磷酸盐的传统正极材料的五倍以上。然而,开发实用的硫正极集成电池却一直是一个难题。这主要是由于硫的电导率低,多硫化物在电解质中的溶解,硫在放电过程中的体积膨胀等迫切需要解决的问题,都导致其循环寿命差,比容量低和能量效率低。为了克服上述问题,Wang 等人合成了一种新型石墨烯-硫复合材料,其中用炭黑纳米颗粒修饰的轻度氧化的 GO 纳米片包裹了聚乙二醇(PEG)涂覆的硫粒子[120]。值得注意的是,由此构建的复合材料在超过 100 个循环中表现出高达 600mAh/g 的稳定高比容量。这种改善的性能被认为源于复合材料的结构本身,其中 PEG 和石墨烯涂层在承受涂覆硫粒子的体积膨胀,捕获可溶性多硫化物中间体以及使硫粒子发生电接触等方面发挥了重要的作用。在另一个有前景的实例中,Ji 等人证实一种能够通过石墨烯上的官能团来固定硫和多硫化锂的化学方法[121]。这种方法能够在 GO 片上形成均匀且薄的(约几十纳米)硫涂层。在所得到的复合材料中,提出了两个非常有利于稳定硫基正极的显著特征。首先,所引入的 RGO 网络结构不仅让电化学反应过程中硫体积变化所引起的应变最小化,而且还为来自/到硫的快速电子传输提供稳健和高效的通道。其次,RGO 表面上的官能团作为有效的锚定点,不仅能够限制硫和多硫化锂,避免了硫基正极中通常会发生的穿梭现象,而且还保持了导电石墨烯基体与纳米结构硫物质的紧密接触,从而实现了良好的电子/离子可及性。因此,该复合材料的高可逆容量可达 950 ~ 1400mAh/g,并且以 167.5mA/g 的速率稳定循环了 50 多次深度充放电(图 10-6)。

橄榄石型锂过渡金属磷酸盐 $LiMPO_4$(M = Fe、Mn、Co 或 Ni)具有高容量,优异的循环寿命,出众的热稳定性,环境友好性和低成本,已被用作商业化 LIB 的正极材料。然而,$LiMPO_4$ 固有的低离子和电子传导率严重限制了这些材料中的电荷传输动力学[122]。在此背景下,Wang 等人提出了一种两步法将 $LiMn_{1-x}Fe_xPO_4$ 纳米粒子(或短纳米棒)分散到 RGO 片上,从而解决了上述问题[122]。简言之,铁掺杂的 Mn_3O_4 纳米颗粒首先通过受控水解选择性生长在 GO 上。然后,氧化物纳米颗粒前驱体与锂和磷酸根离子发生溶剂热反应,转化为 RGO 纳米片表面上的 $LiMn_{1-x}Fe_xPO_4$。该复合材料具有非常高的倍率性能和良好的循环稳定性,从第 11

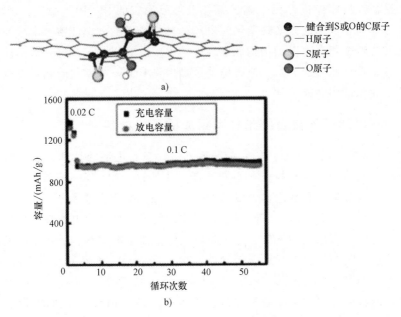

图 10-6 GO 的固硫作用及所形成的复合材料的充放电循环性能（文献［121］，美国化学学会许可）
a）GO 固硫的示意图。由于环氧基或羟基引起表面起伏，所以羟基提高了 S 与 C—C 键的结合能力。黄色，红色和白色球分别表示 S，O 和 H 原子，其他为 C 原子。请注意，与 S 或 O 发生键合的 C 原子被标为蓝色
b）在经过 0.02C 下 2 个循环的初始激活过程后，电流速率为 0.1C（167.5mA/g）时的循环性能

次至第 100 次循环共 90 次循环中的容量衰减很小，同时保持在约 150mAh/g 的容量。该方法为石墨烯合成用于储能应用的复杂复合材料体系提供了一种简便易行的化学方法。另外，V_2O_5 是一种典型的层间化合物，具有层状晶体结构，在 4.0V 和 2.0V 之间的理论比容量为 294mAh/g，显著高于 $LiMn_2O_4$（148mAh/g）和 $LiFePO_4$（170mAh/g）。遗憾的是，由于电子和锂离子输送的动力学缓慢而滞后，导致在高电流密度下的比容量低，且可循环性差。为了提高电极的导电性，Rui 等人将 RGO 纳米片用作导电支架以支撑高度多孔的 V_2O_5 球[123]。所得到的复合材料的电化学性能显著改善，具有高可逆容量、良好的循环稳定性和优异的倍率性能（例如，在 5700mA/g 时为 102mAh/g）。虽然仍处于早期阶段，但这些不同的 0D 或准 0D 正极材料与 2D 石墨烯的结合已被证明是提高电化学性能的一种强有力的方法，正如前面提到的 0D 负极材料一样。

10.3 用于 LIB 的石墨烯/1D 无机复合材料

1D 纳米结构可以为快速的电子传输提供高效的一维通道，同时又能促进应变弛豫，是 LIB 电极的理想选择。尽管前景非常美好，但它们的电化学性能仍差强人意。在这种情况下，类似于 0D 纳米颗粒，已经进行了大量研究，重点关注

这种 1D/2D 复合材料的结构设计。结合我们小组和其他研究人员在该领域的最新进展，本节将介绍一些更具体的基于 SnO_2、Sn、Si 和 FeO 的复合负极材料的代表性实例，并强调了 1D 电化学活性无机纳米材料与 2D 石墨烯结合的重要性和价值。

　　Xu 等人开发了一种简单的方法，通过一步水热法合成了石墨烯-SnO_2 纳米棒，在此过程中，石墨烯纳米片上形成了均匀修饰的 SnO_2 纳米棒[124]。当作为 LIB 负极时，结果表明在 100mA/g 下循环 50 次后，该复合材料的容量仍保持在 710mAh/g，优于未经复合的 SnO_2 纳米棒。为了进一步提高这种石墨烯-1D SnO_2 复合材料的电化学性能，同一研究小组在水热过程中引入了尿素，从而获得了氮掺杂的石墨烯-SnO_2 纳米棒复合材料[125]。测试结果发现，50 次循环后的容量仍保持在 900mAh/g 左右。锂储存性能的显著改善被认为与石墨烯的氮掺杂有关，可极大地改善石墨烯的电子结构，并通过氮掺杂形成的缺陷降低锂渗透的能垒，从而提高锂储存性能。从石墨烯和 SnO_2 纳米棒的结构设计角度来看，在为 LIB 开发先进的石墨烯-1D SnO_2 复合负极体系的过程中，预计会出现更多的高能组合模式。

　　尽管金属锡的低熔点通常使得制备 1D Sn 的纳米结构具有很大的挑战性，但还是广泛研究了多种石墨烯-1D 锡纳米复合材料。例如，Ji 等人采用自组装和传统的膜处理方法组装了石墨烯/锡纳米柱多层纳米复合负极[126]。这些组装的纳米复合材料表现出优异的电化学性能，当作为可充电的 LIB 负极时，在高达 5000mA/g 的电流密度下具有高可逆容量和循环性能。这种含有高度功能化的 1D 和 2D 组分的独特复合材料结构中存在的协同性能，被认为是电化学动力学增强的原因。第一，自组装锡纳米柱阵列的几何结构为体积变化提供了最大的自由度，并缓解了合金化/去合金化反应过程中体积变化引起的机械应变。第二，独特的锡纳米柱阵列为锂离子传输提供了较短的扩散通路，并让相邻柱之间的电解质易于渗透，从而降低内阻，这尤其适用于大功率的情况。第三，柔性导电石墨烯不仅可以作为额外缓冲层承受锡的大体积变化，而且还可以作为不可或缺的导电胶而互相连接之间的所有锡柱。最近，我们开发了一种简单而有效的方法，通过一种 RGO 介导的过程，直接将锡芯/碳鞘同轴纳米电缆材料集成到 RGO 表面（图 10-7）[127]。简言之，这种复合材料的合成包括两个主要步骤。首先，通过水解过程在 GO 纳米片上修饰了合成的 SnO_2 纳米颗粒，该过程中 GO 被还原成石墨烯（更准确地说，RGO）。其次，获得的 RGO-SnO_2 复合材料在 C_2H_2 和 Ar 的气体混合物和高温（通常为 600℃）下进行一段时间的退火而制备出纳米电缆。这种复合材料的独特结构为 LIB 负极提供了一些有利的优势特征。首先，纳米电缆的碳鞘起到物理屏障的作用，保护锡芯免于粉化，同时防止相邻纳米电缆的锡芯在充放电过程中聚结成块。其次，具有导电碳鞘的互不相连的纳米电缆通过底层的 RGO 基体相互连接，从而促进了整个电极的快速电子转移。第三，2D 石墨烯和高纵横比的 1D 纳米电缆材料的独特结合创造了大量的孔隙。这不仅增加了电极与电解质的接触面积，还促进了锂离子的快速传输，而且有助于承受充放电过程中锡的体积变化。最后，纳米电缆碳鞘内部存在的固有空穴是缓解锡的大体积变化问题的另一个优势。由于这种独特的复合材料结构，观察到50次循环的稳定循环性能，根据复合材料的总质量，其比容量仍保持在630mAh/g，明显优于无碳鞘或 RGO 支撑的同类材料。

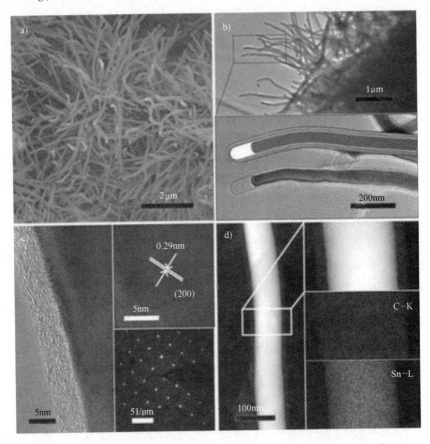

图 10-7   锡核/碳壳同轴的一维纳米电缆结构。（文献 [127]，Wiley 许可）

a) 合成的纳米电缆的扫描电子显微镜（SEM）照片

b) 纳米电缆的 TEM 照片，下图为上图中标出的方框区域的放大图，
其中插入了一根纳米电缆的形貌示意图

c) 纳米电缆的 TEM 照片，内插图为 HRTEM 照片及对应的 SAED 图

d) 单根纳米电缆的扫描透射电子显微镜（STEM）照片和元素分布图

1D 硅纳米结构是近年来最引人注目的负极材料之一，已成为一个研究热点。与 0D 硅纳米颗粒相比，硅纳米线作为一种典型的 1D 硅纳米结构，显示出能够承受大应变以及缩短锂离子扩散距离的作用[128]。然而，锂储存性能仍远不能令人满意，这主要是由于存在以下几个问题。第一，虽然硅纳米线自身能够很好地抵抗破

裂，但由于在锂化和脱锂时，在它们与集电体的界面处产生了过高的应力，因此很容易从刚性集电体上脱离。这可能会导致容量快速衰减。第二，通常认为一旦硅电极与电解质接触，就会在硅表面上会反复形成 SEI。电绝缘 SEI 的过度增长会导致材料中的离子迁移阻力高，并导致硅与集电器之间的电连接不良，这两种情况都不利于长循环寿命的高能量/大功率的 LIB。此外，可以预见的是，这种界面的不稳定性最终会导致电解质的耗尽和电池的干涸[129]。第三，考虑到全部电极组件必须满足实用要求，硅纳米线（SiNW）所必需的导电基底一般较重（例如不锈钢基底），这不但降低了比容量，而且还降低了锂储存性能。

受上述硅基负极面临的迫在眉睫的挑战所启发，我们最近合成了一种自支撑式负极材料，通过对 GO 和 SiNW 的水分散液进行真空抽滤然后进行热退火处理，形成了 SiNW 介于 RGO 纳米片之间的"三明治"式结构[130]。如此构建的 2D/1D 复合负极结构（即 SiNW@RGO）具有许多独特的优点。第一，SiNW 由力学强度高且柔性的 RGO 纳米片填充，能够承受嵌入硅的大体积膨胀，因此可以直接使用制备好的 SiNW@RGO 复合材料作为自支撑电极，而无须加入任何添加剂。第二，RGO 纳米片作为一个高效的导电网络，能够推动嵌入 SiNW 的往来横向电子传输。第三，这种 2D/1D 组合形成了 3D 多孔结构，从而为电解质创造了大量开放通路，并促进了循环过程中锂离子的快速扩散。因此，基于硅的质量，SiNW@RGO 复合材料表现出约 3350mAh/g 的高可逆容量。同时还发现，这种高容量可维持 25 个循环周期，与位于刚性基底（例如，较重的不锈钢基底）上的 SiNW 相当。有趣的是，对复合材料的循环性能进一步的研究表明，石墨烯填充的 SiNW 具有海绵状的多孔结构，这主要是由于 Si 与电解质的直接接触以及 SEI 层的反复而形成。直到最近，这种石墨烯-SiNW 复合材料的结构才被进一步设计以解决 Si 的界面稳定性问题[131]。如图 10-8a 上图所示，简言之，SiNW 由重叠的石墨烯片覆盖，形成了核-壳纳米电缆材料（SiNW@G），然后依次夹在 RGO 纳米片之间，从而形成可自适应的 RGO 夹心 SiNW@G 纳米电缆材料（即 SiNW@G@RGO，图 10-8b）。在这种分级的 2D/1D 结构中，重叠的石墨烯片可作为自适应但密封的外鞘，随内嵌 SiNW 的体积变化发生协同变形，而柔性和导电的 RGO 外涂层可以适应内嵌 SiNW@G 纳米电缆的体积变化，因此保持复合材料的结构和电性能的完整性（图 10-8a 下图）。该复合材料的自适应性完全阻止了相邻 SiNW 在循环时的熔合和团聚，有效防止了硅与电解质的直接接触，并有效避免了硅中的孔隙形成，从而确保了在反复循环过程中 SiNW 的完整性。结合 SiNW@RGO 所讨论的优势特征，与同类材料相比，硅的这种结构和界面设计方法赋予电极显著改善的锂储存性能（图 10-8c），具体而言，这种复合材料在 2.1A/g 下具有 1600mAh/g 的高可逆比容量，100 次循环后容量保持率为 80%，并且根据电极总重量，具有优异的倍率性能（8400A/g 下为 500mAh/g）。从材料体系设计的角度来看，采用双适应性基底材料保护硅的方法为研制先进 LIB 的硅基负极打开了新的大门。

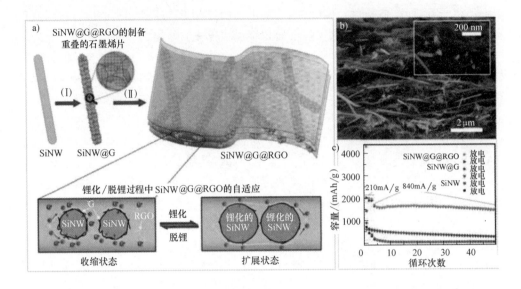

图 10-8　SiNW@G@RGO 的制备与（文献［131］，美国化学学会许可）
a）SiNW@G@RGO 的制备（上图）和自适应过程（下图）的示意图
b）SiNW@G@RGO 的断面 SEM 图，内插图为放大图
c）不同电极的容量保持率的比较

除了上述能够改善电化学活性 1D 无机纳米材料如 SnO_2、锡和硅的锂储存性能的功能外，石墨烯还可以作为一个独特的平台，形成其他方法通常难以合成的电化学活性 1D 纳米结构（例如金属氧化物带）。Yang 等人报道了一个显著的例子，通过控制铁前体（乙酰丙酮铁（FeAa））在石墨烯表面上的成核和生长，随后在空气中退火处理，高效可控地合成了多孔氧化亚铁（FeO）纳米带[132]。合成的 FeO 纳米带与石墨烯复合，在前 10 个循环中表现出高达 1050mAh/g 的可逆容量，并且即使在 130 次循环后也表现出超过 1000mAh/g 的可逆容量。这可归结为由此合成的纳米带具有独特的结构特征，包括高纵横比，多孔结构，薄的特点和更为开放的边缘，所有这些特征不仅为电解质提供了大量开放性和较短的通路，促进了锂离子由电解质到电极的快速扩散，而且也有效地适应了循环过程中铁氧化物的体积变化。可想而知，石墨烯与其他 1D 无机纳米结构材料一样，同样对电化学性能做出贡献。

10.4　用于 LIB 的石墨烯/2D 无机复合材料

近年来，石墨烯和无机纳米片/纳米板等 2D 纳米材料凭借超薄特征和 2D 形貌所具有的特殊性质而受到广泛关注。因此，在电子、光电子、储能器件等诸多领域已投入巨大的精力开发其潜在应用[133-143]。通过将石墨烯和 2D 电化学活性无机物相结合，目前已经开发了用于 LIB 的一系列各种 2D/2D 石墨烯-无机复合电极材料，或利用一锅法在石墨烯纳米片上合成二维纳米材料，或利用在石墨烯上对制备好的 2D 纳米材料进行自组装。根据组分不同，现有的与石墨烯复合 2D 纳米材料可分为层状金属硫属化物[144-152]，层状双氢氧化物[153-155] 和非层状金属[156] 或金属氧化物[157-161] 纳米片或纳米板。在本节中，我们列举了一些具有代表性的负极材料，重点阐述了这种独特的 2D/2D 组合方法所带来的优点。

层状金属二硫化物，如 SnS_2、MoS_2、WS_2 和 TiS_2，已经被研究并用于电池[162]。以 SnS_2 为例，它具有层状的碘化镉（CdI_2）型结构，锡原子夹在两层六角密排的硫原子之间。最近的研究表明，与块体同类材料相比，SnS_2 纳米片作为 LIB 中的电极材料具有显著增强的电化学性质[147]。因此，我们研究组最近开发了一种简便合成石墨烯-SnS_2 2D/2D 复合材料的方法，采用化学溶液法和简单的 CVD 工艺，将 SnO_2 纳米颗粒直接在石墨烯纳米片上或石墨烯纳米片之间转变成 2D SnS_2 纳米片[146]。所得到的多孔复合材料由 2D 石墨烯和 2D SnS_2 单元组成，当用作负极材料时，表现出高可逆容量（650mAh/g）和优异的倍率性能（图 10-9

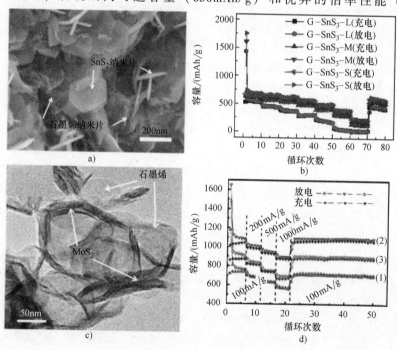

图 10-9 石墨烯和 SnS_2 组成的多孔复合材料表现出高的可逆容量。
作为负极材料时表现出优异的倍率性能

a) 石墨烯-SnS_2 复合材料的 SEM 图像 b) 从左到右依次为 100，200，400，800，1600，3200，6400 和 100mA/g 下不同样品的倍率性能（文献 [146]，皇家化学学会许可） c) Mo：C 摩尔比为 1∶2.25 的 RGO-MoS_2 复合材料的 TEM 图像 d) 在不同电流密度下石墨烯-MoS_2 样品的倍率性能：(1) RGO/MoS_2 (1∶1) (2) RGO/MoS_2 (2∶1) 和 (3) RGO/MoS_2 (4∶1)（文献 [144]，美国化学学会许可）

a、b）。这种增强效果可归因于 SnS_2 纳米片和石墨烯纳米片的 2D 结构优势的有效组合。

1980 年首次报道 MoS_2 作为电极材料的锂离子电池原型[163] 以来，对 MoS_2 的多种不同形貌进行了广泛的研究。近年来，由化学锂化和剥离制备的叠层 MoS_2 纳米片不断涌现并引发了很多关注[164]。有鉴于此，最近 Chang 和 Chen 利用 L 半胱氨酸辅助水热法合成了石墨烯层状 MoS_2 纳米复合材料（RGO-MoS_2）[144]。当用作 LIB 负极材料时，Mo：C 摩尔比为 1：2 的石墨烯-MoS_2 复合材料在 100mA/g 的电流速率下表现出最高 1100mAh/g 的比容量，优异的循环稳定性，以及高倍率性能（图 10-9c、d）。这可能是由于 RGO-MoS_2 复合材料具有协同效应，能够形成较短的锂离子扩散通路，相互连接的导电网络以及牢固的结构框架。此外，还研究了其他类型的层状金属硫族化合物，包括 In_2S_3[148]，Sb_2S_3[145]，$SnSe_2$[165]，它们与石墨烯的复合材料均表现出明显改善的锂储存性能，包括高比容量和良好的循环稳定性。

与层状金属硫族化合物相比，由于金属氧化物的天然晶体结构不同，制备 2D 金属氧化物纳米片具有很大的挑战性。基于石墨烯或其衍生物（如 GO）作为独特的生长平台的附加功能（与上节讨论内容类似），最近开发出了不同方法，用于在石墨烯上生长 2D 金属氧化物纳米片以及构建片片堆叠的 2D 纳米复合材料。例如，Ding 等人展示了一种简便的水热法，可以直接在 GO 上合成 SnO_2 纳米片，然后将其还原成石墨烯。如果没有引入石墨烯，只能获得高度团聚的具有花状形貌的 SnO_2 纳米片，清楚地表明石墨烯在成功合成良好分散的 SnO_2 纳米片中的重要作用。由此合成的石墨烯负载的 SnO_2 纳米片作为 LIB 中的负极材料时，即使在长周期循环后，仍具有高可逆容量和良好的容量保持率，大大提高了锂储存性质，清楚地表明了石墨烯给复合材料带来的显著优点。具体来说，石墨烯不仅缓冲了循环过程中体积变化引起的内应力，而且提高了复合材料的导电性。考虑到石墨烯所带来的这些优点，最近还在石墨烯的存在下合成了其他 2D 金属氧化物纳米材料，例如 NiO[161]，VO[160] 和 $Li_4Ti_5O_{12}$（LTO）[159] 纳米片，合成的 2D/2D 复合材料表现出明显增强的锂离子储存电化学性能。

对于 2D 金属纳米结构，由于金属纳米材料（如锡）在大多数情况下需要的高温处理过程中倾向于团聚成大颗粒，因此很难控制其 2D 结构。为了解决这个问题，我们最近展示了合成石墨烯-2D 锡纳米复合材料的精妙方法（图 10-10a，b），其中，平均厚度仅约 10nm 的锡纳米片稳定地夹在厚度小于 5nm 的石墨烯纳米片之间。在所开发的方法中，葡萄糖衍生碳不仅可用作辅助工具，用于在 SnO_2 纳米颗粒还原之后引导液体锡在石墨烯表面上的膨胀，而且还可以作为构建石墨烯限域 Sn 纳米片的固体碳源。由此构建的 2D/2D 复合材料表现出高可逆容量以及优异的循环性能（60 次循环后可逆容量>590mAh/g），在 LIBs 中作为负极材料具有巨大的潜力（图 10-10c）。认为这种 2D/2D 复合材料的结构优势可大大提高锂储存性能：（ⅰ）锡相的 2D 结构以及锡两侧石墨烯纳米片的弹性有效地适应了 Li-Sn 合金

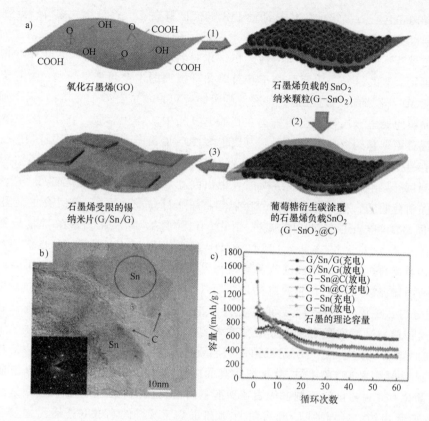

图 10-10　利用快速高温热处理制备石墨烯/锡的 2D 纳米结构（文献［156］，Wiley 许可）

a）制备石墨烯/锡纳米复合材料的过程

b）2D/2D 石墨烯/锡纳米复合材料的 TEM 图像。内插图显示了中标记区域的选区电子衍射（SAED）图

c）不同样品的循环性能比较

化-去合金化反应过程中锡的体积变化，因此有效地防止了电极的粉化；（ⅱ）锡纳米片两侧的石墨烯纳米片不仅避免了相邻的锡纳米片的团聚，而且考虑到它们与锡纳米片的面面接触，形成了电子快速传输的通路；（ⅲ）两种组分的二维特征与合成复合材料的多孔性确保了电极-电解质之间的高接触面积并促进了锂离子的扩散和传输。

10.5　结论与未来展望

在本章中，我们从维度的角度概述了电化学活性石墨烯-无机复合纳米材料，以及它们在 LIB 中用作电极（本章中大多为负极）材料时的锂储存性能。通过举例说明石墨烯与 0D、1D 和 2D 无机纳米材料的结合用于开发先进的 LIB，我们强调了维度设计和匹配在含有石墨烯的 LIB 电极材料的设计和构造中的重要性，以及为合理构建含有石墨烯的电化学活性 LIB 电极材料提供了更科学的见解，特别是合成复合材料中存在的协同效应。

在具有不同维度的电化学活性无机纳米材料中，0D 纳米颗粒是最有可能应用于商业化电池的材料，主要是由于其简单和可扩大的生产可能性。将 0D 纳米颗粒附着在 2D 石墨烯纳米片上是一种有效的策略，可以形成高效的导电网络，缓解 0D 纳米颗粒的聚集，还可承受无机物在充放电过程中的体积膨胀。在 1D 无机纳米材料与石墨烯结合的情况下，已经开发出许多 2D/1D 复合结构，包括立于 2D 石墨烯表面上的 1D 纳米结构，2D 石墨烯鞘的 1D 纳米结构，和夹在 2D 石墨烯纳米片之间的 1D 纳米结构，所有这些结构都表现出高比容量，高倍率性能或长寿命特点。在这些现有的组合模式中，1D 无机纳米结构和 2D 石墨烯的多级组合可能是一种构建更优 LIB 电极的有前景的方法，其中 1D 无机纳米结构被石墨烯基鞘覆盖，然后夹在石墨烯外涂层之间。这种 2D/1D 多级组合具有的两个主要优点如下：（ⅰ）1D 组分的石墨烯鞘能够改善结构和界面的稳定性，特别是阻止 1D 无机纳米结构的团集，以及防止在充放电循环过程中与电解质的直接接触。（ⅱ）带鞘的 1D 组分与石墨烯的二级结合形成了三维导电多孔网络，使得电子和锂离子全部能够快速传输，从而增强反复充放电循环中的传质动力学。从维度匹配的角度来看，鉴于石墨烯的 2D 特性，2D 无机纳米材料优先与石墨烯结合。其中最令人兴奋的实例之一是石墨烯纳米片与 2D 无机组分的两面间的面面组合。该 2D/2D 组合形式实现了两种组分各自的功能，代表了新型电极材料结构的智能原型。也就是说，夹层的 2D 无机组分精巧地赋予了电子和锂离子快速传输的高效双通道，这对高性能 LIB 的开发非常有利。

由于还有很长的路要走，石墨烯和不同维度的无机纳米材料的维度组合为先进储能材料体系的设计和建造开辟了一条新途径。同时，将这些石墨烯/0D、石墨烯/1D、石墨烯/2D 无机复合材料设计成新型自支撑无黏结的电极结构，进一步改善其性能，将具有潜在的吸引力。尽管石墨烯和不同无机纳米材料结合的精细尺寸加工被认为对提高上述电极材料的性能以及不断涌现的电极材料起着至关重要的作用，但仍需系统地开展进一步的研究和优化；在成为实用能量存储应用中的竞争性商业模块之前，必须认真解决构建这些神奇复合材料的组合方案的可控性、可扩展性、兼容性和成本问题。

参 考 文 献

1 Tarascon, J.M. and Armand, M. (2001) Issues and challenges facing rechargeable lithium batteries. *Nature*, **414** (**6861**), 359–367.

2 Liang, M.H. and Zhi, L.J. (2009) Graphene-based electrode materials for rechargeable lithium batteries. *J. Mater. Chem.*, **19** (**33**), 5871–5878.

3 Winter, M., Besenhard, J.O., Spahr, M.E., and Novak, P. (1998) Insertion electrode materials for rechargeable lithium batteries. *Adv. Mater.*, **10** (**10**), 725–763.

4 Liu, C., Li, F., Ma, L.P., and Cheng, H.M. (2010) Advanced materials for energy storage. *Adv. Mater.*, **22** (**8**), E28–E62.

5 Li, H., Wang, Z.X., Chen, L.Q., and Huang, X.J. (2009) Research on advanced materials for Li-ion batteries. *Adv. Mater.*, **21** (**45**), 4593–4607.

6 Kim, M.G. and Cho, J. (2009) Reversible and high-capacity nanostructured electrode materials for Li-ion batteries. *Adv. Funct. Mater.*, **19** (**10**), 1497–1514.

7 Lee, K.T. and Cho, J. (2011) Roles of nanosize in lithium reactive nanomaterials for lithium ion batteries. *Nano Today*, **6** (**1**), 28–41.

8 Kaskhedikar, N.A. and Maier, J. (2009) Lithium storage ion carbon nanostructures. *Adv. Mater.*, **21** (**25–26**), 2664–2680.

9 Ng, S.H., Wang, J.Z., Wexler, D., Konstantinov, K., Guo, Z.P., and Liu, H.K. (2006) Highly reversible lithium storage in spheroidal carbon-coated silicon nanocomposites as anodes for lithium-ion batteries. *Angew. Chem. Int. Ed.*, **45** (**41**), 6896–6899.

10 Kasavajjula, U., Wang, C.S., and Appleby, A.J. (2007) Nano- and bulk-silicon-based insertion anodes for lithium-ion secondary cells. *J. Power Sources*, **163** (**2**), 1003–1039.

11 Deng, D. and Lee, J.Y. (2009) Reversible storage of lithium in a rambutan-like tin-carbon electrode. *Angew. Chem. Int. Ed.*, **48** (**9**), 1660–1663.

12 Wang, Y. and Lee, J.Y. (2006) One-step, confined growth of bimetallic tin-antimony nanorods in carbon nanotubes grown in situ for reversible Li^+ ion storage. *Angew. Chem. Int. Ed.*, **45** (**42**), 7039–7042.

13 Boukamp, B.A., Lesh, G.C., and Huggins, R.A. (1981) All-solid lithium electrodes with mixed-conductor matrix. *J. Electrochem. Soc.*, **128** (**4**), 725–729.

14 Poizot, P., Laruelle, S., Grugeon, S., Dupont, L., and Tarascon, J.M. (2000) Nano-sized transition-metaloxides as negative-electrode materials for lithium-ion batteries. *Nature*, **407** (**6803**), 496–499.

15 Nam, K.T., Kim, D.W., Yoo, P.J., Chiang, C.Y., Meethong, N., Hammond, P.T., Chiang, Y.M., and Belcher, A.M. (2006) Virus-enabled synthesis and assembly of nanowires for lithium ion battery electrodes. *Science*, **312** (**5775**), 885–888.

16 Zhi, L.J., Hu, Y.S., El Hamaoui, B., Wang, X., Lieberwirth, I., Kolb, U., Maier, J., and Mullen, K. (2008) Precursor-controlled formation of novel carbon/metal and carbon/metal oxide nanocomposites. *Adv. Mater.*, **20** (**9**), 1727–1731.

17 Chen, W.X., Lee, J.Y., and Liu, Z.L. (2003) The nanocomposites of carbon nanotube with Sb and $SnSb_{0.5}$ as Li-ion battery anodes. *Carbon*, **41** (**5**), 959–966.

18 Barsukov, I.V. and North Atlantic Treaty Organization (2006) *New Carbon Based Materials for Electrochemical Energy Storage Systems: Batteries, Supercapacitors and Fuel Cells*, Springer.

19 Han, S.J., Jang, B.C., Kim, T., Oh, S.M., and Hyeon, T. (2005) Simple synthesis of hollow tin dioxide microspheres and their application to lithium-ion battery anodes. *Adv. Funct. Mater.*, **15** (**11**), 1845–1850.

20 Yu, Y., Chen, C.H., and Shi, Y. (2007) A tin-based amorphous oxide composite with a porous, spherical, multideck-cage morphology as a highly reversible anode material for lithium-ion batteries. *Adv. Mater.*, **19** (**7**), 993–997.

21 Kim, H. and Cho, J. (2008) Template synthesis of hollow Sb nanoparticles as a high-performance lithium battery anode material. *Chem. Mater.*, **20** (**5**), 1679–1681.

22 Geim, A.K. and Novoselov, K.S. (2007) The rise of graphene. *Nat. Mater.*, **6** (**3**), 183–191.

23 Geim, A.K. (2009) Graphene: status and prospects. *Science*, **324** (**5934**), 1530–1534.

24 Kim, K.S., Zhao, Y., Jang, H., Lee, S.Y., Kim, J.M., Kim, K.S., Ahn, J.-H., Kim, P., Choi, J.-Y., and Hong, B.H. (2009) Large-scale pattern growth of graphene films for stretchable transparent electrodes. *Nature (London)*, **457** (**7230**), 706–710.

25 Tung, V.C., Allen, M.J., Yang, Y., and Kaner, R.B. (2009) High-throughput solution processing of large-scale graphene. *Nat. Nanotechnol.*, **4** (**1**), 25–29.

26 Li, X.L., Wang, X.R., Zhang, L., Lee, S.W., and Dai, H.J. (2008) Chemically derived, ultrasmooth graphene nanoribbon semiconductors. *Science*, **319** (**5867**), 1229–1232.

27 Elias, D.C., Nair, R.R., Mohiuddin, T.M.G., Morozov, S.V., Blake, P., Halsall, M.P., Ferrari, A.C., Boukhvalov, D.W., Katsnelson, M.I., Geim, A.K., and Novoselov, K.S. (2009) Control of Graphene's properties by reversible hydrogenation: evidence for graphane. *Science*, **323** (**5914**), 610–613.

28 Service, R.F. (2009) Carbon sheets an atom thick give rise to graphene dreams. *Science*, **324** (**5929**), 875–877.

29 Stankovich, S., Dikin, D.A., Dommett, G.H.B., Kohlhaas, K.M., Zimney, E.J., Stach, E.A., Piner, R.D., Nguyen, S.T., and Ruoff, R.S. (2006) Graphene-based composite materials. *Nature*, **442** (**7100**), 282–286.

30 Nair, R.R., Blake, P., Grigorenko, A.N., Novoselov, K.S., Booth, T.J., Stauber, T., Peres, N.M.R., and Geim, A.K. (2008) Fine structure constant defines visual transparency of graphene. *Science*, **320** (**5881**), 1308.

31 Singh, V., Joung, D., Zhai, L., Das, S., Khondaker, S.I., and Seal, S. (2011) Graphene based materials: past, present and future. *Prog. Mater. Sci.*, **56** (**8**), 1178–1271.

32 Dahn, J.R., Zheng, T., Liu, Y.H., and Xue, J.S. (1995) Mechanisms for lithium insertion in carbonaceous materials. *Science*, **270** (**5236**), 590–593.

33 Liu, Y.H., Xue, J.S., Zheng, T., and Dahn, J.R. (1996) Mechanism of lithium insertion in hard carbons prepared by pyrolysis of epoxy resins. *Carbon*, **34** (**2**), 193–200.

34 Guo, P., Song, H.H., and Chen, X.H. (2009) Electrochemical performance of graphene nanosheets as anode material for lithium-ion batteries. *Electrochem. Commun.*, **11** (**6**), 1320–1324.

35 Wang, C.Y., Li, D., Too, C.O., and Wallace, G.G. (2009) Electrochemical properties of graphene paper electrodes used in lithium batteries. *Chem. Mater.*, **21** (**13**), 2604–2606.

36 Bhardwaj, T., Antic, A., Pavan, B., Barone, V., and Fahlman, B.D. (2010) Enhanced electrochemical lithium storage by graphene nanoribbons. *J. Am. Chem. Soc.*, **132** (**36**), 12556–12558.

37 Wang, G.X., Shen, X.P., Yao, J., and Park, J. (2009) Graphene nanosheets for enhanced lithium storage in lithium ion batteries. *Carbon*, **47** (**8**), 2049–2053.

38 Pan, D.Y., Wang, S., Zhao, B., Wu, M.H., Zhang, H.J., Wang, Y., and Jiao, Z. (2009) Li storage properties of disordered graphene nanosheets. *Chem. Mater.*, **21** (**14**), 3136–3142.

39 Wang, B., Luo, B., Li, X.L., and Zhi, L. (2012) The dimensionality of Sn anodes in Li-ion batteries. *Mater. Today*, **15** (**12**), 544–552.

40 Luo, B., Liu, S., and Zhi, L. (2011) Chemical approaches toward graphene-based nanomaterials and their applications in energy-related areas. *Small*, **8** (**5**), 630–646.

41 Yang, S.B., Feng, X.L., Ivanovici, S., and Mullen, K. (2010) Fabrication of graphene-encapsulated oxide nanoparticles: towards high-performance anode materials for lithium storage. *Angew. Chem. Int. Ed.*, **49** (**45**), 8408–8411.

42 Yang, S.B., Feng, X.L., Wang, L., Tang, K., Maier, J., and Mullen, K. (2010) Graphene-based nanosheets with a sandwich structure. *Angew. Chem. Int. Ed.*, **49** (**28**), 4795–4799.

43 Fan, Z.J., Yan, J., Zhi, L.J., Zhang, Q., Wei, T., Feng, J., Zhang, M.L., Qian, W.Z., and Wei, F. (2010) A three-dimensional carbon nanotube/graphene sandwich and its application as electrode in supercapacitors. *Adv. Mater.*, **22** (**33**), 3723–3728.

44 Chen, D., Tang, L.H., and Li, J.H. (2010) Graphene-based materials in electrochemistry. *Chem. Soc. Rev.*, **39** (**8**), 3157–3180.

45 Paek, S.M., Yoo, E., and Honma, I. (2009) Enhanced cyclic performance and lithium storage capacity of SnO$_2$/graphene nanoporous electrodes with three-dimensionally delaminated flexible structure. *Nano Lett.*, **9** (**1**), 72–75.

46 Wang, D.H., Choi, D.W., Li, J., Yang, Z.G., Nie, Z.M., Kou, R., Hu, D.H., Wang, C.M., Saraf, L.V., Zhang, J.G., Aksay, I.A., and Liu, J. (2009) Self-assembled TiO$_2$-graphene hybrid nanostructures for enhanced Li-ion insertion. *ACS Nano*, **3** (**4**), 907–914.

47 Lee, J.K., Smith, K.B., Hayner, C.M., and Kung, H.H. (2010) Silicon nanoparticles-graphene paper composites for Li ion battery anodes. *Chem. Commun.*, **46** (**12**), 2025–2027.

48 Yang, S.B., Cui, G.L., Pang, S.P., Cao, Q., Kolb, U., Feng, X.L., Maier, J., and Mullen, K. (2010) Fabrication of cobalt and cobalt oxide/graphene composites: towards high-performance anode materials for lithium ion batteries. *ChemSusChem*, **3** (**2**), 236–239.

49 Ding, Y., Jiang, Y., Xu, F., Yin, J., Ren, H., Zhuo, Q., Long, Z., and Zhang, P. (2010) Preparation of nano-structured LiFePO$_4$/graphene composites by co-precipitation method. *Electrochem. Commun.*, **12** (**1**), 10–13.

50 Wang, G.X., Wang, B., Wang, X.L., Park, J., Dou, S.X., Ahn, H., and Kim, K. (2009) Sn/graphene nanocomposite with 3D architecture for enhanced reversible lithium storage in lithium ion batteries. *J. Mater. Chem.*, **19** (**44**), 8378–8384.

51 Yoo, E., Kim, J., Hosono, E., Zhou, H., Kudo, T., and Honma, I. (2008) Large reversible Li storage of graphene nanosheet families for use in rechargeable lithium ion batteries. *Nano Lett.*, **8** (**8**), 2277–2282.

52 Li, F.H., Song, J.F., Yang, H.F., Gan, S.Y., Zhang, Q.X., Han, D.X., Ivaska, A., and Niu, L. (2009) One-step synthesis of graphene/SnO$_2$ nanocomposites and its application in electrochemical supercapacitors. *Nanotechnology*, **20** (**45**), 455602.

53 Zhang, X.F., Wang, B., Sunarso, J., Liu, S., and Zhi, L. (2012) Graphene nanostructures towards clean energy technology applications. *Wiley Interdiscip. Rev. Energy Environ*, **1** (**3**), 317–336.

54 Zhi, L.J., Fang, Y., and Kang, F.Y. (2011) Graphene based electrode materials for lithium-ion batteries: energy storage properties and prospects. *New Carbon Mater.*, **26** (**1**), 5–8.

55 Sun, Y., Wu, Q., and Shi, G. (2011) Graphene based new energy materials. *Energy Environ. Sci.*, **4** (**4**), 1113–1132.

56 Liu, J., Xue, Y., Zhang, M., and Dai, L. (2012) Graphene-based materials for energy applications. *MRS Bull.*, **37** (**12**), 1265–1272.

57 Huang, X., Yin, Z., Wu, S., Qi, X., He, Q., Zhang, Q., Yan, Q., Boey, F., and Zhang, H. (2011) Graphene-based materials: synthesis, characterization, properties, and applications. *Small*, **7** (**14**), 1876–1902.

58 Zhou, G., He, Y., Yang, X., Gao, P., Liao, X., and Ma, Z. (2012) Graphene-containing composite materials for lithium-ion batteries applications. *Prog. Chem.*, **24** (**2–3**), 235–245.

59 Bai, S. and Shen, X. (2012) Graphene-inorganic nanocomposites. *RSC Adv.*, **2** (**1**), 64–98.

60 Li, N., Cao, M.H., and Hu, C.W. (2012) Review on the latest design of graphene-based inorganic materials. *Nanoscale*, **4** (**20**), 6205–6218.

61 Liang, R.L., Cao, H.Q., Qian, D., Zhang, J.X., and Qu, M.Z. (2011) Designed synthesis of SnO_2-polyaniline-reduced graphene oxide nanocomposites as an anode material for lithium-ion batteries. *J. Mater. Chem.*, **21** (**44**), 17654–17657.

62 Wang, D.N., Li, X.F., Wang, J.J., Yang, J.L., Geng, D.S., Li, R.Y., Cai, M., Sham, T.K., and Sun, X.L. (2012) Defect-rich crystalline SnO_2 immobilized on graphene nanosheets with enhanced cycle performance for Li ion batteries. *J. Phys. Chem. C*, **116** (**42**), 22149–22156.

63 Li, X.F., Meng, X.B., Liu, J., Geng, D.S., Zhang, Y., Banis, M.N., Li, Y.L., Yang, J.L., Li, R.Y., Sun, X.L., Cai, M., and Verbrugge, M.W. (2012) Tin oxide with controlled morphology and crystallinity by atomic layer deposition onto graphene nanosheets for enhanced lithium storage. *Adv. Funct. Mater.*, **22** (**8**), 1647–1654.

64 Kim, H., Kim, S.W., Park, Y.U., Gwon, H., Seo, D.H., Kim, Y., and Kang, K. (2010) SnO_2/graphene composite with high lithium storage capability for lithium recharge-able batteries. *Nano Res.*, **3** (**11**), 813–821.

65 Zhang, L.S., Jiang, L.Y., Yan, H.J., Wang, W.D., Wang, W., Song, W.G., Guo, Y.G., and Wan, L.J. (2010) Mono-dispersed SnO_2 nanoparticles on both sides of single-layer graphene sheets as anode materials in Li-ion batteries. *J. Mater. Chem.*, **20** (**26**), 5462–5467.

66 Yao, J., Shen, X.P., Wang, B., Liu, H.K., and Wang, G.X. (2009) In situ chemical synthesis of SnO_2-graphene nanocomposite as anode materials for lithium-ion batteries. *Electrochem. Commun.*, **11** (**10**), 1849–1852.

67 Wang, D.H., Kou, R., Choi, D., Yang, Z.G., Nie, Z.M., Li, J., Saraf, L.V., Hu, D.H., Zhang, J.G., Graff, G.L., Liu, J., Pope, M.A., and Aksay, I.A. (2010) Ternary self-assembly of ordered metal oxide-graphene nanocomposites for electrochemical energy storage. *ACS Nano*, **4** (**3**), 1587–1595.

68 Liang, J.F., Wei, W., Zhong, D., Yang, Q.L., Li, L.D., and Guo, L. (2012) One-step in situ synthesis of SnO_2/graphene nanocomposites and its application as an anode material for Li-ion batteries. *ACS Appl. Mater. Interfaces*, **4** (**1**), 454–459.

69 Zhou, X.S., Yin, Y.X., Wan, L.J., and Guo, Y.G. (2012) A robust composite of SnO_2 hollow nanospheres enwrapped by graphene as a high-capacity anode material for lithium-ion batteries. *J. Mater. Chem.*, **22** (**34**), 17456–17459.

70 Wang, X., Cao, X.Q., Bourgeois, L., Guan, H., Chen, S.M., Zhong, Y.T., Tang, D.M., Li, H.Q., Zhai, T.Y., Li, L., Bando, Y., and Golberg, D. (2012) N-doped graphene-SnO_2 sandwich paper for high-performance lithium-ion batteries. *Adv. Funct. Mater.*, **22** (**13**), 2682–2690.

71 Su, Y.Z., Li, S., Wu, D.Q., Zhang, F., Liang, H.W., Gao, P.F., Cheng, C., and Feng, X.L. (2012) Two-dimensional carbon-coated graphene/metal oxide hybrids for enhanced lithium storage. *ACS Nano*, **6** (**9**), 8349–8356.

72 Li, B.J., Cao, H.Q., Zhang, J.X., Qu, M.Z., Lian, F., and Kong, X.H. (2012) SnO_2-carbon-RGO heterogeneous electrode materials with enhanced anode performances in lithium ion batteries. *J. Mater. Chem.*, **22** (**7**), 2851–2854.

73 Chen, Z.X., Zhou, M., Cao, Y.L., Ai, X.P., Yang, H.X., and Liu, J. (2012) In situ generation of few-layer graphene coatings on SnO_2-SiC core-shell nanoparticles for high-performance lithium-ion storage. *Adv. Energy Mater.*, **2** (**1**), 95–102.

74 Li, Y., Zhu, S.M., Liu, Q.L., Gu, J.J., Guo, Z.P., Chen, Z.X., Feng, C.L., Zhang, D., and Moon, W.J. (2012) Carbon-coated SnO_2@C with hierarchically porous structures and graphite layers inside for a high-performance lithium-ion battery. *J. Mater. Chem.*, **22** (**6**), 2766–2773.

75 Kim, H., Seo, D.H., Kim, S.W., Kim, J., and Kang, K. (2011) Highly reversible Co_3O_4/graphene hybrid anode for lithium rechargeable batteries. *Carbon*, **49** (**1**), 326–332.

76 Choi, B.G., Chang, S.J., Lee, Y.B., Bae, J.S., Kim, H.J., and Huh, Y.S. (2012) 3D heterostructured architectures of Co_3O_4 nanoparticles deposited on porous graphene surfaces for high performance of lithium ion batteries. *Nanoscale*, **4** (**19**), 5924–5930.

77 Wu, Z.S., Ren, W.C., Wen, L., Gao, L.B., Zhao, J.P., Chen, Z.P., Zhou, G.M., Li, F., and Cheng, H.M. (2010) Graphene anchored with Co_3O_4 nanoparticles as anode of lithium ion batteries with enhanced reversible capacity and cyclic performance. *ACS Nano*, **4** (**6**), 3187–3194.

78 Yang, X.L., Fan, K.C., Zhu, Y.H., Shen, J.H., Jiang, X., Zhao, P., and Li, C.Z. (2012) Tailored graphene-encapsulated mesoporous Co_3O_4 composite microspheres for high-performance lithium ion batteries. *J. Mater. Chem.*, **22** (**33**), 17278–17283.

79 Chen, W.F., Li, S.R., Chen, C.H., and Yan, L.F. (2011) Self-assembly and embedding of nanoparticles by in situ reduced graphene for preparation of a 3D graphene/nanoparticle aerogel. *Adv. Mater.*, **23** (**47**), 5679–5683.

80 Behera, S.K. (2011) Enhanced rate performance and cyclic stability of Fe_3O_4-graphene nanocomposites for Li ion battery anodes. *Chem. Commun.*, **47** (**37**), 10371–10373.

81 Wang, J.Z., Zhong, C., Wexler, D., Idris, N.H., Wang, Z.X., Chen, L.Q., and Liu, H.K. (2011) Graphene-encapsulated Fe_3O_4 nanoparticles with 3D laminated structure as superior anode in lithium ion batteries. *Chem. Eur. J.*, **17** (**2**), 661–667.

82 Sathish, M., Tomai, T., and Honma, I. (2012) Graphene anchored with Fe_3O_4 nanoparticles as anode for enhanced Li-ion storage. *J. Power Sources*, **217**, 85–91.

83 Li, B.J., Cao, H.Q., Shao, J., Qu, M.Z., and Warner, J.H. (2011) Superparamagnetic Fe_3O_4 nanocrystals@graphene composites for energy storage devices. *J. Mater. Chem.*, **21** (**13**), 5069–5075.

84 Ji, L.W., Tan, Z.K., Kuykendall, T.R., Aloni, S., Xun, S.D., Lin, E., Battaglia, V., and Zhang, Y.G. (2011) Fe_3O_4 nanoparticle-integrated graphene sheets for high-performance half and full lithium ion cells. *Phys. Chem. Chem. Phys.*, **13** (**15**), 7139–7146.

85 Chen, Y., Song, B.H., Tang, X.S., Lu, L., and Xue, J.M. (2012) One-step synthesis of hollow porous Fe_3O_4 beads-reduced graphene oxide composites with superior battery performance. *J. Mater. Chem.*, **22** (**34**), 17656–17662.

86 Chen, D.Y., Ji, G., Ma, Y., Lee, J.Y., and Lu, J.M. (2011) Graphene-encapsulated hollow Fe_3O_4 nanoparticle aggregates as a high-performance anode material for lithium ion batteries. *ACS Appl. Mater. Interfaces*, **3** (**8**), 3078–3083.

87 Zhou, G.M., Wang, D.W., Li, F., Zhang, L.L., Li, N., Wu, Z.S., Wen, L., Lu, G.Q., and Cheng, H.M. (2010) Graphene-wrapped Fe_3O_4 anode material with improved reversible capacity and cyclic stability for lithium ion batteries. *Chem. Mater.*, **22** (**18**), 5306–5313.

88 Li, B.J., Cao, H.Q., Shao, J., and Qu, M.Z. (2011) Enhanced anode performances of the Fe_3O_4-carbon-rGO three dimensional composite in lithium ion batteries. *Chem. Commun.*, **47** (**37**), 10374–10376.

89 Zou, Y.Q., Kan, J., and Wang, Y. (2011) Fe_2O_3-graphene rice-on-sheet nanocomposite for high and fast lithium ion storage. *J. Phys. Chem. C*, **115** (**42**), 20747–20753.

90 Zhu, X.J., Zhu, Y.W., Murali, S., Stollers, M.D., and Ruoff, R.S. (2011) Nanostructured reduced graphene oxide/Fe_2O_3 composite as a high-performance anode material for lithium ion batteries. *ACS Nano*, **5** (**4**), 3333–3338.

91 Zhang, M., Qu, B.H., Lei, D.N., Chen, Y.J., Yu, X.Z., Chen, L.B., Li, Q.H., Wang, Y.G., and Wang, T.H. (2012) A green and fast strategy for the scalable synthesis of Fe_2O_3/graphene with significantly enhanced Li-ion storage properties. *J. Mater. Chem.*, **22** (**9**), 3868–3874.

92 Bai, S., Chen, S.Q., Shen, X.P., Zhu, G.X., and Wang, G.X. (2012) Nanocomposites of hematite (alpha-Fe_2O_3) nanospindles with crumpled reduced graphene oxide nanosheets as high-performance anode material for lithium-ion batteries. *RSC Adv.*, **2** (**29**), 10977–10984.

93 Wang, H.L., Cui, L.F., Yang, Y.A., Casalongue, H.S., Robinson, J.T., Liang, Y.Y., Cui, Y., and Dai, H.J. (2010) Mn_3O_4-graphene hybrid as a high-capacity anode material for lithium ion batteries. *J. Am. Chem. Soc.*, **132** (**40**), 13978–13980.

94 Zhao, X., Hayner, C.M., and Kung, H.H. (2011) Self-assembled lithium manganese oxide nanoparticles on carbon nanotube or graphene as high-performance cathode material for lithium-ion batteries. *J. Mater. Chem.*, **21** (**43**), 17297–17303.

95 Li, L., Guo, Z.P., Du, A.J., and Liu, H.K. (2012) Rapid microwave-assisted synthesis of Mn_3O_4-graphene nanocomposite and its lithium storage properties. *J. Mater. Chem.*, **22** (**8**), 3600–3605.

96 Guo, C.X., Wang, M., Chen, T., Lou, X.W., and Li, C.M. (2011) A hierarchically nanostructured composite of MnO_2/conjugated polymer/graphene for high-performance lithium ion batteries. *Adv. Energy Mater.*, **1** (**5**), 736–741.

97 Li, X.L., Song, H.F., Wang, H., Zhang, Y.L., Du, K., Li, H.Y., and Huang, J.M. (2012) A nanocomposite of graphene/MnO_2 nanoplatelets for high-capacity lithium storage. *J. Appl. Electrochem.*, **42** (**12**), 1065–1070.

98 Seng, K.H., Du, G.D., Li, L., Chen, Z.X., Liu, H.K., and Guo, Z.P. (2012) Facile synthesis of graphene-molybdenum dioxide and its lithium storage properties. *J. Mater. Chem.*, **22** (**31**), 16072–16077.

99 Xu, Y., Yi, R., Yuan, B., Wu, X.F., Dunwell, M., Lin, Q.L., Fei, L., Deng, S.G., Andersen, P., Wang, D.H., and Luo, H.M. (2012) High capacity MoO_2/graphite oxide composite anode for lithium-ion batteries. *J. Phys. Chem. Lett.*, **3** (**3**), 309–314.

100 Xia, F.F., Hu, X.L., Sun, Y.M., Luo, W., and Huang, Y.H. (2012) Layer-by-layer assembled MoO_2-graphene thin film as a high-capacity and binder-free anode for lithium-ion batteries. *Nanoscale*, **4** (**15**), 4707–4711.

101 Tao, L.Q., Zai, J.T., Wang, K.X., Wan, Y.H., Zhang, H.J., Yu, C., Xiao, Y.L., and Qian, X.F. (2012) 3D-hierarchical NiO-graphene nanosheet composites as anodes for lithium ion batteries with improved reversible capacity and cycle stability. *RSC Adv.*, **2** (**8**), 3410–3415.

102 Mai, Y.J., Tu, J.P., Gu, C.D., and Wang, X.L. (2012) Graphene anchored with nickel nanoparticles as a high-performance anode material for lithium ion batteries. *J. Power Sources*, **209** (**1**), 1–6.

103 Kottegoda, I.R.M., Idris, N.H., Lu, L., Wang, J.Z., and Liu, H.K. (2011) Synthesis and characterization of graphene-nickel oxide nanostructures for fast charge–discharge application. *Electrochim. Acta*, **56** (**16**), 5815–5822.

104 Cao, H.Q., Li, B.J., Zhang, J.X., Lian, F., Kong, X.H., and Qu, M.Z. (2012) Synthesis and superior anode performance of TiO_2@reduced graphene oxide nanocomposites for lithium ion batteries. *J. Mater. Chem.*, **22** (**19**), 9759–9766.

105 Qiu, J.X., Zhang, P., Ling, M., Li, S., Liu, P.R., Zhao, H.J., and Zhang, S.Q. (2012) Photocatalytic synthesis of TiO_2 and reduced graphene oxide nanocomposite for lithium ion battery. *ACS Appl. Mater. Interfaces*, **4** (**7**), 3636–3642.

106 Chen, J.S., Wang, Z.Y., Dong, X.C., Chen, P., and Lou, X.W. (2011) Graphene-wrapped TiO_2 hollow structures with enhanced lithium storage capabilities. *Nanoscale*, **3** (**5**), 2158–2161.

107 Chen, S.Q., Chen, P., Wu, M.H., Pan, D.Y., and Wang, Y. (2010) Graphene supported Sn–Sb@carbon core-shell particles as a superior anode for lithium ion batteries. *Electrochem. Commun.*, **12** (**10**), 1302–1306.

108 Yang, S.N., Li, G.R., Zhu, Q., and Pan, Q.M. (2012) Covalent binding of Si nanoparticles to graphene sheets and its influence on lithium storage properties of Si negative electrode. *J. Mater. Chem.*, **22** (**8**), 3420–3425.

109 Wang, J.Z., Zhong, C., Chou, S.L., and Liu, H.K. (2010) Flexible free-standing graphene-silicon composite film for lithium-ion batteries. *Electrochem. Commun.*, **12** (**11**), 1467–1470.

110 Tao, H.C., Fan, L.Z., Mei, Y.F., and Qu, X.H. (2011) Self-supporting Si/reduced graphene oxide nanocomposite films as anode for lithium ion batteries. *Electrochem. Commun.*, **13** (**12**), 1332–1335.

111 Luo, J.Y., Zhao, X., Wu, J.S., Jang, H.D., Kung, H.H., and Huang, J.X. (2012) Crumpled graphene-encapsulated Si nanoparticles for lithium ion battery anodes. *J. Phys. Chem. Lett.*, **3** (**13**), 1824–1829.

112 Zhou, X.S., Yin, Y.X., Wan, L.J., and Guo, Y.G. (2012) Self-assembled nanocomposite of silicon nanoparticles encapsulated in graphene through electrostatic attraction for lithium-ion batteries. *Adv. Energy Mater.*, **2** (**9**), 1086–1090.

113 Zhao, X., Hayner, C.M., Kung, M.C., and Kung, H.H. (2011) In-plane vacancy-enabled high-power Si–graphene composite electrode for lithium-ion batteries. *Adv. Energy Mater.*, **1** (**6**), 1079–1084.

114 Zhou, X.S., Yin, Y.X., Wan, L.J., and Guo, Y.G. (2012) Facile synthesis of silicon nanoparticles inserted into graphene sheets as improved anode materials for lithium-ion batteries. *Chem. Commun.*, **48** (**16**), 2198–2200.

115 Xin, X., Zhou, X.F., Wang, F., Yao, X.Y., Xu, X.X., Zhu, Y.M., and Liu, Z.P. (2012) A 3D porous architecture of Si/graphene nanocomposite as high-performance anode materials for Li-ion batteries. *J. Mater. Chem.*, **22** (**16**), 7724–7730.

116 Ren, J.-G., Wu, Q.-H., Tang, H., Hong, G., Zhang, W., and Lee, S.-T. (2013) Germanium-graphene composite anode for high-energy lithium batteries with long cycle life. *J. Mater. Chem. A*, **1** (**5**), 1821–1826.

117 Cheng, J.S. and Du, J. (2012) Facile synthesis of germanium-graphene nanocomposites and their application as anode materials for lithium ion batteries. *CrystEngComm*, **14** (**2**), 397–400.

118 Xue, D.J., Xin, S., Yan, Y., Jiang, K.C., Yin, Y.X., Guo, Y.G., and Wan, L.J. (2012) Improving the electrode performance of Ge through Ge@C core-shell nanoparticles and graphene networks. *J. Am. Chem. Soc.*, **134** (**5**), 2512–2515.

119 Huang, X., Zeng, Z.Y., Fan, Z.X., Liu, J.Q., and Zhang, H. (2012) Graphene-based electrodes. *Adv. Mater.*, **24** (**45**), 5979–6004.

120 Wang, H.L., Yang, Y., Liang, Y.Y., Robinson, J.T., Li, Y.G., Jackson, A., Cui, Y., and Dai, H.J. (2011) Graphene-wrapped sulfur particles as a rechargeable lithium-sulfur battery cathode material with high capacity and cycling stability. *Nano Lett.*, **11** (**7**), 2644–2647.

121 Ji, L.W., Rao, M.M., Zheng, H.M., Zhang, L., Li, Y.C., Duan, W.H., Guo, J.H., Cairns, E.J., and Zhang, Y.G. (2011) Graphene oxide as a sulfur immobilizer in high performance lithium/sulfur cells. *J. Am. Chem. Soc.*, **133** (**46**), 18522–18525.

122 Wang, H.L., Yang, Y., Liang, Y.Y., Cui, L.F., Casalongue, H.S., Li, Y.G., Hong, G.S., Cui, Y., and Dai, H.J. (2011) LiMn$_{1-x}$Fe$_x$PO$_4$ nanorods grown on graphene sheets for ultrahigh-rate-performance lithium ion batteries. *Angew. Chem. Int. Ed.*, **50** (**32**), 7364–7368.

123 Rui, X.H., Zhu, J.X., Sim, D., Xu, C., Zeng, Y., Hng, H.H., Lim, T.M., and Yan, Q.Y. (2011) Reduced graphene oxide supported highly porous V$_2$O$_5$ spheres as a high-power cathode material for lithium ion batteries. *Nanoscale*, **3** (**11**), 4752–4758.

124 Xu, C.H., Sun, J., and Gao, L. (2012) Direct growth of monodisperse SnO$_2$ nanorods on graphene as high capacity anode materials for lithium ion batteries. *J. Mater. Chem.*, **22** (**3**), 975–979.

125 Xu, C.H., Sun, J., and Gao, L. (2012) Controllable synthesis of monodisperse ultrathin SnO$_2$ nanorods on nitrogen-doped graphene and its ultrahigh lithium storage properties. *Nanoscale*, **4** (**17**), 5425–5430.

126 Ji, L.W., Tan, Z.K., Kuykendall, T., An, E.J., Fu, Y.B., Battaglia, V., and Zhang, Y.G. (2011) Multilayer nanoassembly of Sn-nanopillar arrays sandwiched between graphene layers for high-capacity lithium storage. *Energy Environ. Sci.*, **4** (**9**), 3611–3616.

127 Luo, B., Wang, B., Liang, M.H., Ning, J., Li, X.L., and Zhi, L.J. (2012) Reduced graphene oxide-mediated growth of uniform tin-core/carbon-sheath coaxial nanocables with enhanced lithium ion storage properties. *Adv. Mater.*, **24** (**11**), 1405–1409.

128 Chan, C.K., Peng, H.L., Liu, G., McIlwrath, K., Zhang, X.F., Huggins, R.A., and Cui, Y. (2008) High-performance lithium battery anodes using silicon nanowires. *Nat. Nanotechnol.*, **3** (**1**), 31–35.

129 Aurbach, D. (2000) Review of selected electrode-solution interactions which determine the performance of Li and Li ion batteries. *J. Power Sources*, **89** (**2**), 206–218.

130 Wang, B., Li, X., Luo, B., Jia, Y., and Zhi, L. (2013) One-dimensional/two-dimensional hybridization for self-supported binder-free silicon-based lithium ion battery anodes. *Nanoscale*, **5** (**4**), 1470–1474.

131 Wang, B., Li, X., Zhang, X., Luo, B., Jin, M., Liang, M., Dayeh, S.A., Picraux, S.T., and Zhi, L. (2013) Adaptable silicon–carbon nanocables sandwiched between reduced graphene oxide sheets as lithium ion battery anodes. *ACS Nano*, **7** (**2**), 1437–1445.

132 Yang, S.B., Sun, Y., Chen, L., Hernandez, Y., Feng, X.L., and Mullen, K. (2012) Porous iron oxide ribbons grown on graphene for high-performance lithium storage. *Sci. Rep.*, **2**, 427–433.

133 Castellanos-Gomez, A., Poot, M., Steele, G.A., van der Zant, H.S.J., Agrait, N., and Rubio-Bollinger, G. (2012) Elastic properties of freely suspended MoS$_2$ nanosheets. *Adv. Mater.*, **24** (**6**), 772–775.

134 Seo, J.-W., Jun, Y.-W., Park, S.-W., Nah, H., Moon, T., Park, B., Kim, J.-G., Kim, Y.J., and Cheon, J. (2007) Two-dimensional nanosheet crystals. *Angew. Chem. Int. Ed.*, **46** (**46**), 8828–8831.

135 Zeng, Z., Yin, Z., Huang, X., Li, H., He, Q., Lu, G., Boey, F., and Zhang, H. (2011) Single-layer semiconducting nanosheets: high-yield preparation and device fabrication. *Angew. Chem. Int. Ed.*, **50** (**47**), 11093–11097.

136 Rao, C.N.R. and Nag, A. (2010) Inorganic analogues of graphene. *Eur. J. Inorg. Chem.*, **2010** (**27**), 4244–4250.

137 Hwang, H., Kim, H., and Cho, J. (2011) MoS$_2$ nanoplates consisting of disordered graphene-like layers for high rate lithium battery anode materials. *Nano Lett.*, **11** (**11**), 4826–4830.

138 Liu, K.-K., Zhang, W., Lee, Y.-H., Lin, Y.-C., Chang, M.-T., Su, C.-Y., Chang, C.-S., Li, H., Shi, Y., Zhang, H., Lai, C.-S., and Li, L.-J. (2012) Growth of large-area and highly crystalline MoS$_2$ thin layers on insulating substrates. *Nano Lett.*, **12** (**3**), 1538–1544.

139 Golberg, D. (2011) Exfoliating the inorganics. *Nat. Nanotechnol.*, **6** (**4**), 200–201.

140 Radisavljevic, B., Radenovic, A., Brivio, J., Giacometti, V., and Kis, A. (2011) Single-layer MoS($_2$) transistors. *Nat. Nanotechnol.*, **6** (**3**), 147–150.

141 Novoselov, K.S., Jiang, D., Schedin, F., Booth, T.J., Khotkevich, V.V., Morozov, S.V., and Geim, A.K. (2005) Two-dimensional atomic crystals. *Proc. Natl. Acad. Sci. U.S.A.*, **102** (**30**), 10451–10453.

142 Coleman, J.N., Lotya, M., O'Neill, A., Bergin, S.D., King, P.J., Khan, U., Young, K., Gaucher, A., De, S., Smith, R.J., Shvets, I.V., Arora, S.K., Stanton, G., Kim,

H.-Y., Lee, K., Kim, G.T., Duesberg, G.S., Hallam, T., Boland, J.J., Wang, J.J., Donegan, J.F., Grunlan, J.C., Moriarty, G., Shmeliov, A., Nicholls, R.J., Perkins, J.M., Grieveson, E.M., Theuwissen, K., McComb, D.W., Nellist, P.D., and Nicolosi, V. (2011) Two-dimensional nanosheets produced by liquid exfoliation of layered materials. *Science*, **331** (**6017**), 568–571.

143 Lee, C., Li, Q., Kalb, W., Liu, X.-Z., Berger, H., Carpick, R.W., and Hone, J. (2010) Frictional characteristics of atomically thin sheets. *Science*, **328** (**5974**), 76–80.

144 Chang, K. and Chen, W. (2011) L-cysteine-assisted synthesis of layered MoS_2/graphene composites with excellent electrochemical performances for lithium ion batteries. *ACS Nano*, **5** (**6**), 4720–4728.

145 Prikhodchenko, P.V., Gun, J., Sladkevich, S., Mikhaylov, A.A., Lev, O., Tay, Y.Y., Batabyal, S.K., and Yu, D.Y.W. (2012) Conversion of hydroperoxoantimonate coated graphenes to Sb_2S_3@graphene for a superior lithium battery anode. *Chem. Mater.*, **24** (**24**), 4750–4757.

146 Luo, B., Fang, Y., Wang, B., Zhou, J., Song, H., and Zhi, L. (2012) Two dimensional graphene-SnS_2 hybrids with superior rate capability for lithium ion storage. *Energy Environ. Sci.*, **5** (**1**), 5226–5230.

147 Yin, J., Cao, H., Zhou, Z., Zhang, J., and Qu, M. (2012) SnS_2@reduced graphene oxide nanocomposites as anode materials with high capacity for rechargeable lithium ion batteries. *J. Mater. Chem.*, **22** (**45**), 23963–23970.

148 Ye, F., Du, G., Jiang, Z., Zhong, Y., Wang, X., Cao, Q., and Jiang, J.Z. (2012) Facile and rapid synthesis of RGO–In_2S_3 composites with enhanced cyclability and high capacity for lithium storage. *Nanoscale*, **4** (**23**), 7354–7357.

149 Chang, K. and Chen, W. (2011) In situ synthesis of $MoS_{(2)}$/graphene nanosheet composites with extraordinarily high electrochemical performance for lithium ion batteries. *Chem. Commun.*, **47** (**14**), 4252–4254.

150 Chang, K. and Chen, W. (2011) Single-layer MoS_2/graphene dispersed in amorphous carbon: towards high electrochemical performances in rechargeable lithium ion batteries. *J. Mater. Chem.*, **21** (**43**), 17175–17184.

151 Li, Y., Wang, H., Xie, L., Liang, Y., Hong, G., and Dai, H. (2011) MoS_2 nanoparticles grown on graphene: an advanced catalyst for the hydrogen evolution reaction. *J. Am. Chem. Soc.*, **133** (**19**), 7296–7299.

152 Xiang, Q., Yu, J., and Jaroniec, M. (2012) Synergistic effect of MoS_2 and graphene as cocatalysts for enhanced photocatalytic H_2 production activity of TiO_2 nanoparticles. *J. Am. Chem. Soc.*, **134** (**15**), 6575–6578.

153 He, Y.S., Bai, D.W., Yang, X.W., Chen, J., Liao, X.Z., and Ma, Z.F. (2010) A $Co(OH)_2$-graphene nanosheets composite as a high performance anode material for rechargeable lithium batteries. *Electrochem. Commun.*, **12** (**4**), 570–573.

154 Garcia-Gallastegui, A., Iruretagoyena, D., Gouvea, V., Mokhtar, M., Asiri, A.M., Basahel, S.N., Al-Thabaiti, S.A., Alyoubi, A.O., Chadwick, D., and Shaffer, M.S.P. (2012) Graphene oxide as support for layered double hydroxides: enhancing the CO_2 adsorption capacity. *Chem. Mater.*, **24** (**23**), 4531–4539.

155 Xiao, T., Hu, X., Heng, B., Chen, X., Huang, W., Tao, W., Wang, H., Tang, Y., Tan, X., and Huang, X. (2013) $Ni(OH)_2$ nanosheets grown on graphene-coated nickel foam for high-performance pseudocapacitors. *J. Alloys Compd.*, **549**, 147–151.

156 Luo, B., Wang, B., Li, X., Jia, Y., Liang, M., and Zhi, L. (2012) Graphene-confined Sn nanosheets with enhanced lithium storage capability. *Adv. Mater.*, **24** (**26**), 3538–3543.

157 Ding, S., Luan, D., Boey, F.Y.C., Chen, J.S., and Lou, X.W. (2011) SnO2 nanosheets grown on graphene sheets with enhanced lithium storage properties. *Chem. Commun.*, **47** (**25**), 7155–7157.

158 Ding, S.J., Chen, J.S., Luan, D.Y., Boey, F.Y.C., Madhavi, S., and Lou, X.W. (2011) Graphene-supported anatase TiO(2) nanosheets for fast lithium storage. *Chem. Commun.*, **47** (**20**), 5780–5782.

159 Tang, Y., Huang, F., Zhao, W., Liu, Z., and Wan, D. (2012) Synthesis of graphene-supported Li4Ti5O12 nanosheets for high rate battery application. *J. Mater. Chem.*, **22** (**22**), 11257–11260.

160 Zhao, H., Pan, L., Xing, S., Luo, J., and Xu, J. (2013) Vanadium oxides-reduced graphene oxide composite for lithium-ion batteries and supercapacitors with improved electrochemical performance. *J. Power Sources*, **222**, 21–31.

161 Zou, Y.Q. and Wang, Y. (2011) NiO nanosheets grown on graphene nanosheets as superior anode materials for Li-ion batteries. *Nanoscale*, **3** (**6**), 2615–2620.

162 Whittingham, M.S. (2004) Lithium batteries and cathode materials. *Chem. Rev.*, **104** (**10**), 4271–4301.

163 Haering, R.R., Stiles, J.A.R., and Brandt, K. (1980) Lithium molybdenum disulphide battery cathode. US Patent 4224390 A.

164 Du, G.D., Guo, Z.P., Wang, S.Q., Zeng, R., Chen, Z.X., and Liu, H.K. (2010) Superior stability and high capacity of restacked molybdenum disulfide as anode material for lithium ion batteries. *Chem. Commun.*, **46** (**7**), 1106–1108.

165 Choi, J., Jin, J., Jung, I.G., Kim, J.M., Kim, H.J., and Son, S.U. (2011) SnSe$_2$ nanoplate-graphene composites as anode materials for lithium ion batteries. *Chem. Commun.*, **47** (**18**), 5241–5243.